基本的な関数の微分・積分

左を微分すると右になり、右を積分すると左になる。α は定数である。積分定数は全て省略。

左	→	右	左	→	右	左	→	右
x^α ($\alpha=0$ では←は不可)	微分/積分	$\alpha x^{\alpha-1}$	$\dfrac{x^{\alpha+1}}{\alpha+1}$	微分/積分	x^α ($\alpha\neq-1$)	$\log x$ (←の $\alpha=-1$ に対応)	微分/積分	$\dfrac{1}{x}$
e^x	微分/積分	e^x	α^x	微分/積分	$\log\alpha \times \alpha^x$	$x\log x - x$	微分/積分	$\log x$
$\sin x$	微分/積分	$\cos x$	$\cos x$	微分/積分	$-\sin x$	$\tan x$	微分/積分	$\dfrac{1}{\cos^2 x}$
—			—			$-\log|\cos x|$	微分/積分	$\tan x$
$\sec x$	微分/積分	$\dfrac{\sin x}{\cos^2 x}$	$\operatorname{cosec} x$	微分/積分	$-\dfrac{\cos x}{\sin^2 x}$	$\cot x$	微分/積分	$-\dfrac{1}{\sin^2 x}$
$\log\left(\dfrac{1+\sin x}{\cos x}\right)$	微分/積分	$\sec x$	$-\log\left(\dfrac{1+\cos x}{\sin x}\right)$	微分/積分	$\operatorname{cosec} x$	$\log|\sin x|$	微分/積分	$\cot x$
$\arcsin x$	微分/積分	$\dfrac{1}{\sqrt{1-x^2}}$	$\arccos x$	微分/積分	$\dfrac{-1}{\sqrt{1-x^2}}$	$\arctan x$	微分/積分	$\dfrac{1}{1+x^2}$
$\sinh x$	微分/積分	$\cosh x$	$\cosh x$	微分/積分	$\sinh x$	$\tanh x$	微分/積分	$\dfrac{1}{\cosh^2 x}$
—			—			$\log|\cosh x|$	微分/積分	$\tanh x$
$\operatorname{arcsinh} x$	微分/積分	$\dfrac{1}{\sqrt{1+x^2}}$	$\operatorname{arccosh} x$	微分/積分	$\dfrac{1}{\sqrt{x^2-1}}$	$\operatorname{arctanh} x$	微分/積分	$\dfrac{1}{1-x^2}$

上の $\arcsin x$ の値域は $-\dfrac{\pi}{2} \leq \arcsin x \leq \dfrac{\pi}{2}$ としているが、$\cos(\arcsin x) \geq 0$ である領域であれば同じ式が使える（$\cos(\arcsin x) \leq 0$ である領域では符号が逆になる）。$\arccos x$ も同様で、$\sin(\arccos x) \geq 0$ であれば上の式となる。

三角関数の微分の図

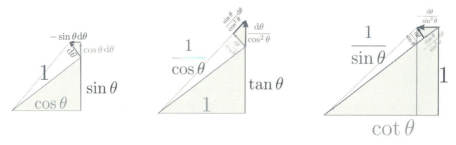

11 ページの図の角度を $d\theta$ だけ変化させたときの三角形の辺の長さの微小変化を表現した図になっているので、微分の式と結びつけて理解しておこう。

ヴィジュアルガイド 物理数学

1変数の微積分と常微分方程式

前野 昌弘 著

東京図書

|R| 〈日本複製権センター委託出版物〉
本書を無断で複写複製（コピー）することは，著作権法上の例外を除き，禁じられています．本書をコピーされる場合は，事前に日本複製権センター（電話：03-3401-2382）の許諾を受けてください．

はじめに

「物理数学」が本書のタイトルの一部だが、そもそも物理（広くは自然科学、社会科学など科学一般）になぜ数学が必要なのだろう。

物理（←ここには化学、生物、地学、あるいは経済学などが入ってもよい）は好きだが数学は嫌いだ という人は結構いる。さらに 数学なんて勉強せずに済ませたい という人もいるだろう。その気持はわからないでもないのだが、だからといって科学を学ぶ者は数学を避けるわけにはいかない。なぜならば、

数学（少なくともその大部分）は「自然現象を表現したい」と願った先人達が作り上げたものだから

である。まず「自然を知りたい」という科学者たちの欲求が先にあり、その目的を果たすための手段として「数学を使う」に至る[†1]。時には「数学を作ろう」に至ることすらある。数学という名前の学問があるからこれを勉強したり使ったりするのではない[†2]。

これまでの自然科学の発展を考えてみるに、数学を使わなければここまでの発展はなかった、と断言できる。かってガリレオ・ガリレイは

自然という書物は数学の言葉で書かれている。

と言った。彼は数学を使うことで自然が「読み取れるもの」になることを知っていた。

本シリーズは自然を知るために必要な数学について、大学1年生程度の読者を想定して解説していく。第1巻の主たる目標は「微積分そして微分方程式を使いこなせるようになること」に置いた。

読者の中には、微積分??—あれって何に使うの? という感想を持っている人もいるかもしれない（いて欲しくないとは思っているが）。

そういう人が本書の中盤あたりからは、微積分ってなんてありがたい物なの! と感動してくれるようにしたいと思っている。

実はそもそも微積分は「自然を記述するための方法として」ニュートン（およびライプニッツ）が「発明」したものだ。まず（自然を記述し研究する上での）必要性があって、その必要性を満たすべく「微分」と「積分」を 作った。したがって自然科学を学ぶものは、いつかは微積分などの数学テクニックが「必要」になる。その時のために腕を磨いていこう。

[†1] 著者は自然科学についてよく知っているのでここの説明は自然科学を中心とするが、数学が必要となる事情は社会科学でも同様であろう。

[†2] もちろん、数学そのものを目標として勉強してはいけないわけではない。ここで述べているのはあくまで自然科学を目標とする人が数学を勉強する場合の姿勢についてである。

物理など、自然科学のための数学を勉強するときに注意すべきこと[†3]をまとめておこう（少し説教臭いだろうけど我慢してください）。

- 目的意識を持って勉強しよう　数学を勉強している理学部の1年生ぐらいの人からよく「こんなややこしい計算、嫌」という声を聞く。だが忘れないで欲しいのは「このややこしい計算が必要だから勉強するのだ」ということである。計算したい相手がまず存在し、そいつが「ややこしい計算」をやらないと太刀打ちできないような量だったり関数だったりするから、それに対抗する武器として数学が使われている。「ややこしい計算が嫌だ」と言って逃げてしまったら、対処できる敵の数が減ってしまう。自然という敵は手強いからこそ、数学という味方が必要だ。「必要だから勉強する」という気持ちを持つこと。

- 「覚えよう」は禁句　何か計算間違いをしたときなど「○○を覚えてなかった」「次間違えないよう、××を覚えよう」と言う人が結構いるのだが、そこで「覚えよう」と思って覚えた人間は、多分すぐに忘れる。たとえば「○○のチェックを忘れた」のなら「忘れていた」と反省するのではなく、「なぜ○○のチェックが必要なのか？」という理屈を自分が理解しているかどうかを考えよう。そして理解してないなら、「なぜこうしなくてはいけないか」が納得できるまで、その論理を考えなおそう。人間、理解したことはなかなか忘れないものだ。

- 図を描け、グラフを描け、情景を思い浮かべろ　問題を解くときにまずやるべきことは、状況を把握すること。そのためには図やグラフを描くことは大いに助けになる。それに、状況をちゃんと把握していれば、間違った解答を出してしまう可能性も減る。

- とにかく手を動かせ　目をつぶって考え込んだ後、「わかった！」と叫んで問題を解くことができるのは大天才だけである[†4]。**大天才でない人間は手を動かせ！**頭が動かないときこそ、紙と鉛筆に考えてもらうことだ。何をしていいかわからなかったらとりあえずいろいろ試してみる。そういうことをいろいろやっているうちに、正解にたどりつく方法が身についてくる。

- 話しあおう、教えあおう　友人と数学や物理について語り合い、教えあおう。人に語りかけるために言葉を作るという段階で「あっ、そういうことだったのか」と理解が進むということはよくある。「教える」ことは他人のためではなく、自分の頭を整理するにも大いに役立つのである[†5]。

本書を読む上での注意

　この部分では、この後の話の進め方を述べる。

　この部分では、計算の詳細などを補足する。

　この部分では、注意すべき点を解説する。

　この部分では、少し進んだ部分について解説する。

節タイトルについている skip ⤴ は「最初に読むときはこの節は飛ばして読んでもよい」という意味なので、先を急ぐ人はこのマークのついた節はとりあえず飛ばして後から気になったら戻ってきて読んでもよい。

本書のサポートページ（http://irobutsu.a.la9.jp/mybook/vgmath/）には、本書のエラー訂正の他、数学を理解するために有用なプログラムなども掲載する予定であるので、活用して欲しい。

[†3] 実際のところ「科学のための数学」に限らない、一般的に学問をするときの注意事項でもある。
[†4] 時々、「ここでぐっと式をにらむと**物理的直感により以下のような答がひらめく**」などと書いてある教科書があるが、あんなものは嘘であるか、大天才のできることである。凡人から（「大」のつかない）天才程度までの人間は真似しなくてよい。
[†5] 友達がいるつもりでエア友達に語りかけたってよい。それでもちゃんと効果は上がる。

目 次

はじめに　　iii

第1章　関数　　1
1.1 関数とは　　1
1.1.1 自然法則と「関数」　　1
1.1.2 関数をグラフで表現する　　2
1.2 簡単な関数　　4
1.2.1 比例・反比例、冪乗則　　4
1.2.2 多項式関数　　6
1.3 三角関数　　9
1.3.1 三角形の辺の比による定義　　9
1.3.2 三角関数の拡張　　11
1.4 関数について、いくつかの注意　　15
1.4.1 合成関数　　15
1.4.2 逆関数　　16
1.4.3[skip] 「関数」らしくない関数　　18

第2章　指数関数と対数関数　　20
2.1 指数関数　　20
2.1.1 冪と指数　　20
2.1.2 指数関数の傾きとネイピア数　　23
2.1.3 指数関数の底の変換　　25
2.2 対数関数　　26
2.2.1 対数関数：指数関数の逆関数　　26
2.2.2 対数関数の公式　　27
2.2.3 対数関数の底の変換　　30

第3章　微分　　31
3.1 グラフの傾きを知る方法　　31
3.1.1 関数の局所的ふるまいを知る　　31
3.1.2 極限としての接線の傾き　　33
3.1.3 図で表現する「極限」　　35
3.2 微分という演算　　37
3.2.1 導関数、微係数　　37
3.2.2 dという記号　　40
3.2.3 速度と微分　　43
3.3 微分演算の簡単な例　　44
3.3.1 冪の微分　　47
3.4 微分の性質と、簡単な関数の微分　　49
3.4.1 微分という演算の持つ性質　　49
3.4.2 いくつかの公式　　53

第4章　いろいろな関数の微分　　56
4.1 三角関数の微分　　56
4.1.1 準備：三角関数の極限　　56
4.1.2 三角関数の導関数　　58
4.2 指数関数・対数関数の微分　　63
4.2.1 指数関数の微分　　63
4.2.2 対数関数の微分　　64

第5章　微分の応用　　67
5.1 高階微分　　67
5.2 微分に関するいくつかの注意　　70
5.2.1[skip] 微分できない関数　　70
5.2.2[skip] 陰関数の微分　　71
5.3 微分と極大・極小　　72
5.3.1 極大・極小　　72
5.3.2 等周問題　　73
5.3.3[skip] 光学のフェルマーの原理　　74
5.3.4[skip] スケール変化と最適サイズ　　76
5.3.5[skip] 最小二乗法の簡単な例　　77

第6章　テイラー展開　　79
6.1 関数の近似とテイラー展開　　79
6.1.1 関数の近似　　79
6.1.2 テイラー展開の例：等比級数になる例　　82
6.1.3 テイラー展開の例：指数関数　　86
6.1.4 テイラー展開の例：三角関数　　87
6.2 テイラー展開可能な点と不可能な点　　89

第7章　積分　　92
7.1 積分とは何か　　92
7.1.1 積分は「足算の化け物」である　　92
7.1.2 積分は「掛算の進化形」である　　93
7.2 無限小部分の和としての積分　　94
7.2.1 グラフの面積：直線の例　　94
7.2.2 定積分の記号についての整理　　97
7.2.3 グラフの面積：放物線の例　　99
7.3 微積分学の基本定理と不定積分　　100
7.3.1 微分積分学の基本定理　　100
7.3.2 原始関数と不定積分　　102

7.4 その他、いろんな関数の積分 104
    7.4.1 $\frac{1}{x}$ の積分 104
    7.4.2 三角関数の積分 106
    7.4.3 指数関数の積分 107
    7.4.4 対数関数の積分 107

第8章 積分の技法と応用   109
8.1 部分積分 109
8.2 置換積分 112
    8.2.1 置換積分の手順 112
    8.2.2 置換積分でやっていること ... 114
8.3 積分計算の例 117
    8.3.1 三角関数を使った置換積分 ... 117
    8.3.2 双曲線関数を使った置換積分 . 119
8.4 面積・体積と積分 121
    8.4.1 円錐・角錐の体積 121
    8.4.2 球の体積 122
8.5 曲線の長さ 122
8.6 糸の張力 124

第9章 常微分方程式——序論   126
9.1 微分方程式とは 126
9.2 簡単な微分方程式から 128
    9.2.1 答が直線になる微分方程式 ... 128
    9.2.2 答えが放物線になる微分方程式 129
    9.2.3 答が指数関数となる微分方程式 130
    9.2.4 指数関数が出てくる自然現象 . 131
9.3 微分方程式の図解 132
9.4 微分方程式の解に含まれるパラメータの数 133
9.5 変数分離できる一階微分方程式 136
    9.5.1 実例：ロケットの速度変化 ... 136
    9.5.2 実例：兵力自乗の法則 138
    9.5.3 実例：流行の方程式 139
    9.5.4^{skip} 同次方程式 142

第10章 線形微分方程式   144
10.1 重ねあわせの原理 144
    10.1.1 線形結合と線形従属 144
    10.1.2 線形斉次微分方程式の重ね合わせ 145
    10.1.3 非斉次の場合の重ねあわせ ... 146
10.2 定数係数の線形斉次微分方程式 149
    10.2.1 特性方程式 149
    10.2.2 特性方程式が重解を持つ場合 . 150
    10.2.3 複素数を使って解く 153

10.3 定数係数の二階線形方程式の例 155
    10.3.1 空気抵抗を受ける質点 155
    10.3.2 空気抵抗を受けて落下する質点 156
    10.3.3 空気抵抗を受ける振動子 ... 157
10.4 一般的な一階線形微分方程式 159
    10.4.1 一階線形微分方程式を書き直す 159
    10.4.2 定数変化法 161

第11章 常微分方程式の応用例   163
11.1 パラボラアンテナ 163
11.2 懸垂線 164
11.3 肉食動物と草食動物の連立微分方程式 166

おわりに   171

付録A 基礎知識の補足   173
A.1 弧度法 173
A.2 有効数字 173
A.3 複素数とその演算 174
    A.3.1 虚数単位 174
    A.3.2 複素数の演算 175
A.4 極限と級数 175
    A.4.1 極限 175
    A.4.2 級数の収束 178
A.5 よく使う関数の近似 178

付録B 発展   179
B.1 等間隔でない分割 179
B.2 微分方程式の線形化 180
    B.2.1 ベルヌーイ型微分方程式 180
    B.2.2 線形近似による方法 181
B.3 複素数導入の意義 181
B.4 二階線形微分方程式の定数変化法 182
B.5 全微分による常微分方程式の解法 184
    B.5.1 全微分と偏微分 184
    B.5.2 積分可能条件 186
    B.5.3 積分因子 187
B.6 微分方程式の解の一意性 188

付録C 問題のヒントと解答   189
C.1 【問い】のヒント 189
C.2 【問い】の解答 193
C.3 章末演習問題のヒント 202
C.4 章末演習問題の解答 205

索 引   216

第1章 関数

この章では（今後何度となくお世話になる）「関数」の例を示し、次の章で微分を、さらにその先で積分を考えるための準備をしよう。

1.1 関数とは

1.1.1 自然法則と「関数」

物理などの自然科学を探求していくとき、

ある量 A を変化させた時に、それとは別のある量 B がそれに応じてどう変化するか？

を調べていかなくてはいけないことがよくある。この A から B への関係 ($A \to B$) のことを「関数 (function)」[†1] または「写像 (mapping)」[†2] と呼ぶ。「数」に限らず「何かを入力（インプット）したら何かが出力（アウトプット）される」働きを持っていればそれは「function（関数）」と呼んでも良い[†3]。数学的な意味で「関数」と言うときは数（もしくは数で表現できる量）を相手にしていることが多いが、数学だからと言って「数」を扱っているとは限らない。

関数のインプットとアウトプットにあたる量を「変数 (variable)」[†4] と呼ぼう。まず最初に変化させるある量 A は「独立変数 (independent variable)」、それに応じて変化するある量 B は「従属変数 (dependent variable)」と呼ぶ[†5]。

「独立変数」は文字通り 独立に、好きに選ぶことができ、それに応じて従属変数の値が決まる という意味を持たせたネーミングである。もっとも、何が独立変数で何が従属変数かというのは、

[†1] 英語の function は「機能」とか「作用」のような意味を持っている。もともと「数」専用の言葉ではない。

[†2] 写像された先は「像 (image)」と呼ぶ。「イメージ」は「印象」「象徴」などの意味で使われることが多いが「映像」「画像」という意味もあり、数学での「image」は、ある量が別の量に（映写されるように）映された結果を表現している。

[†3] コンピュータ言語の「関数 (function)」も何かを入力すると何かを出力するという意味である（コンピュータ言語では「出力（アウトプット）がない関数（void 関数）」も頻出するが）。

[†4] variable は「変化させることができるもの」という意味になる。実はこの英語も「数」とは限らない表現だ。

[†5] 英語の「depend」は「依存する」だから、「従属変数 (dependent variable)」は何かに依存して変化する量、という意味を持つ。independent はその反対。

いつでもピタリとこう決まるというものでもない。

例を述べよう。

> 棒の両端に力をかけると、棒が曲がる。その曲がりと力の関係は？——そんなことを知ってどうするのか、と思うかもしれないが、例えば体重計が体重を測定できるのは力と物体の曲がりに関係があり、体重計を製作する人がその関係を熟知しているからこそだ。

> 一定量の気体にかける圧力を高くすると、気体の体積が縮む。圧力と体積の関係は？——車や飛行機などの性能を上げるためには、こういう法則も知らなくてはいけない。

> 温度が高いと一定の水に溶ける砂糖の量が増える（冷水よりお湯の方がよく溶ける）。温度と砂糖の質量の関係は？——アイスコーヒーの砂糖の量を考えるときに、知っておくべき情報だ。

2番めの圧力と体積の例などは、圧力（独立変数）→ 体積（従属変数）と考える場合も、体積（独立変数）→ 圧力（従属変数）と考える場合もある（どちらを"独立に"コントロールできるかは気体の置かれた状況によるだろう）[†6]。

互いに関係のある量を計測する実験を何度も行うことによってそれぞれの量の間にどのような法則があるかを求めていこうとすることが自然科学の始まりだ。計測するものは数であることが多いので、ある数 → また別のある数 という対応関係（「関数」）を調べていくことが多くなる。

本書では、「変数」すなわち「変化する量」には色付きの文字を使うことにする。ただし、何が「変数」かは状況によるので、そのときに応じて色をつけるかつけないかは変わる。

高校までの数学では独立変数に x、従属変数に y を使うことが多いが、これは別にそうでなくてはいけないというものではない[†7]。文字に何を使うかというのは全く本質ではない[†8]。

1.1.2 関数をグラフで表現する

x と y に x を1つ決めれば y が1つ決まる という関係があるとき、y は x の関数だ と言う。関数の対応関係は式で表してもよいが、次のグラフのように表現してもよい。たとえばこの関数が $y = f(x)$ という式[†9]で表現されるものであったならば、グラフの線の上では $y = f(x)$ が成り立ち、

[†6] ある量が独立変数か従属変数かは、状況によって違う。たとえば実験する時には、1つの量を変化させつつもう1つの量を測るが、どの量を変化させるかは状況に応じて変わる（変えることができる）。たとえば「温度を変えることで圧力を変える」は蒸気機関などエンジンの原理だが、「圧力を変えることで温度を変える」はクーラーの原理だ。

[†7] 時々、たとえば $x = \sqrt{1-y^2}$ なんて式が出てくると途端に「あれ？ x が左辺にある？？」などと混乱している人がいるが、この場合は対応関係が「y が決まれば x が決まる」となっているだけのことだ。文字が変わったぐらいで数学の本質は変わらないので、心配無用である。

[†8] 著者はよく、日本人は漢字やかなを変数に使ってもいいじゃないか、と言っているが、あまり賛同は得られない。

[†9] この「$f(x)$」というのは「x を決めると決まる数」（x の関数）という意味の記号である。関数 (function) の頭文字 f を使うことが多いが、もちろん別の文字を使うこともある。(x) の部分が「何の関数であるか」を表現する。「t を一つ決めると決まる数」を $g(t)$ のように表現したってよい。本書では、変数は色付き文字を使うが関数名は黒で書く。また、関数が何の関数であるかを表す (x) の括弧には薄い灰色の括弧 ( ) を使うことにして、演算の順序を表現するときの括弧 ( ) とは区別する。

それ以外の場所では成り立たない。

つまりグラフが表現している「線」は「$y=f(x)$ が成り立つ点」の集合だ。多くの場合、これはある線になるが、関数が変な関数であれば、「線」になるとは限らない。線になるかどうかは、関数が連続性を持つかどうかによる。連続性があればある点の「隣」に点があるから、関数の式を満たす点の集合が「線」になる。実験などで測定値をグラフに「点」でプロットして、最後に「えいやっ」と線を引くが、それは考えている関数が連続であることを仮定（期待）しているからだ。なお、図でもそうだが逆の y を 1 つ決めれば x が 1 つ決まる の方は成立しなくてもよい。

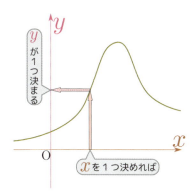

状況により x はなんでもよいわけではなく、「**定義域 (domain of definition)**[10]」と呼ばれる範囲に入っていなくてはいけない。この範囲で関数が定義されている という意味で「定義域」と呼ぶ。たとえば x が「試験の点数」なら、定義域は $0 \leqq x \leqq 100$ に[11]なる。採点の仕方にもよるが、多くの場合 x は整数だ という条件もつくだろう。このように x を 0 以上 100 以下の整数とするとき のように離散的な（とびとびの）値が定義域になる場合もある。定義域は考えている量（物理量だったり測定値だったり）がそもそもどういう量であるかということから決まる場合もあるし、数式の構造から決まる場合もある。たとえば $y = \sqrt{x}$ という関数は（実数の範囲なら）$x \geqq 0$ でないと意味がないから、定義域は（もっとも広い場合でも）$x \geqq 0$ である。

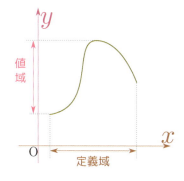

x が定義域の全体を変化する間に y の取り得る値の範囲を「**値域(range of values)**[12]」と呼ぶ。たとえば上の例 $y = \sqrt{x}$ の場合、値域は $y \geqq 0$ である。

次のグラフのような例は x を 1 つ決めれば y が 1 つ決まる を満たさないから関数ではない。

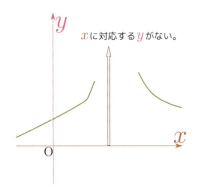 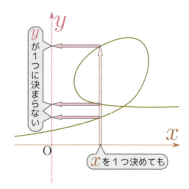

そのような場合も、

---

[10] 「定義域」を単に domain と呼ぶことも多い。
[11] $\geqq$, $\leqq$ はそれぞれ $\geq$, $\leq$ と同じ記号、それぞれ、「$>$ または $=$」と「$<$ または $=$」という意味。
[12] こちらも、「値域」を単に range と呼ぶことも多い。

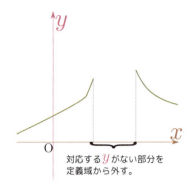
対応するyがない部分を定義域から外す。

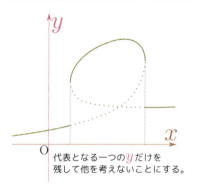
代表となる一つのyだけを残して他を考えないことにする。

のように修正することで「関数」にすることができる（後のarcsinなどの例を見よ）。
→ p16

1.2 簡単な関数

1.2.1 比例・反比例、冪乗則

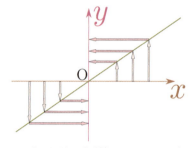

もっとも簡単な関数関係は（あまりに自明なもの[13]を除くと）「比例」と「反比例」だろう。

比例とは x が A 倍になれば y も A 倍になる という関係を示す。比例関係は自然のいろんなところに現れる。たとえば一様な物質（水などを思い浮かべよう）の質量と体積は比例する。この関係を式で表現すれば $y = ax$（aは0でない、Aとは別の定数）、グラフで表現すれば「原点を通る直線」になる。$x \to Ax, y \to Ay$ と置き換えても $y = ax$ は保たれることに注意しよう。

一方、x が A 倍になれば y が $\frac{1}{A}$ 倍になる という関係が反比例である。例は等温の気体の圧力と体積（体積を2倍にすれば圧力は $\frac{1}{2}$）などがある。式で書けば $y = \frac{a}{x}$ だ（aはAとは別の定数）。あるいは $xy = a$ と書いてもよい[14]（$x \to Ax, y \to \frac{y}{A}$ と置き換えても $xy = a$ は保たれる）。

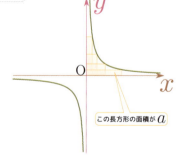
この長方形の面積がa

グラフは右に描いたような「双曲線 (hyperbola)」と呼ばれる線である。$xy = a$ という式は、「右のグラフに描いた長方形の面積が常に一定だ」という関係だと思ってもよい。

自然には、「x が A 倍になれば y が A^n 倍になる」（このnは定数で、「冪の指数」[15]あるいは単に「指数」と呼ぶ）という関

---

[13] たとえば x に何を入れても y は0というのも「y が決まる」から定義からすれば立派な関数だが、これはあまりに自明すぎてつまらないだろう（こんなときは「トリヴィアル (trivial) だ」と言う）。

[14] $y = \frac{a}{x}$ と $xy = a$ はほとんどの場合同じ意味である。違いは $a = 0$ の場合で、前者の式では「$y = 0$ で x が0でない任意の数」となる。後者の式では、「$x = 0$ で y が任意」という場合も有り得る。

[15] 冪とは、$A \times A \times A \times \cdots$ のような掛算を繰り返した形の式のこと。n回繰り返した場合は A^n と書く。

係がある量もよく登場する。このような関係を「冪乗則 (power law)[†16]」と呼ぶ。数式で表現すれば $y=ax^n$ だ。$n=1$ なら比例、$n=-1$ なら反比例となる。「冪乗則」と言うとき、n は整数とは限らず、一般の実数でよい（2.1 節を参照）。
→ p20

n が整数の場合のグラフを以下に示した。

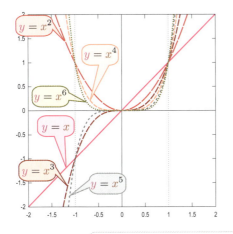 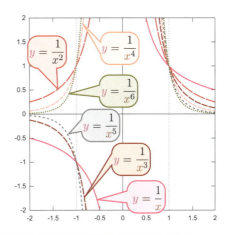

$n > 0$ に対して、
$\begin{cases} |x| \text{が 1 より小さいとき、} n \text{ が大きいほど } y \text{ が 0 に近づく。} \\ |x| \text{が 1 より大きいとき、} n \text{ が大きいほど } y \text{ が } \pm\infty \text{ に近づく。} \end{cases}$

$n < 0$ に対して、
$\begin{cases} x=0 \text{ では値が定義されない。} \\ |x| \text{が 1 より小さいとき、} |n| \text{ が大きいほど } y \text{ が } \pm\infty \text{ に近づく。} \\ |x| \text{が 1 より大きいとき、} |n| \text{ が大きいほど } y \text{ が 0 に近づく。} \end{cases}$

ということを感じて欲しい。$|x|$ が大きいときは、n が大きい方が効く。たとえば $x^5 + x^2$ という式では、$|x|$ が大きいところでは x^5 の方が重要だ（納得できない人は $x=10$ などを代入してみよう）。逆に小さいときは、n の小さい方が効く（$x^5 + x^2$ ならば、x^2 の方が重要である）。後々、

式 $x^3 + x$ のうち、x^3 は（x が小さいところでは）計算に関係ないだろう

とか、

この力は $\frac{1}{r^2}$ に比例するから、遠方（r が大きいところ）では無視できるだろう

のように、「式のどの部分が重要で、どの部分は重要でないか？」を判断する必要が出てくる。冪の指数 n はその判断の大きな手がかりとなる。

> **FAQ** 何が「1 より大きい」かは単位系で変わるのでは？
>
> まったくその通り。同じ長さでも 1 m と 1000 mm では、数字は 1000 倍違う。だから、単位のついた数字だけを見て「大きいから」とか「小さいから」と判断するのは危険である。
> たとえば地球や宇宙のサイズの話をしているときは、1 m は「小さい」と考えてもよいだろう。しかし細菌の話をしているのなら、細菌のサイズ 1 μm = 0.001mm = 0.000001m からしたら 1 m は 1000000 倍

[†16] power はこの場合、「力」でも「仕事率」でもなく「冪」の意味。

ぐらいの大きな数字となる。原子の話ならさらにその $\frac{1}{10000}$ 倍ぐらいのサイズが基準となる。

「大きい」とか「小さい」とかは、あくまで基準となる量との比較で考えるべきだ。自然科学で何かを考えるとき、「どのスケールで物を考えるか」を常に気をつけなくてはいけない。さらに「このスケールで考えているからその $\frac{1}{100}$ は考える必要がない」ことも判断する必要が常にある。

1.2.2 多項式関数

前節まで、n 次式で表された関数を考えた。さらに冪の関数の和を考えていく。

$5, 8x, 4x^3y^2, \cdots$ などのように、定数と変数の n 乗（ここでの n は 0 以上の整数）の積になる式を「**単項式 (monomial)**」と呼び、単項式を足して（あるいは引いて）できた式を「**多項式 (polynomial)**」と呼ぶ[17]。変数を含まない項は「定数項」と呼ぶ。x^n が掛算されている項は「n 次の項」と呼ばれる（$n = 0$ の場合は「0 次の項」であるが、「定数項」と呼んでもよい）。最大の次数の項が n 次の単項式である多項式は「n 次の多項式」と言う。$x^4 - 3x^2 + 5$ は「x に関して 4 次の多項式」である。「n 次の多項式」は「n より小さい次数の単項式」を含んでよい[18]。

次数が低い（$n = 1, 2, 3$）の場合について考えておこう。

1 次関数

$y = ax + b$（a, b は定数）の形、すなわち 1 次の多項式の形の関数を「1 次関数」と呼ぶ。ここで、b は 0 でも構わないが、$a \neq 0$ である（でないと、1 次式でなくなってしまう）。a を「傾き」、b を「切片（または y 切片）」と呼ぶ。1 次関数のグラフは正比例同様「直線」となる。

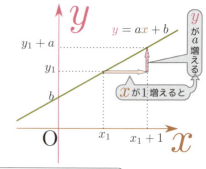

b の意味が $x = 0$ のときの y であることは式を見てもわかる。一方 a は増加率すなわち、x が 1 増えたとき、y がどれだけ増えるかという意味を持つ。この「1 次の項の係数が増加率を表す」という点は後々重要になるだろう。

2 次関数

$y = ax^2 + bx + c$（a, b, c は定数）、すなわち 2 次の多項式の形の関数を「2 次関数」と呼ぶ。次の図は a, b, c をいろいろと変えた場合のグラフである。これらグラフの曲線は「**放物線 (parabola)**」と呼ばれる[19]。グラフをよく見ると、b, c は放物線の位置を決めるパラメータ[20] で

---

[17] 一つも項を含まない式（つまり 0）や、単項式 1 個でできている式も「多項式」に含める。含めていない本もあり、日常用語の感覚からすれば「多」という文字がついているなら二つ以上の項があって欲しいという主張もあろう。しかし数学的定義は例外が少ない方が好ましいので、「多」には 0 や 1 を含む定義にしている場合が多い。

[18] 最大次数 n がない（別の言い方をすれば「n が ∞」）の場合は「多項式」とは呼ばない。たとえば後で出てくる三角関数や指数関数は x^n の項の和で表現すると n はいくらでも大きいものが必要なので、「**非多項式 (non-polynomial)**」である。

[19] この線は真空中の一定重力場内で物体を放り投げた時の軌跡なので「放物」と名付けられている。

[20] 関数の独立変数とは別の「変化できる量」をパラメータ（媒介変数）と呼ぶ。

あり、b, c を変えても形は変わらず、平行移動するだけであることがわかる（後で確認しよう）。

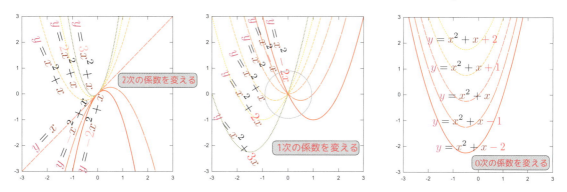

一方、a が変化すると放物線の形が変わる。具体的には、$a > 0$ ならば下に凸（凹）[21]、$a < 0$ ならば上に凸であり、a の絶対値が大きいほど、曲がり具合（尖り具合）が大きい[22]。この形の変化は縦または横の伸縮になっている。

2次関数のグラフは曲がっている—すなわち傾きが変化するので、1次関数 $ax + b$ の a のような一定の傾きを表すパラメータは存在しない。

上の図の中央の 1次の係数を変える 場合の $x = 0$ 付近（右の図→）に注目してみると、1次の項の係数 b は、「$x = 0$ 付近だけを見たときの、線の傾き」に対応している。まだ我々は「曲線の傾き」を定義していないので、ここでは「対応している」程度のことしか言えないし、$x = 0$ の場所でしかこの対応はない—一般的な「傾き」の求め方は微分の章でくわしく考えるので後の楽しみにしておこう。

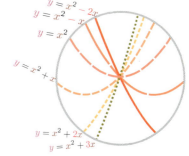

なぜ b, c は放物線を平行移動させるだけで形を変えないのか、それを直感するために、ここで関数の平行移動とはどういうものかを考えておこう。平面上のグラフを考えているから、基本的に平行移動は縦（y 方向）と横（x 方向）の二つがある（斜め方向は縦横の組み合わせだ）。

このグラフを y 方向に y_0 だけ平行移動させるには、$y \to y - y_0$ と置き換えて、$y - y_0 = f(x)$ という式に直せばよい。同様に x 方向に x_0 だけ平行移動させるには、$x \to x - x_0$ と置き換えて $y = f(x - x_0)$ という式に変える。両方を同時に行うと、

$$y = f(x) \quad \to \quad y - y_0 = f(x - x_0) \quad (1.1)$$

とすることで、x 方向に x_0、y 方向に y_0 という平行移動が実現する。

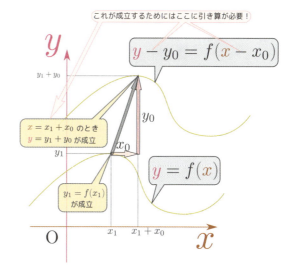

---

[21]「下に凸」を凹という実際にはない文字で表現しておく。読み方は「つと」としておこう。
[22] 2次関数の2次の項の係数 a は「曲線の曲がり具合」を表現するということを今後のためにも覚えておくとよい。

FAQ プラス方向に移動するんなら $x \to x + x_0$ のように足すんじゃないんですか？

と、思ってしまうことが多いが、逆なのである。

一例として、移動前の関数が $x=0$ のとき $y=1$ を満たす関数だったとしよう（移動前の関数を $y = f_{前}(x)$ とすれば、$f_{前}(0) = 1$）。x 方向に x_0 平行移動させたとすると、移動後の関数は、$x = x_0$ のとき $y = 1$ でなくてはいけない。移動後の関数を $y = f_{後}(x)$（これは $f_{前}(x)$ とは別の関数）とするならば、$f_{後}(x_0) = 1$ でなくてはいけない。$f_{前}(0) = 1$ と $f_{後}(x_0) = 1$ が両立するためには、$f_{前}(x - x_0) = f_{後}(x)$ になっていればよい（$x = x_0$ を代入すると $f_{前}(0) = f_{後}(x_0)$ になる）。いわば、x_0 を引くことによって関数の形を平行移動前に戻して、その後で $x \to y$ という対応関係を使っている、と思えばよい。

この平行移動によって、
$$y = ax^2 + bx + c \quad \to \quad y = a(x-x_0)^2 + b(x-x_0) + c + y_0 \tag{1.2}$$
と式が変わるが、結果を展開すれば
$$y = ax^2 + \underbrace{(b - 2ax_0)}_{\text{新しい}b}x + \underbrace{a(x_0)^2 - bx_0 + c + y_0}_{\text{新しい}c} \tag{1.3}$$
となり、2次の項の係数 a は変化せず、1次の項と定数項が変化する。逆に言えば、b, c を変化させたときに起こる変化は x_0, y_0 を変化させたときに起こる変化と同じである。

b, c の変化はグラフ全体の形を変えず、ただ平行移動のみを起こす ということがこうして数式の上で確認できた。ゆえに、a が同じ関数のグラフは、b, c が違っていても平行移動することでぴったり重ねることができる。

3次関数

$y = ax^3 + bx^2 + cx + d$ の形の関数である。パラメータはさらに一つ増えて4個となり、平行移動のパラメータ2個を引いてもあと2個残る。結果、形を表すパラメータが二つある。下に、a, b, c を変化させたときのグラフの変化の様子を示した（d すなわち定数項の変化については y 方向の平行移動であることはもうわかるだろうから省略した）。

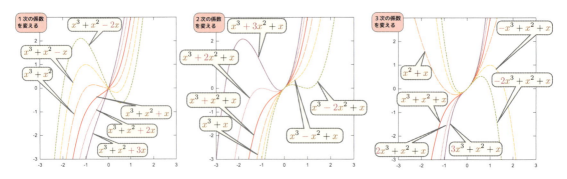

$x = 0$ の近辺だけを見ると、2次の項の係数（この場合 b）がやはり「$x = 0$ 近辺での曲がり具合」を、1次の項の係数（この場合 c）がやはり「$x = 0$ 近辺での傾き」を表現している（ただ

しこれは $x=0$ 付近でのみ）。実は、このような 狭い範囲で関数がどう見えるか という視点を持つことが「微分」の考え方であり、その視点が自然法則の発見へとつながる。

見た目ではわかりにくいかもしれないが、前ページの右の図（3次の係数aを変えている図）では、1次と2次の係数は変わってないので、原点（重なりあっている部分）においては傾きと曲がり具合は変化していない。2次関数では凸なら山が一つ、凹なら谷が一つあるだけだったが、3次関数では多い場合、山と谷が一つずつ現れる。ただし、たとえば $y=x^3+x^2+x$ のように山も谷もないグラフもある。$y=x^3$ のように $x=0$ のときのみ、傾きが0になる場合もある。パラメータが2個になった分、状況は複雑になっている。

4次以上の多項式関数

次数が上がるとグラフの複雑さは増していく。n次多項式のグラフは最大の場合、$n-1$個の山と谷（正確な言葉では、極大点と極小点）を持つ。右は7次多項式関数の例である（山が三つ、谷が三つある）。この式は $f(x)=0$ が七つの解を持っている（7次方程式は最大の場合で七つの解を持つ）。方程式の持てる解の数と、山や谷の数には関係がある。

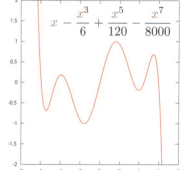

【問い1-1】 グラフの山と谷の数 と 多項式$=C$ という方程式の解の数との関係を考察してみよう。

ヒント：n次の多項式$=C$ という式は、最大n個の解を持つ。よって、「$y=n$次の多項式」のグラフと「$y=C$」のグラフは、最大の場合でn個の共有点を持つ（n回交わる）。

ヒント→p189へ　解答→p193へ

1.3　三角関数

1.3.1　三角形の辺の比による定義

三角関数というのは「角度→直角三角形の辺の比」という関数としてまず定義される。「直角三角形の角度を一つ決めると、辺の比が決まる」という関係が「三角関数」である。理工学では、角度の単位は一周を$360°$とする「度」ではなく一周を2πとする単位がよく使われることが多い[23]。この角度単位は「rad」と書いて「ラジアン」と読む[24]（A.1節を見よ）。radは省略することも多い。角度を表す文字として、ギリシャ文字[25]の θ を使おう[26]。直角三角形の三辺を「隣辺」「対辺」「斜辺」と図のように名付ける。 角度θの角と直角を結ぶ辺 を

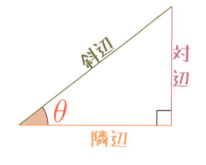

---

[23] なぜか、というのはこの後三角関数の性質を考えていくなかで理解できるはずである。
[24] 数学に慣れた人は「ケーキを $\frac{\pi}{6}$ ラジアン切って」と言われてさっと切れるようでなくてはダメである。
[25] ギリシャ文字一般については見返しを見よ。
[26] こういうのはあくまで慣例であって、別に角度にどんな文字を使ったって構わない。

「隣辺」、直角以外の二つの角を結ぶ辺を「斜辺」と名付け、角度θの角の向かいにある辺を「対辺」と呼ぶことにする[27]。

この三辺の比は、$3 \times 2 = 6$通りの組み合わせがある。それぞれを、以下のように名付ける[28]。

$$\frac{\text{対辺の長さ}}{\text{斜辺の長さ}} = \underbrace{\sin\theta}_{\text{サインシータ}}, \quad \frac{\text{隣辺の長さ}}{\text{斜辺の長さ}} = \underbrace{\cos\theta}_{\text{コサインシータ}}, \quad \frac{\text{対辺の長さ}}{\text{隣辺の長さ}} = \underbrace{\tan\theta}_{\text{タンジェントシータ}},$$
$$\frac{\text{斜辺の長さ}}{\text{対辺の長さ}} = \underbrace{\operatorname{cosec}\theta}_{\text{コセカントシータ}}, \quad \frac{\text{斜辺の長さ}}{\text{隣辺の長さ}} = \underbrace{\sec\theta}_{\text{セカントシータ}}, \quad \frac{\text{隣辺の長さ}}{\text{対辺の長さ}} = \underbrace{\cot\theta}_{\text{コタンジェントシータ}}.$$
(1.4)

上の段の三つがよく使われるもので、下の段の三つは対応する上の段の逆数になっている。

すなわち、$\frac{1}{\sin\theta} = \operatorname{cosec}\theta$, $\frac{1}{\cos\theta} = \sec\theta$, $\frac{1}{\tan\theta} = \cot\theta$ である。だから、下の段三つは使わないで済ませることもできる（以下でも上三つの$\sin, \cos, \tan$を主に考えていく）。

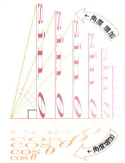

右の図は斜辺を1で一定にして角度θを変化させていったときの直角三角形の対辺と隣辺の変化の様子である。斜辺を1とすると対辺の長さは$\sin\theta$、隣辺の長さは$\cos\theta$であるが、角度が大きくなるに従って$\sin\theta$は大きくなり、$\cos\theta$は小さくなる（こうなるのは、$0 < \theta < \frac{\pi}{2}$の範囲に限って考えているからであり、$\frac{\pi}{2}$を超えると事情が変わってくる）。

次に、隣辺を一定値の1にした場合に角度を変えると対辺の長さがどのように変わるかを示したのが右の図である。斜辺の長さは図に示していないが、$\sec\theta = \frac{1}{\cos\theta}$ であり、θの変化に伴い変化する。

上の定義から、三角関数相互の関係を出してみよう。たとえば、

$$\frac{\sin\theta}{\cos\theta} = \frac{\frac{\text{対辺の長さ}}{\text{斜辺の長さ}}}{\frac{\text{隣辺の長さ}}{\text{斜辺の長さ}}} = \frac{\text{対辺の長さ}}{\text{隣辺の長さ}} = \tan\theta \quad (1.5)$$

である。同様に $\frac{\cos\theta}{\sin\theta} = \cot\theta$ である[29]。

 三角関数は、遠くにある建物の高さを推定するときにも使える。右のように水平線から建物のてっぺんを見上げる角度θと建物の位置までの水平距離Lがわかれば、高さは$H = L\tan\theta$とわかる。

---

[27] 直角三角形を図のように置いた場合、「隣辺」は「底辺」に、「対辺」は「高さ」に対応する。

[28] cosecは長いので、cscと略す場合もある。sinやcosは関数の名前であるから、$f(x)$と同じ書き方をするなら$\sin(\theta)$のように書くべきなのであるが、まぎらわしいとき以外は( )は書かない。

[29] この後θの範囲は $0 < \theta < \frac{\pi}{2}$ からどんどん広がっていくが、これらの式はθがどのような範囲でも成立する。

1.3 三角関数

斜辺の長さが 1 である三角形、
隣辺の長さが 1 である三角形、
対辺の長さが 1 である三角形を書いてみると右の図のようになる。

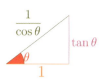
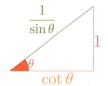

三つの三角形は相似である。これら三角形を長さ 1 の辺が重なるようにして合成したのが右の図である。 co- のついた関数は $\frac{\pi}{2} - \theta$ という角度に対応している。

$$\sin\left(\frac{\pi}{2} - \theta\right) = \cos\theta$$
$$\tan\left(\frac{\pi}{2} - \theta\right) = \cot\theta$$
$$\sec\left(\frac{\pi}{2} - \theta\right) = \mathrm{cosec}\,\theta$$

という関係を読み取ろう。☞

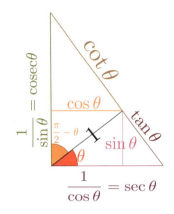

また、これらの図に、三平方の定理（ピタゴラスの定理）すなわち (隣辺の長さ)^2 + (対辺の長さ)^2 = (斜辺の長さ)^2 を適用すると、それぞれの図に対応して以下の三つの式が導ける[†30]。

---- 三角比と三平方の定理の式 ----

$$\cos^2\theta + \sin^2\theta = 1, \quad 1 + \tan^2\theta = \frac{1}{\cos^2\theta} = \sec^2\theta, \quad \cot^2\theta + 1 = \frac{1}{\sin^2\theta} = \mathrm{cosec}^2\theta \quad (1.6)$$

⚠️ $(\sin\theta)^2$ は $\sin^2\theta$ と書く（cos や tan も同様）[†31]。$\sin\theta^2$ は「角度 θ^2 の sin」と解釈される。慣れないうちは戸惑うかもしれないが、省略記法というのは「そういうものだ」と思って慣れるしかない。

1.3.2 三角関数の拡張

ここまでで示した「直角三角形の辺の比」という定義では、角度 θ は $0 < \theta < \frac{\pi}{2}$ でなくてはいけない。では θ が $\frac{\pi}{2}$ を超えた（ただしまだ π は超えてない）場合は $\sin\theta, \cos\theta$ は値がないのかというと、ここで 定義を拡張する ことで θ が $\frac{\pi}{2}$ を超えても大丈夫なようにする。

具体的には、右の図のように逆側に三角形を作り、その「対辺の長さ」と「−(隣辺の長さ)」（マイナス符号に注意）をそれぞれ $\sin\theta$ と $\cos\theta$ の定義とする（図には $\tan\theta$ は描き込んでいない）。

θ が $\frac{\pi}{2}$ を超えたとき、隣辺はさっきまでとは逆向き（図ではそれを表現するために cos と左右反転した文字で書いた）に伸びたので、$\cos\theta$ を「−(隣辺の長さ)」と負の

[†30] こういう式を「新しい公式だ！」と単に覚えようとするのではなく、三平方のおなじみの「定理という式」の 1 つの変形である、という事実も含めて頭の中に（図と関連付けて）整理しておこう。バラバラに覚えた「公式」はすぐに忘れてしまうが、相互につながりを持って認識された知識は、なかなか忘れないし、身についたものとなり役に立つ。

[†31] 「$\sin^2$」という名前の関数だと思ったほうがよいかもしれない。

値になるよう決めた。

この状況は、建物の高さを推定するときの話で言うと、下の図に描いたように背中をのけぞらせて背後にある建物の頂点を見ている状況に対応する。建物を通り過ぎた後での 見上げる角度 は $\frac{\pi}{2}$ より大きい。

このように考えたから、θ が最初考えていた領域をちょうど超える場所である $\theta = \frac{\pi}{2}$ については、$\sin\frac{\pi}{2} = 1, \cos\frac{\pi}{2} = 0$ とするのが適当である。「 $\theta = \frac{\pi}{2}$ では三角形はできないではないか！」と言いたくなるかもしれないが、 定義を拡張する というのはそういうことである[†32]。

> 【問い 1-2】 この定義なら、$\sin 0, \cos 0$ の値も決められる。どうなるか？　　解答 → p193 へ
> 【問い 1-3】 $\sin\pi, \cos\pi$ は？　　解答 → p193 へ

さらに θ が π を超えたときは右の図のように考える（図の場合、$\sin\theta$ も負となる）。以上で図に描いたように考えることで θ が $0 < \theta < \frac{\pi}{2}$ でないときも $\sin\theta, \cos\theta$ が意味のある量となる。具体的には、下の図のように座標原点に一端を置いた長さ 1 の棒（これは直角三角形の斜辺を 1 に固定したことに対応する）を x 軸から反時計回りにどれだけの角度回したか、という変数として θ を定義して、棒のもう一端の x 座標を $\cos\theta$、y 座標を $\sin\theta$ と定義する。こうすれば θ は 2π も超えて ∞ まで任意の角度を取ることができる。

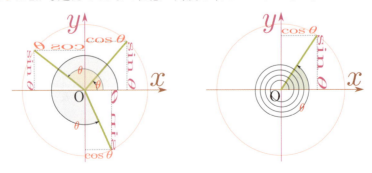

θ が 2π を超えたときは、上右の図のように、棒が何周も回ったと考えればよい。

[†32] そしてこの拡張が、役に立つ場合、それが一般に使われるようになる。どう役に立つのかについては、以下を読んで欲しい。

また、右の図に描いたように、「負の角度」に対しても定義できる（右の図の場合、$\sin\theta < 0$ である）。

こうして、任意の実数 θ に対して $\sin\theta, \cos\theta$ を定義することができた。グラフで表現すると次のようになる。

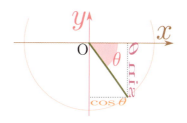

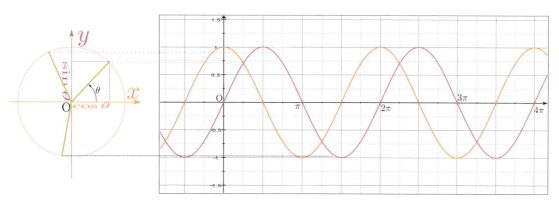

あと一つのよく使う三角関数である $\tan\theta$ についても $\sin, \cos$ 同様、x 軸と角度 θ を持つ棒を使っての定義とグラフを書いておこう。$\boxed{\tan\theta = \dfrac{\text{対辺の長さ}}{\text{隣辺の長さ}}}$ (1.4) と定義したから、$\tan\theta$ は「隣辺の長さを 1 にしたときの対辺の長さ」と考えればよい。よって下の図左側に描いたように、隣辺を 1 にして、(棒の長さをそれに応じて変えつつ) 角度 θ を変化させ、そのときの三角形の対辺の長さを $\tan\theta$ とする。ただしこの手順では「棒」が左を向いたときには (図で点線で表現したように) 斜辺を逆に伸ばして三角形を作る (こうすることで $\boxed{\tan\theta = \dfrac{\sin\theta}{\cos\theta}}$ が成立するようになる)。

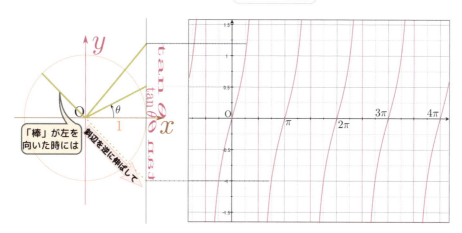

三角関数のうち $\sin\theta, \cos\theta$ 以外の他の 4 つ（$\tan\theta, \sec\theta, \text{cosec}\,\theta, \cot\theta$）に関しては「定義できない値」（定義域から外すべき値）がある。
→ p3

たとえば $\tan\theta = \dfrac{\sin\theta}{\cos\theta}$ は $\boxed{\cos\theta = 0}$ となる場所、すなわち n を整数として、$\boxed{\theta = \dfrac{\pi}{2} + n\pi}$ では定義できない。

同様に $\mathrm{cosec}\,\theta = \dfrac{1}{\sin\theta}$ は $\boxed{\theta = n\pi}$ では定義できず、$\sec\theta = \dfrac{1}{\cos\theta}$ は $\boxed{\theta = \dfrac{\pi}{2} + n\pi}$ では定義できない。

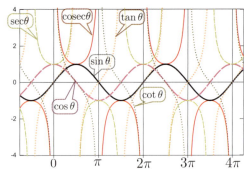

これらの定義から、「θ に 2π を何回足しても、すなわち棒を一周あるいは複数回だけ回しても、$\sin\theta$ や $\cos\theta$ の値は変わらない」、すなわち n を整数として

$$\sin(\theta + 2n\pi) = \sin\theta, \quad \cos(\theta + 2n\pi) = \cos\theta \tag{1.7}$$

および、「θ に π を何回足しても、すなわち棒を半周もしくはその整数倍だけ回しても、$\tan\theta$ の値は変わらない」、すなわち

$$\tan(\theta + n\pi) = \tan\theta \quad (n\text{ は整数}) \tag{1.8}$$

が結論できる。

【問い 1-4】 $\sin(\theta + \pi)$ と $\cos(\theta + \pi)$ はどうなるか？　　　ヒント→p189 へ　解答→p193 へ

【問い 1-5】 $\sin\left(\theta + \dfrac{\pi}{2}\right)$ と $\cos\left(\theta + \dfrac{\pi}{2}\right)$ はどうなるか？　　　ヒント→p189 へ　解答→p193 へ

θ から $\cos\theta$ や $\sin\theta$ を "計算" するにはどうしたらいいだろう？—たとえば角度 θ が $\dfrac{\pi}{6}$ ($30°$)、$\dfrac{\pi}{4}$ ($45°$) などの「三角比のわかる角度」であれば、$\cos\dfrac{\pi}{6} = \dfrac{\sqrt{3}}{2}$ とか、$\sin\dfrac{\pi}{4} = \dfrac{\sqrt{2}}{2}$ などと計算できる。では例えば $\sin 1$ (1 ラジアンの角度に対する sin) はどう計算しよう？？—すぐに思いつく方法は「斜辺 1 メートルで角度 1 ラジアンの直角三角形を一個描いてみて、高さを (物差しで) 測る」というものだ (測った後で、表を作っておけばよい)。電卓[†33] で $\boxed{\sin}$ や $\boxed{\cos}$ などのキーを押すと $\sin 1$ だろうが $\cos 100$ であろうが答が出る (ちなみに、$\sin 1 \fallingdotseq 0.841470984807897$、$\cos 100 \fallingdotseq 0.862318872287684$) が、それはどうやって計算しているのだろう (誰かが測ってくれた表があるのか？？) —この疑問の答は、ずっと先で出てくる「テイラー展開」という計算法を知ることによって与えられる。
→p81

【問い 1-6】 手元の「電卓」で $\sin 0.1, \sin 0.01, \sin 0.001, \sin 0.0001$ などを計算してみよ (単位はラジアンで計算することを忘れずに)。結果から何か思いつくことはないか？　　　ヒント→p190 へ　解答→p193 へ

【問い 1-7】 同様に cos でもやってみよう。　　　ヒント→p190 へ　解答→p193 へ

[†33] もしくは、各種コンピュータや携帯電子機器などに搭載された「電卓」という名前のプログラム。

1.4 関数について、いくつかの注意

ここまでである程度の関数の例を説明したので、いくつかの用語をここで解説して、注意を加えたい。

1.4.1 合成関数

関数は「数 → 数」の対応関係であるが、この対応関係を二段階にしたもの「数 → 数 → 数」を「合成関数」と呼ぶ。

たとえば、ある気体を電気ヒーターで暖めている。ヒーターの電力を変えれば温度が変わる（電力→温度）。そして、温度が変わればその気体中の音速が変わる（温度→音速）。こうすると「電力を変えれば（温度の変化を通じて）音速が変わる」（電力→温度→音速）という関数関係ができる（こういう例を自分でも考えてみよう）[†34]。

合成関数の例を数式で考えよう。$y = 1 - x^2$ という $x \to y$ という対応関係があり、さらに $z = \sqrt{y}$ という $y \to z$ の対応関係があれば、この二つをまとめて、$z = \sqrt{1 - x^2}$ という $x \to z$ の「合成関数」を作ることができる。二つの関数を $y = f(x)$（y が x の関数である）および $z = g(y)$（z が y の関数である）と書けば、合成関数は $z = g(f(x))$ のように書ける。この式の意味は まず $f(x)$ を計算して、計算結果を $g(y)$ の y に代入すると、z が求められる である[†35]。

合成関数の定義域と値域には注意する必要がある。たとえば上にあげた例の場合、$y = 1 - x^2$ だけを見れば x はどんな実数でも（定義域を $-\infty < x < \infty$ としても）よさそうだが、その後 $z = \sqrt{y}$ に答えである y が代入されることを思えば、$-1 \leq x \leq 1$ という定義域の外では関数 $z = \sqrt{1-x^2}$ が定義されてない（虚数を含めれば話は別であるが）。

三つの変数が関与する関数

$$f(x) = x^3 - x^2 - 2x + 1 \tag{1.9}$$

$$g(y) = \sin 3y \tag{1.10}$$

の場合で、立体的に図を描くと右のようになる。このとき、

$$z = g(f(x)) = \sin\left(3(x^3 - x^2 - 2x + 1)\right) \tag{1.11}$$

になる。y が大きく変化するところでは z の振動が激しいことに注意。

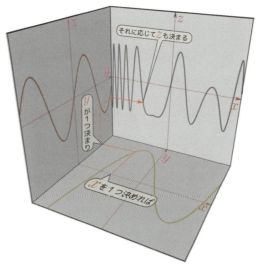

[†34] たとえば「仕事の熟練度が上がればバイトの時給が上がる。時給が上がれば月収が増える」なんてのも「熟練度→時給」という関数と「時給→月収」という関数を合成した、「熟練度→時給→月収」という合成関数である。ただしこの場合は計算通りにはいかないのが普通だが…。

[†35] $g(f(x))$ を $(g \circ f)(x)$ と書くこともある。「f に続いて g を行う」操作を $(g \circ f)$ と表現している。

1.4.2 逆関数

$x \to y$ という対応に対してこの逆の $y \to x$ という対応を元の関数の「**逆関数**」と呼ぶ[†36]。$y = f(x)$ の逆関数は $x = f^{-1}(y)$ と表記する[†37]。

たとえば $y = 2x$、すなわち ある x に対しその2倍を対応させる関数 の逆関数は $x = \frac{1}{2}y$、すなわち、ある y に対しその $\frac{1}{2}$ 倍を対応させる関数 である。式 $x = \frac{1}{2}y$ においては、独立変数が y で従属変数が x である。前にも書いたように「独立変数に x、従属変数に y を使うことが多い」のは単なる慣習で、こだわる必要は何もない。どうしても「独立変数は x、従属変数は y」という形にしたければ、ここで x と y を取り替えます と宣言して $y = \frac{1}{2}x$ と書き直せばよい[†38]。

逆関数を考えるときにも定義域と値域に対する注意は必要である。たとえば、「$y = x^2$ という関数の逆関数は $x = \sqrt{y}$」と言いたくなるが、これは $x \geq 0$ という範囲で考えないと正しくない。$x < 0$ の範囲であれば、「$y = x^2$ という関数の逆関数は $x = -\sqrt{y}$」となる。つまり x の領域によって逆関数の形を変えてやらなくてはいけない。また、$y = \sin x$ の逆関数は $x = \arcsin y$[†39] と書く[†40]が、$x = \arcsin y$ の y は $-1 \leq y \leq 1$ の範囲になくてはいけない（こう書いたときには y は独立変数なので、この範囲は「定義域」である）。

逆関数を考えるときには、関数が1対1対応かどうか に気をつけよう。たとえば $y = ax$（逆関数は $x = \frac{1}{a}y$）または $y = \frac{a}{x}$（逆関数は $x = \frac{a}{y}$）などは、一つの x に対応する y はただ一つ、さらに一つの y に対応する x もただ一つである（これを 1対1対応 と言う）。しかし、$y = x^2$ はそうではない。たとえば $x = 1$ でも $x = -1$ でも $y = 1$ になってしまうから、x 二つと y 一つが対応している（$x = 0$ を除く）。この場合、$x \to y$ は関数であるが、$y \to x$ は関数ではない。関数にするには前に書いたように、定義域を制限するか、代表を一つ取り出すことで y と x が1対1対応になるようにする。$y = x^2$ の場合であれば、$x \geq 0$ の範囲しか考えないことにすればよい。

[†36] p15の脚注†34の例でいえば「（働ける時間は決まっているとして）月収いくらにするためには時給いくらのバイトを探さなくちゃ」というのは「時給→月収」に対する「月収→時給」という逆関数。また「時給いくらもらうためには熟練度を上げないと」というのは「熟練度→時給」に対する逆関数。こういうことは目論見どおりにはいかないのが普通だけど！

[†37] $f^{-1}(x)$ は $(f(x))^{-1} = \frac{1}{f(x)}$ とは違うので注意。f^{-1} は「えふいんばーす」と読む。

[†38] それで何か本質的なことが変わるわけではない。科学で使うときはむしろ「この文字は何を表すか」（質量だったり、圧力だったり温度だったり時間だったり）の方が大事なので、同じ量なら従属か独立かによらず同じ文字を使う事が多い。

[†39] arcsin は「アークサイン」と読む。arc の意味は「弧」。扇型の弧の長さ（ラジアンを使っているから、単位円であれば角度 θ と同じ）を求める関数、という意味で「arc」をつける。

[†40] 同じ関数を $x = \sin^{-1} y$ と書くこともあるが、これは $x = \frac{1}{\sin y}$ という意味ではないので間違えないように（sin と混同しないように sin の頭文字を大文字に変えて $x = \text{Sin}^{-1} y$ のように書く場合もある）。

より深刻な「1対1対応でない例」として $y=\sin x$ の逆関数 $x=\arcsin y$ を見よう。

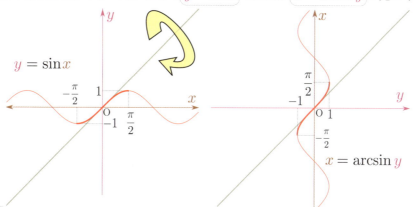

$y=\sin x$ は x に $x+2n\pi$（n は整数）を代入しても値が変わらない。このため、y 一つ（ただし、$-1 \leq y \leq 1$）に対して無限個の x が対応してしまう。

独立変数を横軸、従属変数を縦軸にするという慣習に従ってグラフを描く場合、関数と逆関数のグラフの関係は上の図に示したように「$y=x$ の線、つまり斜め$45°\left(\dfrac{\pi}{4}\right)$の線を対称線にして反転させる」ことで得られる（元の関数と逆関数では独立変数と従属変数の役割が入れ替わるから）。しかしこのままでは、$x=\arcsin y$ の方が関数になっていない。一つの y に対し x がたくさんあるからである。そこでグラフのうち太い線にした部分 $-\dfrac{\pi}{2} \leq x \leq \dfrac{\pi}{2}$ だけを取り出して、残りは捨てることにする。結果、$x=\arcsin y$ の定義域は $-1 \leq y \leq 1$、値域は $-\dfrac{\pi}{2} \leq x \leq \dfrac{\pi}{2}$ となる（これで一つの y に対して一つの x が対応する）[41]。この二つの関数を合成すると 何もしない関数 $x=x$ になると期待するが、そうはいかない。

右に $y=\sin x$ と $z=\arcsin y$ [42] が合成されるとどのようになるかを描いた。順番に見ていくと、$y=\sin x$ という関数の従属変数 y は $-1 \leq y \leq 1$ の範囲にある。さらに、$z=\arcsin y$ の値域は $-\dfrac{\pi}{2} \leq z \leq \dfrac{\pi}{2}$ という範囲に制限されてしまう。

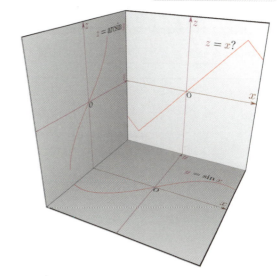

元々の x の範囲は任意の実数であったのに、関数とその逆関数を（元に戻ると期待して）作用させた結果、$-\dfrac{\pi}{2} \leq z \leq \dfrac{\pi}{2}$ に制限された答えが返ってきた。この範囲でなら arcsin は sin の逆関数になる（1対1対応にするために変数の領域の制限が必要）。逆関数を作るときにはこの点に注意が必要である。

---

[41] ここで、x のうちどの部分を選ぶかには任意性があるが、対称性のよい $-\dfrac{\pi}{2} \leq x \leq \dfrac{\pi}{2}$ を使うことが多い。

[42] まだ元に戻るとは限らないから左辺は x にせず新しい変数 z とした。

$y = \cos x$ の逆関数は $x = \arccos y$ である（arccos は「アークコサイン」と読む）。
こちらも変数の範囲に注意が必要だが、ここでは
グラフだけを載せておこう。

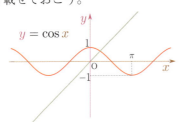

$y = \arccos x$ の定義域は $-1 \leq x \leq 1$、値域は
$0 \leq y \leq \pi$ にすることが多い。

$\tan x$ は同じ形の繰り返しのうち一つだけを取り出して考えないと、逆関数は定義できない。$\tan$ の逆関数である $x = \arctan y$ は「アークタンジェント」と読む。値域は $-\dfrac{\pi}{2} < x < \dfrac{\pi}{2}$ とすることが多い。

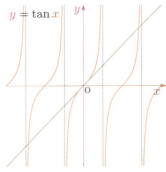
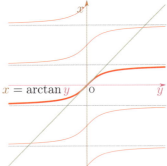

1.4.3 [skip] 「関数」らしくない関数

関数を x を '計算' すると y が得られるもの と捉えると、以下のような関数は「変」に思えるかもしれない。

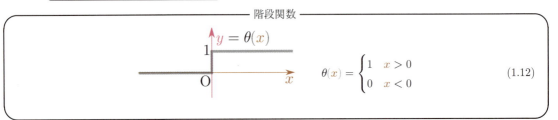

階段関数

$$\theta(x) = \begin{cases} 1 & x > 0 \\ 0 & x < 0 \end{cases} \tag{1.12}$$

符号関数

$$\epsilon(x) = \begin{cases} 1 & x > 0 \\ -1 & x < 0 \end{cases} \tag{1.13}$$

しかし、'計算' はしてないが x を決めれば y が決まる という対応である以上、これらも立派な関数である[43]。

---

[43] $\theta(x)$ と $\epsilon(x)$ の $x=0$ での値は不定だが、$\theta(0) = \dfrac{1}{2}, \epsilon(0) = 0$ と定義することが多い。

もっと「変」な関数の例が

―― Dirac のデルタ関数 ――

$$y = \delta(x)$$

$$\delta(x) = \begin{cases} 0 & x \neq 0 \\ \infty & x = 0 \end{cases} \quad (1.14)$$

かつ $\displaystyle\int_a^b \delta(x)\,\mathrm{d}x = \begin{cases} 0 & \text{区間 }(a,b)\text{ が }x=0\text{ を含まないとき} \\ 1 & \text{区間 }(a,b)\text{ が }x=0\text{ を含むとき} \end{cases} \quad (1.15)$

である[†44]（まだ積分について説明してないので、後半部分については積分まで勉強した後で理解して欲しい）。

 とっても変な関数としては、「ディリクレ関数」と呼ばれる

$$f(x) = \begin{cases} 0 & x \text{ が無理数のとき} \\ 1 & x \text{ が有理数のとき} \end{cases} \quad (1.16)$$

もある。この関数は実用例はあまりないが、「こういう変なものも関数だから、気をつけろ」という「極端な例を示す」のによく使われるようだ。「ありとあらゆる場所で連続でない」という病的な性質を持っている。

章末演習問題

★【演習問題 1-1】

(1.2) のような平行移動で $y = ax^2 + bx + c$ を

$$ax^2 + (b - 2ax_0)x + a(x_0)^2 - bx_0 + c + y_0 \quad (1.3)$$

と変形できる。この式を見ると、どのような場合でも x_0 を調整することで 1 次の項が消去できることがわかる。最高次の係数は平行移動で変化しないから消せない。

3 次関数 $y = ax^3 + bx^2 + cx + d$ の 1 次の項と 2 次の項はどうだろうか？

ヒント → p202 へ　解答 → p205 へ

★【演習問題 1-2】

以下の文章の間違っている点を指摘せよ。

(1) x に対して、「自乗すると x になる数 y」を求めるという $x \to y$ という対応関係は「関数」である。

(2) $\sin$ と $\arcsin$ は互いに逆関数だから、

$\sin(\arcsin x) = x$ かつ $\arcsin(\sin x) = x$ である。

解答 → p206 へ

★【演習問題 1-3】

(1.3) のところで述べたように、2 次関数は三つのパラメータ a, b, c を持っているが、そのうち二つは「平行移動のパラメータ」である。x 方向の移動距離 x_0 と y 方向の移動距離 y_0 の二つのパラメータで平行移動が決まる。よって、三つのパラメータのうち、平行移動によって変化しないパラメータは一つしかない。すなわち、形を表すパラメータは一個（a）しかない。

そこで 1 次関数を思い出すと、パラメータは a, b の二つだった。ということは 1 次関数の形を表すパラメータは一つもない—という結論は正しいか？？

ヒント → p202 へ　解答 → p206 へ

★【演習問題 1-4】

(1) $0 \leq x \leq 1$ という範囲では

$$\arcsin x = \arccos \sqrt{1 - x^2} = \arctan \frac{x}{\sqrt{1 - x^2}} \quad (1.17)$$

という式が成立することを示せ。

(2) $-1 \leq x < 0$ の範囲ではこの式はどうなるか？

解答 → p206 へ

[†44] 厳密には、デルタ関数は関数として認められない（そもそも ∞ は数ではない）が、細かい議論はここでは省く。

第2章 指数関数と対数関数

2.1 指数関数

2.1.1 冪と指数

$x \times x = x^2$, $x \times x \times x = x^3$ などと、同じ数を複数回掛ける計算を右肩に小さい字で回数を示して表すが、この $x^2, x^3, x^4, \cdots$ などの右肩の数字を「**指数(exponent)**」、冪乗されている方の数を「**底(base)**」と呼ぶ。x^n と書いたとき、n が指数で x が底である（底^{指数}）。

「底^{指数}」は「底の指数乗」と読み[†1]、指数は 同じ数 a を何回掛算したかという数 なので、

$$\underline{\text{同じ底の冪の掛算は、指数の足算}}$$
$$a^{x_1} \times a^{x_2} = a^{x_1+x_2} \qquad 例：\underbrace{2 \times 2 \times 2}_{2^3} \times \underbrace{2 \times 2}_{2^2} = \underbrace{2 \times 2 \times 2 \times 2 \times 2}_{2^5} \qquad (2.1)$$

という法則が成り立つ。この式は「a を x_1 回掛けたものと a を x_2 回掛けたものの掛算は a を $x_1 + x_2$ 回掛けたものだ」と主張している。同様に以下の法則も成り立つ。

$$\underline{\text{同じ底の冪の割算は、指数の引算}}$$
$$\frac{a^{x_1}}{a^{x_2}} = a^{x_1-x_2} \qquad 例：\frac{\overbrace{2 \times 2 \times 2 \times 2 \times 2}^{2^5}}{\underbrace{2 \times 2}_{2^2}} = \overbrace{2 \times 2 \times 2}^{2^3} \qquad (2.2)$$

指数の掛算については、

$$\underline{\text{冪乗の冪乗は指数の掛算}}$$
$$(a^{x_1})^{x_2} = a^{x_1 x_2} \qquad 例：\left(2^2\right)^3 = 2^2 \times 2^2 \times 2^2 = 2^6 \qquad (2.3)$$

という式が成り立つ（指数の割算についてもこの後出てくる）。

ここまでの「指数」は 掛けた回数 なので、自然数でなくてはいけない。

冪で表された $y = x^n$ の形の関数では、底 x が独立変数であって指数 n が関数の形を決めるパラ

[†1] なお「2乗」だけは「自乗」という言い方もある。『自分と乗算する』ということ。

メータとなっている。つまり (従属変数) = (独立変数)$^{(パラメータ)}$ であった。

「指数関数」というのはこの指数の方が独立変数になって、(従属変数) = (パラメータ)$^{(独立変数)}$ の形になっている（式の形は同じでも「何を変化させたときの変化が見たいのか」が違う）[†2] 関数である。指数関数を $y = a^x$ と表現すると、指数 x が独立変数で、底 a がパラメータである。

 こういう関数が必要になる例は日常生活でもある。たとえば年 10%の利子がつく借金があったとすると、最初 10000 円借りても、1 年ほっておくと $10000 \times 1.1 = 11000$ 円になる。2 年めには 12000 円になるのではなく、$11000 \times 1.1 = 12100$ 円になる（3 年だと $12100 \times 1.1 = 13310$ 円である）。この場合は x 年経った時、借金は $y = 10000 \times 1.1^x$ になっている（ちなみに 10 年だと 25937.424601 円である）。指数関数はこんなふうに「毎回同じ割合で増えていく（あるいは減っていく）」量に対して使われる。

関数という形にしたからには、$y = a^x$ の x にはいろんな実数が代入できて欲しい。ここまでの指数は自然数であったが、以下でそれをいろんな数に拡張していく。

例として、$y = 2^x$ という関数を考えて、まずは x が 0 以上の整数である場合（負の場合についてはすぐ後で考える）を考えると右の表のようになる。

x	0	1	2	3	4	5	$\cdots$
$y = 2^x$	1	2	4	8	16	32	$\cdots$

この表を見て、$x = 0$ のとき $y = 1$ である（$2^0 = 1$）ことを不思議に思うかもしれない。

2 を 0 回掛算したなら、答は 0 では？？ と。

しかし上の表および右のグラフを見ると、この関数は「x が 1 増えると 2 倍になる」「x が 1 減ると半分になる」という変化をしている。

だから、$x = 1$ から 1 減って $x = 0$ になれば、$x = 1$ のときの値である 2 の半分になる（つまり 1 になる）方が筋が通っている。

それに、$2^0 = 0$ にしてしまうと、(2.1) が、x_1 もしくは x_2 が 0 のときに成り立たなくなってしまう。$x_1 = 0$ にするとこの式は

$$a^{x_1} \times a^0 = a^{x_1 + 0} \tag{2.4}$$

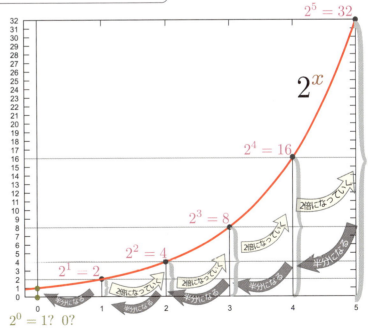

[†2] 一般的には、$y = Ca^x$ のように、指数関数に更に定数 C が掛かった関数を考えることが多い。

となるから、a^0 は（a が 0 でない、どんな数であろうが！）1 でなくてはいけない。

掛算における なにもしない という計算は 1を掛ける ことである。掛算を指数を使った計算に直すと足算になるが、足算における なにもしない という計算は 0を足す である。よって、

$\begin{cases} 1\text{を掛ける} \\ \text{指数に}0\text{を足す} \end{cases}$ が同じ計算になるためには、$a^0 = 1$ でなくてはいけない。

 いや、俺は $2^0 = 0$ がいいね と思う人もいるかもしれない。どうしてもそうしたければ、$a^{x_1} \times a^{x_2} = a^{x_1+x_2}$ という計算ルールは、指数が 0 のときを例外とする定義を使うしかない。なるべくなら例外のないルールの方がいいので、世間ではそうしていない。

 以下で、この x_1 や x_2 を 自然数および 0 以外の数にも拡張していこう。

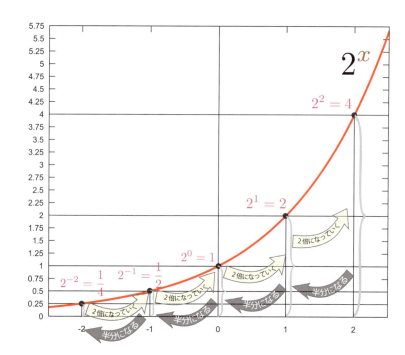

まず、x_1 もしくは x_2 が負の整数である場合はどうだろう？—グラフを x が負の領域まで伸ばしてみたのが右の図である。このように、 $2^{-1} = \dfrac{1}{2}, 2^{-2} = \dfrac{1}{4}$ と半分にしていけばよいのではないかと思われる。

これは上の計算ルールに即している。確認しよう。

$$\underbrace{2^4}_{16} \times 2^{-1} = 2^{4-1} = 2^3 = 8 \tag{2.5}$$

という式が成立するためにも、$2^{-1} = \dfrac{1}{2}$ であればよいことがわかる。こうして、 指数が負の数である場合は、$a^{-x} = \dfrac{1}{a^x}$ とすればよい ことになる[†3]。

$a^{x_1} \times a^{x_2} = a^{x_1+x_2}$ という計算ルールを尊重する という立場に立てば、$a^{\frac{1}{2}}$ や $a^{\frac{1}{3}}$（あるいは $a^{\frac{1}{100}}$ だろうと）をどのように定義すべきかわかる。$a^{\frac{1}{2}} \times a^{\frac{1}{2}} = a$ となるためには $a^{\frac{1}{2}} = \sqrt{a}$ となる。同様に、$a^{\frac{1}{3}} = \sqrt[3]{a}$ であり、$a^{\frac{1}{100}} = \sqrt[100]{a}$ である[†4]。こうしてたとえば $a^{3.42}$ という量を計算する方法

[†3] $2^x \times 2^{-x} = 2^{x-x} = 2^0$ という式を書いてみれば、$2^0 = 1$ の妥当性が再確認される。

[†4] $\sqrt[n]{a}$ は「n 乗すると a になる正の数字」という定義だから、これは定義を別の書き方で書きなおしているだけ。

を我々は知ることができる（たとえば100回掛けたらa^{342}になる数だと思えばよい—計算で求めるのはたいへんそうだが！[†5]）。こうしてa^xという関数をxが小数、分数などで表現される有理数である場合について計算できるようになる。

 ではxが無理数である場合（たとえば$2^{\sqrt{2}}$は？—あるいは5^πは？）はどう考えようか。

たとえば、$\boxed{\sqrt{2} \fallingdotseq 1.41421356237\cdots}$であるから、右に並べたようにどんどん精度を上げつつ計算していけば、$2^{\sqrt{2}}$の値が計算できる[†6]。もちろん有限桁の小数では$\sqrt{2}$は絶対に表せない（$\sqrt{2}$は有理数ではない）から、値そのものが計算できるとはいえない。しかし、「$2^{\sqrt{2}}$の値が必要な精度（有効数字）に達するまで、いくらでも$\sqrt{2}$の近似値の精度を上げて、その精度で$2^{\sqrt{2}}$に近い数字を計算することが可能である」ということである[†7]。

$$
\begin{aligned}
2^1 &= 2 \\
2^{1.4} &\fallingdotseq 2.63901582\cdots \\
2^{1.41} &\fallingdotseq 2.65737162\cdots \\
2^{1.414} &\fallingdotseq 2.66474965\cdots \\
2^{1.4142} &\fallingdotseq 2.66511909\cdots \\
2^{1.41421} &\fallingdotseq 2.66513756\cdots \\
2^{1.414213} &\fallingdotseq 2.66514310\cdots \\
&\vdots
\end{aligned}
$$

2.1.2 指数関数の傾きとネイピア数

右の図は$2^x, 3^x, 4^x, 5^x, 6^x$のグラフで、xが増加するに従って急速に（グラフの傾きが大きくなりながら）増大していく関数であることが表現されている。そのため「指数関数的に増大する」という言葉はしばしば「手に負えないほど非常に速く増える」を意味するものとして使われる[†8]。グラフは$\boxed{x=2}$までしか描かれていないが、例えば$\boxed{x=10}$では$2^{10}=1024$であり、右のグラフはあっという間に天井を突き抜けてしまう。さらに、$\boxed{x=100}$では$\boxed{2^{100}=1267650600228229401496703205376}$というとんでもない数字になる。

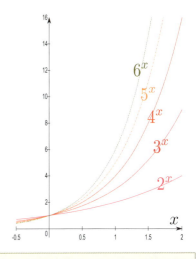

【問い 2-1】 紙を1回折ると、折る前に比べて厚さが2倍になるとする。厚さ0.01 mmの紙を100回折ることがもしできたら（実際にはできない）、紙の厚さはどれだけになるか？　　ヒント → p190 へ　　解答 → p193 へ

底が大きくなると指数関数は増加の度合いが大きくなる。$a<1$の場合は、むしろ減少する関数となる[†9]。

[†5] そんなたいへんな計算も、後で出てくる対数関数や、微分やテイラー展開の助けを借りて計算できるようになる。→ p26

[†6] 実際には我々は後で説明する微積分の応用であるテイラー展開という方法を使ってこの値を計算する。→ p81

[†7] 「必要な精度になるまでいくらでも桁数を上げていける」という考え方が重要である。ここではそれ以上は要求しない。

[†8] 既に述べたように借金の増大は指数関数的だから、放っておくと手に負えなくなる。

[†9] $\left(\dfrac{1}{2}\right)^x$のようにぐんぐん減る関数は「指数関数的に減衰(damp)する」と表現する。

何度か強調しているが、「関数のある点の近傍での
ふるまい」を考えることは重要である。そこで指数
関数の $x=0$ 点付近でのふるまいを見ておこう。

右のグラフにも示したように、$x=0$ での
$y=a^x$ の値はすべての a で等しく1である。一方、
$x=0$ でのグラフの傾きは、底 a が大きいほど大き
い（$a<1$ では傾きは負）。

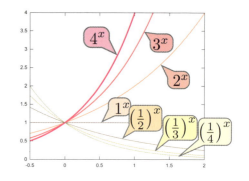

増加関数になる $a>1$ の場合を考えて、$x=0$ で
の傾きがちょうど1になる a を探す。そのときの a
を e と書いて「ネイピア数 (Napier's constant)」もしくは「自然対数の底」と呼ぶ[†10]。シンプ
ルに e と呼んでいることも多い[†11]。

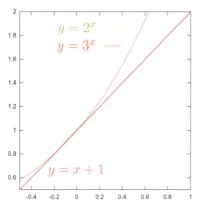
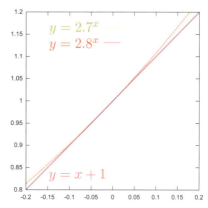

 e の値を知る方法について考えよう。上の図は $y=2^x$ と $y=3^x$ と、傾き1で $(0,1)$ を通る直線 $y=x+1$
のグラフである。これを見ると、$x=0$ で傾き1になるためには、2よりは大きく3よりは小さい数
を底にしなくてはいけない。数字をどんどん細かくしていきながら考えていく。たとえば次の段階では、
$y=2.7^x$ と $y=2.8^x$ のグラフの間に直線 $y=x+1$ があることから、e が 2.7 より大きく 2.8 より小さ
いことがわかる。この手続を繰り返すことで、e の値を精密にしていくことができるだろう（グラフは重
なってしまってわかりにくいが）。

こうやって求めた e の大きさは $e=2.718281828459045\cdots$ である。この e は無理数であること
が証明されていて、無限に続く小数である。この値をどうやって計算するのかについては、ここで
は「いろんな値を入れてグラフを描いていき、傾きが1になるところを探せば e は計算できるだろ
う」という程度の大雑把な理解にとどめておこう[†12]。なぜ傾き1がそんなに大事なのかについては
後でわかるが、ここでは「傾きはすなわち微分であり、微分を知ることが自然法則を知る手がかり
になる」とだけ指摘しておく（微分の勉強まで進んだところで、その意味がわかるだろう）。そう
いうわけで、数ある指数関数の中でも、e^x という形の指数関数は今後もっとも頻繁に登場する。

[†10] 対数とはなにかは、まだ説明してない。言葉の定義の順番が混乱しているのは許して欲しい。
[†11] 変数 e と区別するために、e は立体で書く（イタリックにしない）ことにする。このあたりの流儀は本によって違う。
[†12] 実際にはこんな面倒なことはやらない。実際的で、かつ大雑把でない理解のために微分という計算が必要になる。

─── 電卓でeを計算する方法 ───

まず 1 を押して次に $\boxed{\text{M+}}$ を2回押す（この段階で電卓のメモリには $1+1$ が入っている）。次にそこにある1を2で割る。結果（0.5）が出たところで、また $\boxed{\text{M+}}$ を押す（これで $1+1+\frac{1}{2}$）。次に3で割って $\boxed{\text{M+}}$（これで $1+1+\frac{1}{2}+\frac{1}{2\times 3}$）、さらに4で割って $\boxed{\text{M+}}$ …と繰り返す（$\frac{1}{n!}$ を順番に計算しては足している[13]）。電卓の精度以下の数字になったところで $\boxed{\text{MR}}$ を押すとこれまで $\boxed{\text{M+}}$ でメモリに入れた数字の和が出てくるが、その値は $\boxed{e = 2.718281828\cdots}$ になっているはずだ。

 上のようにしてeが計算できる理由は、後で出てくる（だからまだわからなくてもよい）、「e^x のテイラー展開の式」

$$e^x = 1 + x + \frac{x^2}{2!} + \frac{x^3}{3!} + \frac{x^4}{4!} + \frac{x^5}{5!} + \cdots \quad (6.17)$$
$\rightarrow$ p86 があって、その式に $\boxed{x=1}$ を代入すると、

$$e = 1 + 1 + \frac{1}{2!} + \frac{1}{3!} + \frac{1}{4!} + \frac{1}{5!} + \cdots \tag{2.6}$$

になるからである。(6.17)がどうやって出てくるかは後のお楽しみであるが、とりあえず $e^x = 1 + x + \cdots$ までは「$\boxed{x=0}$ での値が1で傾きが1」からわかる。

eを底とする指数関数 $\boxed{y = e^x}$ は、「微分方程式を解く」という作業において頻出する。

eの肩の数字が複雑になることもあるので、$\boxed{y = \exp(x)}$ のように書くこともある。expは「イクスポーネンシャル」と読む[14]。

 e^x を定義する方法には、

$$e^x = \lim_{N \to \infty} \left(1 + \frac{x}{N}\right)^N \tag{2.7}$$

というものもある。これについては微分をやった後でもう一度取り上げよう。
$\rightarrow$ p64

2.1.3 指数関数の底の変換

$\boxed{y = 2^x}$ という関数と $\boxed{y = 4^X}$ という関数を考えよう。$\boxed{x = 2X}$ ならばこの二つが等しい。

$$2^x = 2^{2X} = (2^2)^X = 4^X \tag{2.8}$$

だからである（たとえば、$\boxed{2 \times 2 \times 2 \times 2 = (2 \times 2) \times (2 \times 2) = 4^2}$）。また $\boxed{x = \frac{1}{2}Y}$ ならば

$$2^x = 2^{0.5Y} = \left(\sqrt{2}\right)^Y \tag{2.9}$$

ということも言える。以上のように、指数を定数倍することは底を変えることと同じ操作になる。

今は2や4という単純な例で考えたが、もっと一般的に $\boxed{y = a^x}$ と $\boxed{y = b^X}$ の関係を考えよう。たとえば、a と b の間に $\boxed{a = b^c}$ （c もまた別の定数）という関係があるなら、

---

[13] $n!$ は、「n の階乗」と言って、$n(n-1)(n-2)\cdots 4 \times 3 \times 2 \times 1$ という積を表す記号。
[14] e^x を「イクスポーネンシャルエックス」のように読むこともある。

$$a^x = (b^c)^x = b^{cx} \tag{2.10}$$

となるから、$X = cx$ とすればこの二つの関数が同じ関数になる。

指数関数の底はいろんな値を使ってよいが、日常計算においては $y = 10^x$ のように10が使われることが多い。一方、コンピュータや情報科学の世界では $y = 2^x$ のように2がよく使われる。

これも後でわかることだが、微分や積分などを行うにはeを底にした指数関数 $y = e^x$ がもっとも使いやすい。よってこれらを互いに変換する必要がある。そのときに

--- 指数関数の底を変える ---

$a = b^c$ なら、
$$a^x = b^{cx} \tag{2.11}$$

という方法を使う。たとえば $10 = 2^{3.321928094887362\cdots}$ なので[†15]、

$$10^x = 2^{(3.321928094887362\cdots) \times x} \tag{2.12}$$

となる。この 3.321928094887362… という数字は 10は2の何乗か？ という疑問の答えであるが、それも一つの関数である。この関数は次の節で考える。

2.2 対数関数

2.2.1 対数関数：指数関数の逆関数

前節の最後で 10は2の何乗か？ という疑問を考えた。より一般的に x は a の何乗か？ という問題を考える。$x = a^y$ という式が成り立つときに、$x \to y$ という対応関係を知りたい。今考えたい関数は指数関数 $y = a^x$ の逆関数であり、これを「**対数関数**」と呼ぶ。対数関数を表現するには、log という記号を使う[†16]。一般的定義は

--- 対数関数 ---

1ではない正の定数 a を底とする指数関数 $y = a^x$ （x が独立変数で y が従属変数）に対し、y を先に決めてそれに対応する x を対応させる関数を対数関数といい、

$$x = \log_a y \tag{2.13}$$

と書く[†17]（この式では、y が独立変数で x が従属変数）。

[†15] $10^3 = 1000, 2^{10} = 1024$ だから $10^3 \fallingdotseq 2^{10}$ である（コンピュータの世界で「キロ」と言ったら1000ではなく1024を指すことが多い）。ゆえに $10 \fallingdotseq 2^{\frac{10}{3}}$ 。

[†16] log も「関数の名前」だと考えればよい。よって、$y = f(x)$ に合わせれば $y = \log(x)$ のように ( ) を使って表現すべきだが、括弧はつけないことが多い。

[†17] log は「logarithm」の略。「log-」の部分は「論理」を意味する logic と同語源（「-arithm」の部分は数学を意味する）。「論理」と「対数」が同じ意味なのは理解しにくいが当時の人にとってはそうだったのだろう。

$\log_a x$ の a のことを指数関数のときと同様、「底」と呼ぶ。x の方は「真数」と呼ばれる（対数関数の値 = $\log_{底}$(真数)）。$\log_{10} x$ のように底を10にした対数関数を「**常用対数 (common logarithm)**」と呼ぶ。e を底にした対数関数 $\log_e x$ は「**自然対数 (natural logarithm)**」である。以後この本では、$\log x$ のように底を省略した場合は自然対数とする。すなわち、省略された底はeである[18]。

底が $2, e, 10$ およびその逆数 $\frac{1}{2}, \frac{1}{e}, \frac{1}{10}$ の場合の指数関数（実線）と対数関数（破線）のグラフを下に示した（互いに逆関数になっていることを確認せよ）。

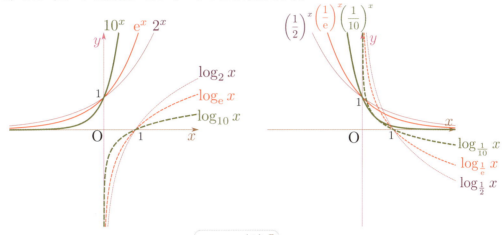

左右を見比べると、指数関数の性質 $a^{-x} = \left(\frac{1}{a}\right)^x$ が（$x \to -x$ という変化がグラフ上では左右反転となって）見て取れる。対数関数はこれの逆関数（x と y の立場が入れ替わる）だから、

$$\log_a x = -\log_{\frac{1}{a}} x \tag{2.14}$$

という関係がわかる（グラフでは上下反転として読み取れる）。

> ⚠️ 指数関数と対数関数は逆関数である。しかし、$\log_a(a^x) = x$ はどんな実数 x に対しても成り立つが、$a^{\log_a x} = x$ は、$x > 0$ でないと今の段階では定義できていない（負の数のlogを定義した後でも $x = 0$ だけは未定義である）。だから、$\log(e^x) = x$ は正しいが、$e^{\log x} = x$ は正しくない。
> →p105

2.2.2 対数関数の公式

指数関数が持っていた「e^x の肩の x の足算は掛算になる」という性質は、対数においては逆になり、以下の式が成り立つ。

---

[18] 分野によっては、logと書いたときの底が10であったり2であったりする。「自然（natural）」のnを取って、$\log_e x = \ln x$ のように書くこともある。

$\log$ の真数の $\left\{\begin{array}{c}\text{掛算}\\\text{割算}\end{array}\right\}$ は $\log$ の $\left\{\begin{array}{c}\text{足算}\\\text{引算}\end{array}\right\}$ になる

$$\log_a(x_1 x_2) = \log_a x_1 + \log_a x_2 \tag{2.15}$$

$$\log_a\left(\frac{x_1}{x_2}\right) = \log_a x_1 - \log_a x_2 \tag{2.16}$$

上の式 (2.15) は、$a^{\log_a(x_1 x_2)} = x_1 x_2$ に $x_1 = a^{\log_a x_1}$ と $x_2 = a^{\log_a x_2}$ を代入してみれば、

$$a^{\log_a(x_1 x_2)} = a^{\log_a x_1} \times a^{\log_a x_2} \tag{2.17}$$

となることからわかる（(2.16) も同様）。また、$(a^{x_1})^{x_2} = a^{x_1 x_2}$ となることから逆に、

―― 冪の対数は底の対数の指数倍 ――

$$\log_a x^b = b \log_a x \tag{2.18}$$

もわかる。

なかなか対数関数（log）の「気持ち」がわからない、という人のために 10^x を例にして説明しよう。
$10^2 = 100$ は 0 が 2 桁、$10^3 = 1000$ は 0 が 3 桁、$10^4 = 10000$ は 0 が 4 桁、と増えていくことを考えると、$y = 10^x$ という関数は

n を入れると「1 の後ろに 0 が n 個並んだ数」が出てくる関数 [†19]

であるとも言える。ここで逆関数である $x = \log_{10} y$ は

「1 の後ろに 0 が n 個並んだ数」を入れると n が出てくる関数

という関数になる。すなわち、$10 \to 1, 100 \to 2, 1000 \to 3, \cdots, 100000000 \to 8, \cdots$ のような対応関係（言わば、「「桁数 -1」を求める関数」である）が、$x = \log_{10} y$ という関数が表現する対応関係の「一部」である（実際には $x = \log_{10} y$ の y には正の実数（負だとどうなるのかは、またこの先で）なら何を入れてもよいから、もっと広い範囲で使える）。
「車の修理代が 6 桁もかかったわ〜」「え〜っ」のように、数字の大きさを「○桁」で表現することはないだろうか。あれが log の考え方の第一歩だ。

対数関数は「掛算の簡略化」にも使える。たとえば $1000 \times 1000 = 1000000$ という計算を「0 が 3 桁ある数字と 0 が 3 桁ある数字を掛けたから、0 が 6 桁ある数字になる」という考え方で行うことができる。こう考えると、積の対数関数を対数関数の和に直す式 (2.15) を、

$$\log_{10} \underbrace{1000000}_{0\,\text{が}\,6\,\text{つ}} = \log_{10} \underbrace{1000}_{0\,\text{が}\,3\,\text{つ}} + \log_{10} \underbrace{1000}_{0\,\text{が}\,3\,\text{つ}} \tag{2.19}$$

のように理解できる。
このやり方は 10^n（n が整数）の場合しかできないが、そうでない場合に拡張することはできる。

[†19] この関数が定義できるためには「n は 0 以上の整数」になるから、任意の実数を定義域とする $y = 10^x$ より定義域が狭くなってしまっている。

次に、$y = \log_{10} x$ の、$x = 1$ から $x = 20$ までのグラフを示した。

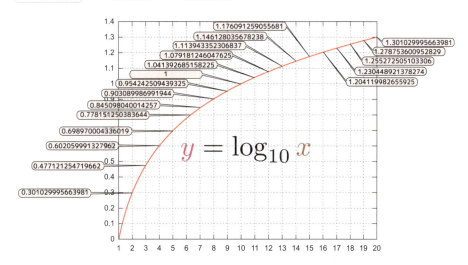

図を見て、たとえば $\log_{10} 2 + \log_{10} 3 = \log_{10} 6$,$\log_{10} 2 + \log_{10} 5 = 1$ あるいは $\log_{10} 9 = 2\log_{10} 3$ などのように、「掛算が足算に翻訳されること」を確認しよう[20]。

$\log_{10}$ の値を前もって調べておくことができると、例えば 5343342×234234234 という計算を

$$\log_{10}(5343342 \times 234234234) = \underbrace{\log_{10} 5343342}_{6.7278\cdots} + \underbrace{\log_{10} 234234234}_{8.3696\cdots} ≒ 15.0974 \tag{2.20}$$

のように、対数を介することで足算を使って実行できる。

逆に $10^{15.0974}$ を計算すれば、1251411091802385 を得る。この値は、真面目に計算した結果の 1251593620370028 と比べて、4 桁めまで正しい[21]。今なら電卓なりコンピュータなりで計算するが、昔はいろんな数とその対数の表（「対数表」）が作ってあって、それを使って掛算をしていた[22]。

> 上の計算を大雑把に 5000000×200000000 として答えを見積もると以下のようになる。
> 「0 が 6 個の数と 0 が 8 個の数の掛算だから、0 が 14 個の数になる。一方、$5 \times 2 = 10$ だから 10 の後ろに 0 を 14 個並べればいいや」と考えて、$10 \times \underbrace{100000000000000}_{0 \text{ が } 14 \text{ 個}} = \underbrace{1000000000000000}_{0 \text{ が } 15 \text{ 個}}$ である。
>
> (2.20) の約 15.0974 という答えは「0 が 15 個より少し大きい」を意味している。

対数関数は「桁数で比較する」という感覚で使われるわけだが、これは概算しているというわけではなく、大きさの変化があまりに大きい物を比較するときに便利な方法であるとも言える。たとえば地球の質量は 5.97×10^{24} kg、太陽の質量は 1.99×10^{30} kg である。これを普通の数字で書けば

$$\begin{aligned}&\text{地球の質量：}\quad\text{約 } 5970000000000000000000000 \text{ kg}\\&\text{太陽の質量：約 } 1990000000000000000000000000000 \text{ kg}\end{aligned} \tag{2.21}$$

---

[20] こんなふうに具体的な数で「対数」というものの勘所をつかむことも重要。この図を見てしばらく「遊ぶ」ぐらいに対数に親しんで欲しい。

[21] 足算の結果を 15.0974 と小数点以下 4 桁までしか計算していないので、この程度の精度なのは仕方ない。

[22] 対数で目盛を打った物差しのようなもの（計算尺）を使って計算したりもしていた。

なのだが、こう書かれるよりむしろ $10^?$ の形で書いて肩に乗った 24 や 30 を見た方が「ああ約 10^6 倍程度違うんだな」が実感しやすい（というより、そういう感覚を持てるようにならないと、大きさの違いが甚だしい量を比較できるようになれない）[†23]。

2.2.3 対数関数の底の変換

指数関数同様、対数関数も底を変換したいことがよくある。

指数関数の底は $\boxed{a = b^c \text{ のとき、} a^x = b^{cx}}$ のように変換したから、$y = a^x = b^{cx}$ とおいて、

$$\log_a y = x, \quad \log_b y = cx \tag{2.22}$$

のように $\log_a y$ と $\log_b y$ を計算すると、$\boxed{c \log_a y = \log_b y}$ とわかる。ここで $\boxed{y = a}$ とすると $\boxed{\log_a a = 1}$ だから、$\boxed{c = \log_b a}$ である（この式は $\boxed{a = b^c}$ からもわかる）。よって、

$$\log_b a \log_a y = \log_b y \tag{2.23}$$

となり、

対数関数の底の変換

$$\log_a x = \frac{\log_b x}{\log_b a} = \frac{\log x}{\log a} \tag{2.24}$$

という公式を得る（最後の形では分母分子とも自然対数にしている）。

なお、以上で使った計算で $\boxed{a = b^c}$ のとき $\boxed{c = \log_b a}$ だったので、$\boxed{b = e}$ を代入してできる式 $\boxed{a = e^{\log a}}$ をさらに x 乗して、

$$a^x = e^{(\log a)x} \tag{2.25}$$

という式を作ることができる。全ての指数関数は（2^x だろうが、1991^x だろうが）適切な係数をつけた e を底とする指数関数（e^{kx}）の形で表現できる。実は $e^{なんとか}$ の形の関数が一番扱いやすいことが後でわかるので、どんな指数関数でもこの形で考えられるというのは朗報なのである。

章末演習問題

★【演習問題 2-1】
$\log_a A + \log_b B$ を一つの log にまとめる式を作れ。
ヒント → p202 へ　解答 → p206 へ

★【演習問題 2-2】
$\boxed{y = \log(\log x)}$ の逆関数を作れ。実数の範囲で考えたとき、この関数と逆関数の値域、定義域はどのようになるか。
ヒント → p202 へ　解答 → p206 へ

★【演習問題 2-3】
$\boxed{\log_a b = \dfrac{1}{\log_b a}}$ を示せ。　ヒント → p202 へ　解答 → p206 へ

★【演習問題 2-4】
ネイピアが最初に対数関数の元となる関数を考えたときは $\boxed{x = 10^7(1 - 10^{-7})^y}$ という関数の逆関数として考えた（$y \to x$ の対応表を作って逆に引いた）。この関数を、現在使われている log を使って表すとどうなるか。
解答 → p206 へ

[†23] もう一つ、(2.21) のような書き方には問題がある。こう書いてしまうと有効数字 20 桁以上の精度のある数字に見えるが、もちろんそんな精度はない。
→ p173

第3章 微分

3.1 グラフの傾きを知る方法

3.1.1 関数の局所的ふるまいを知る

関数を考えるとき、「ある点の近所での様子」だけを知ればよい、ということがある。

関数の全体像をいっきに考えるのではなく、 まず狭い範囲で考える のである。この狭い範囲での、言わば「近所の様子」を 局所的なふるまい と呼ぼう。逆に全体を見てわかるのが 大局的なふるまい である。局所的な

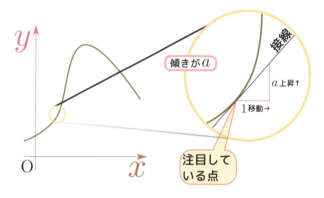

ふるまいを知るには、「その点での値」と「その点での傾き（正確には接線の傾き）」を知れば十分な場合がある。微分は「傾きを知る」という目標のためにある。

「線の傾き」とは図に示したように、線の向きを「x方向の移動とy方向の移動の比（あるいはx方向に1移動したときにy方向にどれだけ上昇するか）」で表現したものである（三角関数の言葉で言えば$\tan\theta$）。「傾きが1」とはグラフにおいて45°の方向に線が伸びていくことを示す。

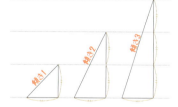

という交通標識は、道の傾きが0.1であることを示している。 は傾きが-0.1であることを示している（道路標識では上りか下りかは絵で表現され、上りも下りも10%と表現するが、数学における傾きでは 下る ときは傾きを負の数値とする）。

グラフにおける「傾き」の意味するところは どれくらいの勢いで増えるか？ と思えばよいだろう。傾きが大きいということは、道路なら「急な坂を登っている」という状態である。もし考えているグラフの横軸が時間なら、「急速に増えている」という状態でもある。

傾きしかわからないのでは知るべき情報が足りないのではないか？ と思うかもしれない[†1]。それはもちろんのことであるが、実は我々は「大局的なふるまいから局所的なふるまいを知る方法」、

[†1] 一方で「局所的なふるまい」という情報を取り出すことで、全体を俯瞰していたのではわからないことに気づくことだってある。

逆の「局所的なふるまいから大局的なふるまいを知る方法」、その両方を持っているから、足りない情報を取り戻す手段はある（まだこの本では出てきてない）。ここではまず前者の方を考えよう、というわけである。

> この方法は万能というわけではないが、ありがたいことに自然法則というのは局所的な法則になっていることが多い。少なくともこれまでの科学の歴史においてはまず局所的なふるまいを知り、それから大局的法則を出す、という筋道で理論を組み立てて結果として成功したこと（ニュートン力学がまさにこれ）が多い。だからこそ、局所的なふるまいを計算する方法である微分が自然科学において重要な役割をになう。

$\boxed{n \text{次多項式関数}}$
$$y = a_0 + a_1 x + a_2 x^2 + a_3 x^3 + \cdots + a_{n-1} x^{n-1} + a_n x^n \tag{3.1}$$

を考えよう。ここで、次数の低い方から順に並べている[†2]のは、今考えたいのが $\boxed{x=0}$ の近所の「局所的情報」なのであれば、次数が低い項の情報の方が重要だからである。このとき、a_0 が $\boxed{x=0}$ での値、a_1 が $\boxed{x=0}$ での傾きであること（さらに a_2 は $\boxed{x=0}$ での曲がり具合を表すこと）を説明してきた。局所的情報を知るには a_0 と a_1 がわかればよい、という考え方もできる。

では、$\boxed{x=1}$ 付近を考えるときにはどうしようか？——その場合、同じ関数を

$$y = b_0 + b_1(x-1) + b_2(x-1)^2 + b_3(x-1)^3 + \cdots + b_{n-1}(x-1)^{n-1} + b_n(x-1)^n \tag{3.2}$$

のように書きなおす。これは少し頑張って計算すればできる。結果として、係数 a_i と係数 b_i はもちろん違う数になる[†3]。

3次多項式関数を例として考えよう。

$$y = 1 + 3x - 2x^2 + \frac{1}{3}x^3 \tag{3.3}$$

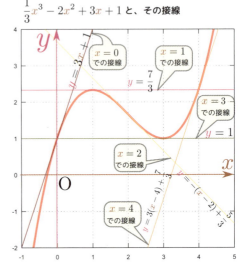

$\frac{1}{3}x^3 - 2x^2 + 3x + 1$ と、その**接線**

という関数のグラフは右のとおりである。$\boxed{x=0}$ 付近での局所的なふるまいは、（x が小さいところだから3次と2次の項を無視することにして）0次の項（定数項）と1次の項だけを残した $\boxed{y = 3x+1}$ で表される線（$\boxed{x=0}$ における接線）を考えればよい（図にも描き込んである）。

$\boxed{x=1}$ 付近での「局所的なふるまい」を表す線を知るにはどうすればよいかというと、この場合「小さい」と判断できるのは $x-1$ だから、(3.3) を $x-1$ の式に直す。少し計算すると、

$$1 + 3x \underbrace{- 2x^2 + \frac{1}{3}x^3}_{x=0 \text{付近では無視できる部分}} = \frac{7}{3} \underbrace{- (x-1)^2 + \frac{1}{3}(x-1)^3}_{x=1 \text{付近では無視できる部分}} \tag{3.4}$$

[†2] この並べ方を「昇べきの順」と呼ぶ。逆は「降べきの順」。

[†3] 実は a_n と b_n だけは常に同じである。理由はこの式の中に含まれている x^n の項を比較してみればわかる。

が出せるので、こうしておいて $x-1$ の高次の項を無視することにより、$\boxed{x=1}$ での接線の式は $\boxed{y=\dfrac{7}{3}}$ であることがわかる（たまたまこの例では傾きが 0 になった）。グラフには $\boxed{x=1}$ の点ほか、いくつかの接線も描いてある（自分の手で確かめて欲しい）。

このように「$\boxed{x=a}$ という点での接線の傾きを知りたければ、$x-a$ の式に書き直して…」とやれば任意の場所での接線の傾きを求められそうだが、この計算は「傾きを知りたい」という目標からすると少々計算が面倒すぎる。

というわけで、より簡単に各点各点における接線の傾きを求める計算方法を以下で作っていくが、図からもある程度は「接線の傾きを表現する関数」がどんなものになるかはわかる。前ページのグラフの下に「傾きのグラフ」を追加したのが右の図である。

この図は、「グラフに接線を引いてみてその傾きを記録し、それを下のグラフにプロットする」という作業を地道にやっていけば描くことはできる。

薄く塗った領域は傾きが負になっているところで、その領域では y が右下がり、すなわち減少する関数になっている。この傾きは $\boxed{y'=x^2-4x+3}$ という関数（記号の意味は後で説明するが、とりあえず y' と書いた）である。これをさっと計算する方法を知りたい、というのが「微分」を考える理由である[†4]。

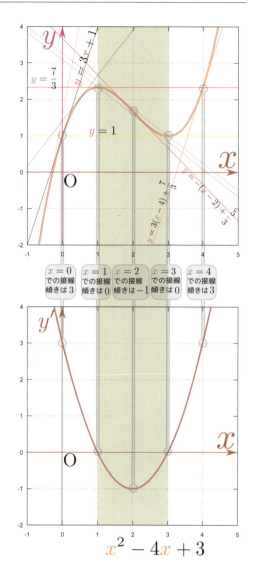

3.1.2　極限としての接線の傾き

関数を考えるとき、$\boxed{\text{まず狭い範囲で考える}}$ というのが今作ろうとしている微分という計算の本質である。そこで、ある関数のグラフのうち狭い範囲の一部を取り出す、という操作をやってみる。そして、狭い範囲での関数の情報として重要な「接線の傾き」を計算する方法を得よう（付録 A.4.1 も参照せよ）。
→ p175

次のグラフの直線は点 (x,y) と、その少し離れた場所の点 $(x+\Delta x,y+\Delta y)$ を通っている。$\Delta x, \Delta y$ などと、元の変数の記号 x, y に Δ を[†5]つけた量は「変化量」を意味している。Δx は「$\Delta \times x$」のような掛算をしているのではなく、「Δx」で一つの量であることに注意しよう。

[†4] もし考えるべきなのが多項式だけなら、(3.4) のように適当に変形してから 0 次と 1 次の項だけを取り出せばよいが、そうでない一般の関数において通用する方法を考えたい。
→ p32

[†5] Δ（でるた）はギリシャ文字の 4 番めの文字で英字の d にあたる（「違い」を意味する difference の頭文字の d だと思っておけばよい）。小文字である δ の方が使われることもある。

図に記した「接線」の傾きを計算によって得たい。そのためにまず、この接線に近い（が、厳密には違う）直線を考えることにする。関数 $y = f(x)$ という関係があって、x が $x \to x + \Delta x$ と変化したとき、y も $y \to y + \Delta y$ と変化するとする。この関数のグラフは点 (x, y) と点 $(x+\Delta x, y+\Delta y)$ を通る。そこでこの2点をつなぐ直線を考えると、その直線の

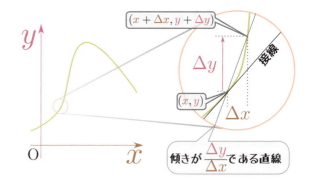

傾きは $\dfrac{\Delta y}{\Delta x}$ となる。この値はもちろん、「接線の傾き」とは少しだけ違うが、その違いをなくすためには $\Delta x \to 0$ という極限を取ればよい。

$y = f(x) = x^2$ という、単純な関数の場合で傾きの計算をしてみよう（傾きの変化の様子を右のグラフに示した）。

この場合、独立変数と従属変数である x と y は $y = x^2$ という関係式を満たしながら変化するから、変化後も以下の式が成立する。

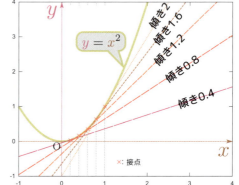

$$y + \Delta y = (x + \Delta x)^2 \qquad (3.5)$$
$$\underbrace{y + \Delta y}_{\text{変化後の } y} = \underbrace{(x + \Delta x)^2}_{\text{変化後の } x}$$

この式の右辺を $(x+\Delta x)^2 = x^2 + 2x\Delta x + (\Delta x)^2$ と展開した後、元の式 $y = x^2$ と辺々の引算を行なう。

$$\begin{array}{r} y + \Delta y = x^2 + 2x\Delta x + (\Delta x)^2 \\ -)\quad y = x^2 \\ \hline \Delta y = 2x\Delta x + (\Delta x)^2 \end{array} \qquad (3.6)$$

こうして二つの変数の変化量の間は、$\Delta y = 2x\Delta x + (\Delta x)^2$ という関係があることがわかった。

当たり前だが、$\Delta x = 0$ とおくと、$\Delta y = 0$ になる。

両辺を Δx で割った、

$$\frac{\Delta y}{\Delta x} = 2x + \Delta x \qquad (3.7)$$

は右の図に破線で描いた直線の傾きになる。

右のグラフに $2x\Delta x$ と $(\Delta x)^2$ を描き込んだ。これを見ると $2x\Delta x$ は Δy のうち主要な部分を占めていて、$(\Delta x)^2$ の方は「少しした修正」程度に付け足された量だという印象を受ける（図で確認しよう）。

試しに $\Delta x = 0.01$ としてみると、$(\Delta x)^2 = 0.0001$ になる。

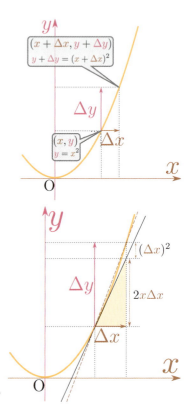

つまり ▢Δx をどんどん小さくする▢ という文脈において、$(\Delta x)^2$ は「Δx より、もっと小さい」量になっている。

▢$\Delta x \to 0$▢ という極限を取っていくと（このとき同時に Δy も 0 に近づくわけだが）、第 2 項はなくなってしまって、

$$\lim_{\Delta x \to 0} \frac{\Delta y}{\Delta x} = 2x \tag{3.8}$$

がわかる[†6]。接線の傾きは $2x$ である。x の変化により $\dfrac{\Delta y}{\Delta x}$ が変化する様子を示したのが右のグラフである。各々の場所において接線の傾きが変化しつづけている。▢$x < 0$▢ では傾きも負になっていることに注意しよう[†7]。

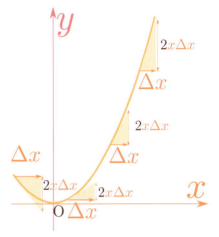

Δx が小さい場合に $2x$ の部分が重要であることを確認するために、▢$x = 1$▢ として、Δx を変化させていったときの各項の様子を表にしてみると、

Δx	$x+\Delta x$	$(x+\Delta x)^2$	$2x\Delta x$	$(\Delta x)^2$	$\dfrac{\Delta y}{\Delta x}=2x+\Delta x$
1	2	4	2	1	3
0.1	1.1	1.21	0.2	0.01	2.1
0.01	1.01	1.0201	0.02	0.0001	2.01
0.001	1.001	1.002001	0.002	0.000001	2.001
0.0001	1.0001	1.00020001	0.0002	0.00000001	2.0001
0.00001	1.00001	1.0000200001	0.00002	0.0000000001	2.00001
⋮	⋮	⋮	⋮	⋮	⋮

のようになる[†8]。Δx を小さくするに従って、$\dfrac{\Delta y}{\Delta x}$ は 2（$2x$ の、▢$x = 1$▢ のときの値）に近づく。このとき、$2x\Delta x$ の欄の「0 の数」が一つずつ増えていくのに対し、$(\Delta x)^2$ の欄の「0 の数」は二つずつ増えていく（この「感覚」が後で説明する「オーダー」である）。
→ p39

📖【問い 3-1】 $x = 2$ の場所で同様の表を作ってみよ。　　　　　解答 → p194 へ

3.1.3　図で表現する「極限」

極限を取ることの意味をグラフで表現しよう。▢$y = x^2$▢ で表される曲線と ▢$x = 1, y = 1$▢ におい

[†6] $\lim\limits_{\Delta x \to 0}$ は、後にある式の Δx を 0 に近づけたときに後の式はどのような値を取るか（これを「極限」と呼ぶ）を表す記号（lim の読み方は「リミット」）。上の例では、単純に $\Delta x = 0$ を代入したら計算できないが、極限なら計算できる。

[†7] ▢$x = 0$▢ のところでは傾き 0、すなわち水平な線が接線となる。しかし、図では高さ 0 の三角形になって見えなくなってしまうので描いていない。

[†8] $\Delta x = 1$ は「Δx は小さい」が成立してない場合なので、薄い字で書いた。ここで「小さい」かどうかは、大元であるところの x に比較して、Δx を小さいと言えるかどうかで判断する。1:1 では「小さい」と言えないのはもちろんである。

てこの曲線に接する直線 $y=2x-1$ を描いたのが下のグラフである。

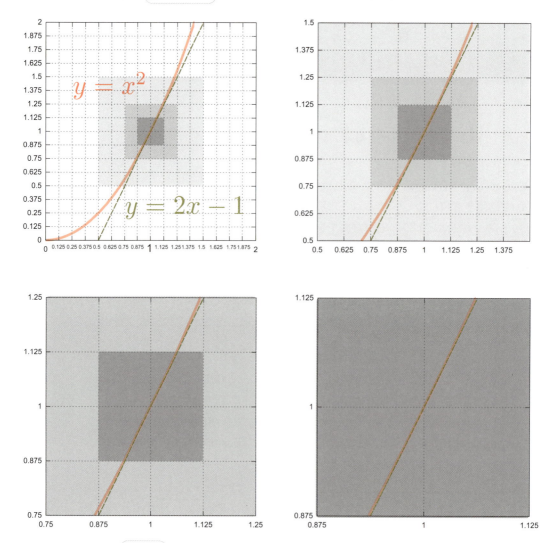

拡大したことで、$y=x^2$ のグラフが、より「傾き 2 で、$(1,1)$ を通る直線」$y=2x-1$ に近づいている。これは別の言い方をすれば「狭い領域を見ているときは 1 次の係数に比べて 2 次の係数は大事じゃない」ということだ。こうして拡大をどんどん続けていけば、$y=x^2$ のグラフと「傾き 2 の直線」である $y=2x-1$ はほぼ一致する。この「拡大する」という操作は（相対的に）「Δx を 0 に近づける」という操作と同じである。自然現象を表すような関数の場合はたいてい、グラフをどんどん拡大していけば、結局は直線のグラフになると思ってよい[9]。

多項式以外の場合として、$y=\sin x$ が $x=0$ 付近では $y=x$ という直線に近似できることを次の図で示そう。なぜこれでいいのかについては後で説明する[10]が、これから $\sin x$ の $x=0$ 付

---

[9] 一般的に考えるときは、「どんなに拡大しても直線にならないような突拍子もない関数」も頭にいれて考えるため、より慎重になる必要がある。

[10] 実は【問い 1-6】と、その解答で少しそうなる理由に触れている。
 → p14   → p193

近での傾きが1だということ $\lim_{\Delta x \to 0} \dfrac{\sin \Delta x}{\Delta x} = 1$ がわかる。

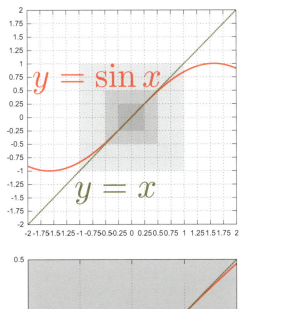
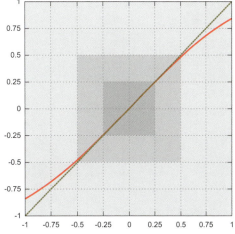
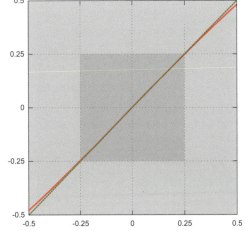
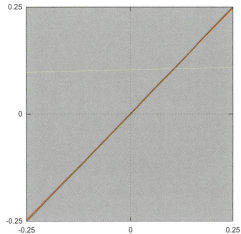

「いくら小さくしてもやっぱり $(\Delta x)^2$ だけ違うじゃないですか！」と気になってしかたない潔癖症（？）の人もいるかもしれない。この部分を「捨てて」もよいことは、後で積分という微分の逆操作を考えるとき、この部分があってもなくても結果が同じになるという事実で正当化されるので、まだ気持ちが悪い人はそのあたりまで待って欲しい。「極限」という計算の意味については、付録のA.4.1節も見よ。
→ p95
→ p175

3.2 微分という演算

3.2.1 導関数、微係数

より一般的な場合で接線の式を作っておこう。一般の $f(x)$ という関数はある点 x_0 の付近では

$$f(x) \simeq a(x - x_0) + b \tag{3.9}$$

のように直線に近似することができる（≃ は「だいたい等しい」を意味する記号）。定数項 b は、（両辺に $x = x_0$ を代入するとわかるように）実は $f(x_0)$ であり、a すなわち傾きは場所によって違うから、「傾きを表す関数」として $f'(x)$ という記号で書くことにしよう。その関数の $x = x_0$ での値が a である。

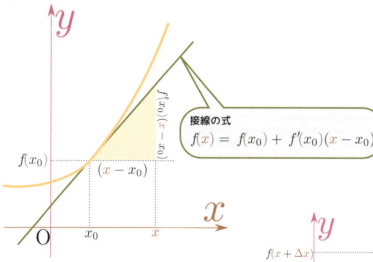

これらを使えば、

$$f(x) \simeq f(x_0) + f'(x_0)(x - x_0) \qquad (3.10)$$

と書いてもよい[†11]（右辺の順番を変えたが、別に深い意味はない）。

では、「傾きを表す関数」$f'(x)$ をどう計算しよう？

右のグラフに示したように、y の変化量 Δy は $\boxed{\Delta y = f(x + \Delta x) - f(x)}$ のような引算で表現できるの

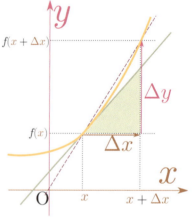

で、それを Δx で割った量の $\Delta x \to 0$ の極限を計算すれば、任意の x の点での傾きが計算できる。Δx が 0 に近づくとき、二つの線（図の──── と ------）が一致していく、と見てよい。

この 任意の x の点での傾き もまた x の関数となるが、この「新しい関数」を「**導関数 (derivative)**」[†12] という名前で呼ぶ。

> [FAQ] Δx を **0** にすることは、「**0 で割る**」をやってしまっているのではないのか？？
>
> こういう疑問を抱くのは当然である。実際に $\Delta x = 0$ とするのではなく、あくまで「近づける」であることに注意しよう。数学的には「極限」というのはいろいろややこしい定義をしなくてはいけないが、ここでは上のようにどんどん Δx を小さくしていくとどうなるかを予想した値を考えていると思って欲しい。

「導関数」という言葉は元の関数 $f(x)$ から導かれた関数という意味で[†13]、

[†11] $f'(x_0)$ は $f(x)$ を x で微分してから、$x = x_0$ を代入した、という意味である。逆に「x_0 を代入してから x で微分する」とやってはいけない（そんなことをしたら答えは 0 である）。

[†12] 「derived function」という言い方もある（この直訳が導関数であろう）が、derivative の方がよく使われる。

[†13] 単に「導く」だといろんな導き方がありそうだが、「導関数」と呼ぶのはこの定義によって導かれた関数のみ。的確に表現された言葉とは言い難いが、広く使われている。

3.2 微分という演算

導関数の定義

$$\underbrace{f'(x) = \frac{df}{dx}(x) = \frac{d}{dx}f(x)}_{\text{三通りの書き方}} \equiv \lim_{\Delta x \to 0} \frac{f(x+\Delta x)-f(x)}{\Delta x} \tag{3.11}$$

と定義する†14。「導関数」は上にも書いたように、三通りの書き方（本によっては別の書き方もある）で表現される。このうち後ろ二つ $\frac{df}{dx}(x), \frac{d}{dx}f(x)$ の持つ意味については、後で述べる。
→ p42

 関数 $f(x)$ からその導関数 $f'(x)$ を求める計算 （たとえば(3.8)で $f(x)=x^2$ から $f'(x)=2x$ を
→ p35
導いた計算）を、 微分する と表現する†15。(3.11) と同じ内容を、以下のようにも表現できる。

$$f(x+\Delta x) = f(x) + f'(x)\Delta x + \mathcal{O}\big((\Delta x)^2\big) \tag{3.12}$$

ここで使った記号 $\mathcal{O}(a^n)$（$\mathcal{O}$ は「オーダー」と読む）は「ランダウの記号」†16 と呼ばれ「計算の主要部ではない部分」を表現するのに使う（上の例では、右辺のうち $f(x)+f'(x)\Delta x$ が「主要部」で、左辺のうち「主要部」に含まれなかった部分を $\mathcal{O}((\Delta x)^2)$ と書いている）。いわば「その他大勢」扱いされている量である。この「その他大勢」の持つ「重要度」を明記しているのが、$\mathcal{O}(\ )$ の括弧の中身である。

 今ある数が $\Delta x \to 0$ において0にならないとすると、これは $\mathcal{O}(1)$（おーだーいち）と言う。またある量 A が Δx で割ってから $\Delta x \to 0$ にすると0でない値に収束するとき（$\frac{A}{\Delta x}$ が0でない値に収束するとき）†17、この量は $\mathcal{O}(\Delta x)$（おーだーでるたえっくす）だ、と言う。同様に、$(\Delta x)^n$ で割ってから $\Delta x \to 0$ の極限を取ると0でないとき、$\mathcal{O}((\Delta x)^n)$ だ、という。簡単な例を示す。

$$(x+\Delta x)^3 = \underbrace{\underbrace{\underbrace{x^3 + 3x^2\Delta x + \underbrace{3x(\Delta x)^2 + \underbrace{(\Delta x)^3}_{\mathcal{O}((\Delta x)^3)}}_{\mathcal{O}((\Delta x)^2)}}_{\mathcal{O}(\Delta x)}}_{\mathcal{O}(1)}} \tag{3.13}$$

 $3x(\Delta x)^2$ だけではなく $3x(\Delta x)^2 + (\Delta x)^3$ 全部が $\mathcal{O}((\Delta x)^2)$ である（$\mathcal{O}(\Delta x)$ も同様）ことに注意しよう。$\mathcal{O}((\Delta x)^n)$ のなかには、n より大きいオーダーの項 $\mathcal{O}((\Delta x)^m)$（$m>n$）が含まれていてもよい。

 オーダーは「桁」を意味する英語である。Δx の値を $0.1, 0.01, 0.001, \cdots$ と小さくしていった場合を考えると、

Δx	0.1	0.01	0.001	$\cdots$
$(\Delta x)^2$	0.01	0.0001	0.000001	$\cdots$
$(\Delta x)^3$	0.001	0.000001	0.000000001	$\cdots$

のように小さくなっていく。Δx も $(\Delta x)^2$ も桁が小さくなっていくが、$(\Delta x)^2$ の方が（桁違いに！）小さいことがわかる。これが「オーダーが違う」という意味である。

 (3.12) の最後の項 $\mathcal{O}\big((\Delta x)^2\big)$ は、Δx で割ってから $\Delta x \to 0$ の極限を取ると消えてしまう項である（だから、極限を取った後の (3.11) には登場しない）。以下のような操作により (3.11) と (3.12)

---
†14 ≡ は「右辺のように定義する」を意味する。
†15 後で説明するが「微分する」という言葉は少し違う意味で使うこともある。
→ p46
†16 このランダウは、理論物理学教程などで有名なランダウとは別人。
†17 ということは、Δx で割らずに A の $\Delta x \to 0$ の極限を取れば0になる。

がつながる。

$$f(x+\Delta x) = f(x) + f'(x)\Delta x + \mathcal{O}\big((\Delta x)^2\big) \quad \text{(移項)}$$

$$f(x+\Delta x) - f(x) = f'(x)\Delta x + \mathcal{O}\big((\Delta x)^2\big) \quad \text{(Δx で割る)} \tag{3.14}$$

$$\frac{f(x+\Delta x) - f(x)}{\Delta x} = f'(x) + \underbrace{\frac{\mathcal{O}((\Delta x)^2)}{\Delta x}}_{\text{極限で消えてしまう項}}$$

以上のように、

――― 微分の二つの表現 ―――
$$\begin{aligned} (3.11)\text{から} \quad & f'(x) = \lim_{\Delta x \to 0} \frac{f(x+\Delta x) - f(x)}{\Delta x} \\ (3.12)\text{から} \quad & f(x+\Delta x) = f(x) + f'(x)\Delta x + \mathcal{O}\big((\Delta x)^2\big) \end{aligned} \tag{3.15}$$

の二通りの方法で微分という演算を記述できる。二番目の書き方の形では、$f'(x)$ は

$f(x)$ の中の x が Δx 変化したときの、$f(x)$ の変化量 ($f'(x)\Delta x$) の、Δx の前の係数

と言える。よって $f'(x)$ を「**微係数 (differential coefficient)**」（微分係数）とも呼ぶ[18]。

3.2.2 d という記号

Δx や Δy は「変化量」という意味があった。微分を行うときは、Δx を 0 に近づける（連動して、Δy も 0 に近づく）。このようにここから先の計算ではしばしば、Δx や Δy に「変化量」という意味に加えて「0 に近づく」という属性が加わる。この「0 に近づけていく変化量」という量を表すために、新しい記号として $\mathrm{d}x, \mathrm{d}y$ を導入しよう。

Δ の替りに d という記号を使って 後で $\to 0$ という極限を取ることが約束されている変化量 を示す。本書で $\mathrm{d}x$ とか $\mathrm{d}y$ のように d のついた量は、すべて「微小変化」を表現する量である[19]。

$\mathrm{d}x$ や $\mathrm{d}y$ を「微小変化」と呼ぶが、この呼び方は少し説明が不足していて、単に「微小」ではなく「後で 0 になる極限を取ることが運命づけられている」という点が重要である。

この「運命」があることで実際の計算上何が違うかというと、今考えている量より次数の高い項は無視してよくなる点である。1 次までを考えているならば「$\mathrm{d}x$ や $\mathrm{d}y$ の二次以上の量 ($\mathcal{O}(\mathrm{d}x^2)$ や $\mathcal{O}(\mathrm{d}y^2)$) を無視する」というルールで計算していけばよい。

---
[18] 「導関数」と「微係数」は同じものを指す。(3.11) のように「関数から作った、新しい**関数**（導関数）」と考えるか、(3.12) のように「関数を Δx が小さいところで展開すると出てくる**係数**（微係数）」と考えるかの違いである。

[19] これは本書および前野による何冊かの本だけの約束であるが、微小変化 $\mathrm{d}x$ と掛算 $\mathrm{d} \times x$ が区別がつくように、（「$\mathrm{d}x$ は d と x に分けることができない」と強調する意味も込めて）微小変化を表す d は後ろの文字と筆記体のように繋げて書く。

dを使った書き方では、$f(x+\Delta x) = f(x) + f'(x)\Delta x + \mathcal{O}\big((\Delta x)^2\big)$ (3.12) は

── dを使って書いた微分の定義 ──
$$f(x+dx) = f(x) + f'(x)\,dx \tag{3.16}$$

となる。dx^2 にあたる項は書かなくてよい。いろんな関数の微分を計算するときや、実際に自然科学で現れる量の微小変化を考えるときも、$f(x+dx) = f(x) + f'(x)\,dx$ という書き方は便利である。

「微小」とか「無限小」とかいう考え方がどうにも納得しがたい、という人は以下のように考えると、「無限小」という考え抜きで導関数を定義できる。

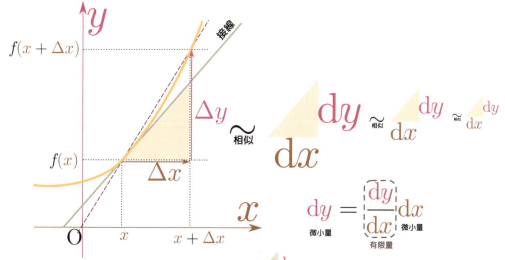

上の図にも示したように、dx や dy はあくまで、$\frac{dy}{dx}$ のような「接線と同じ傾きを斜辺とした直角三角形」の底辺と高さだと考える（この考え方なら微小である必要はない）。そして、dx や dy そのものの大きさは重要ではなく、$\frac{dy}{dx}$ がどんな直角三角形か、あるいは「dx と dy の比」が重要であって、dx や dy そのものは大きさを考えてはいけない（考えても意味はない）[20]。dx と dy は、それぞれ一つだけでは意味がなく、「dx と dy の二つで 向き を表現する量」なのである。

こう考えてもよい。どんな関数でも（微分可能な関数なら）上のグラフのように接線を引くことができる。本来、今考えている x と y はもともとのグラフである曲線に沿って変化する量だが、関数を1次式に近似して、接線の上を x, y が移動すると考える。そのときの x, y の変化量が dx や dy なのである。接線は直線だから dx と dy の関係は常に1次式で、2次以上のものは出てこない。

---

[20] どうして比だけが重要になるかというと、微小な（狭い）範囲を考えていて、その範囲では関数のグラフが直線だと思っていいからである、とも言える。

$\dfrac{dy}{dx}$ は普通の数（大きさを考える意味がある）だし、$dy = a\, dx$ と書いたときの a も普通の数である。だから $\dfrac{dy}{dx} = 2$ や $dy = 0.7\, dx$ は意味のある式である（どんな意味があるか、絵が描けるだろうか？）。

しかし、$dx = 1$ とか $dy = 0.02$ などには全く意味がない[21]。dy や dx は、ペアになって接線の向きを表現する量であって dx のみの大小を云々できない。新しい記号を使えば、

$$\frac{dy}{dx} = \lim_{\Delta x \to 0} \frac{\Delta y}{\Delta x} \tag{3.17}$$

が接線の傾きとなる。こうして「傾き」を x の関数として表現する方法を我々は得た。

最初に書いた $\dfrac{\Delta y}{\Delta x}$ という量は、ある「幅」Δx があって（その「幅」の間での変化の割合として）初めて定義できる量だったが、$\dfrac{dy}{dx}$ の方は、「一点」x で決まる量であることに注意しよう。「接線の傾き」という数字として意味のある量となったので、$\dfrac{dy}{dx}$ で一つの量、として扱うことにする。この量もまた x の関数であることを表現したいときは $\dfrac{dy}{dx}(x)$ のように (x) と括弧をつけて書く[22]。この書き方は $f(x)$ の f のところに $\dfrac{dy}{dx}$ が入った形で、$\dfrac{dy}{dx}$ が「関数名」として機能している（だから、$\dfrac{dy}{dx}$ で1文字であるかのごとく扱うし、黒で書く）[23]。

これが導関数（もしくは微係数）を $\dfrac{dy}{dx}(x)$ のように書く理由である。$f'(x)$ の方はニュートン流の記号[24] で、f という関数から f' を作ったことをよく表現できている記号である。一方 $\dfrac{dy}{dx}$ はライプニッツ流の記号で、何と何の変化の比を考えているのかがよく表現できている記号である。

これらの記号は使いどころによって一長一短がある。「どの変数で微分しているのか」がわかりやすいのはライプニッツの記号の利点であるが、逆に「どの変数で微分しているのか」を明示しない方が便利なときはニュートンの記号の方が使いやすい。関数は同じ形だが独立変数が違う場合、たとえば $\begin{cases} f(x) = x^2 + 1 \\ f(t) = t^2 + 1 \end{cases}$ の二つに対し、ニュートンの書き方なら導関数は $\begin{cases} f'(x) = 2x \\ f'(t) = 2t \end{cases}$ となってどちらも同じ記号 f' で表されるが、ライプニッツ流だと、$\begin{cases} \dfrac{df}{dx}(x) \\ \dfrac{df}{dt}(t) \end{cases}$ となり、関数としては同じなのに記法が変わってしまう。

---

[21] $=0$ だけは、「変化しない」ということを「$dx = 0$」と表すこともあるが、本来はあまりよい使い方ではない。

[22] 関数などにつけられた括弧に入った数——つまりは関数の独立変数なのだが、「関数にくっついた数」ということを強調するときは「引数(ひきすう)」と呼ぶ。

[23] $\dfrac{dy}{dx}$ は「でぃーわいでぃーえっくす」と分子・分母の順にいっきに（「これで一文字だよ」って感じで）読む。分数のようなものではあるが、「でぃーえっくす、ぶんの、でぃーわい」とは読まない。

[24] 実際にはニュートンは $\dot{f}$ という記号を使っている。この書き方˙は現在では時間 t での微分を表現するのによく使われている。

以上のように二つの記法には一長一短があり、かつどちらもよく使われている書き方なので、両方に慣れておくのがよいだろう。

$\boxed{f(x) \to \dfrac{\mathrm{d}f}{\mathrm{d}x}(x)}$ という書き方は $\boxed{\text{あたかも}}$「$f(x)$ に $\dfrac{\mathrm{d}}{\mathrm{d}x}$ が掛かった」$\boxed{\text{ように見える}}$ ので、同じ計算を $\boxed{f(x) \to \dfrac{\mathrm{d}}{\mathrm{d}x}f(x)}$ または $\boxed{\dfrac{\mathrm{d}f(x)}{\mathrm{d}x}}$ と書くこともある[†25]。

「なぜ同じ導関数を表すのに三つも四つも記号があるのだ！」と思う人もいるかもしれないが、それぞれに使い途があり、使いたい場所によってどれが便利かも変わってくるので仕方ない。

$\dfrac{\mathrm{d}}{\mathrm{d}x}$ のような「関数を微分して別の関数を作る操作」の記号を「**微分演算子 (differential operator)**」と呼ぶ[†26]。$\dfrac{\mathrm{d}}{\mathrm{d}x}f(x)$ は $\boxed{f(x) \text{ に微分演算子 } \dfrac{\mathrm{d}}{\mathrm{d}x} \text{ が左から}^{\dagger 27} \text{ 掛かった結果}}$ と読み取る。

一般には「**演算子 (operator)**」（operator の訳としては「作用素」もある）とは
　　関数を別の関数に変える操作を表現したもの
であり（微分演算子は演算子の一種である）、
- 「3を掛ける」という演算は「3×」という演算子を左から掛けること（あるいは、「×3」という演算子を右から掛けること。もちろんどっちから掛ける形をとっても答えに違いはない）
- 「2で割る」という演算は「÷2」という演算子を右から掛けること
- 「自然対数を取る」という演算は「log」という演算子を左から掛けること

などがある（「掛ける」と表現するが掛算には限らない）。

本書では、このような「関数を別の関数にする演算子」は濃い黄色で表すことにする。
$\dfrac{\mathrm{d}y}{\mathrm{d}x}, \dfrac{\mathrm{d}y}{\mathrm{d}x}(x), \dfrac{\mathrm{d}}{\mathrm{d}x}y(x), \dfrac{\mathrm{d}y(x)}{\mathrm{d}x}$ は全て同じ量である。$\dfrac{\mathrm{d}y}{\mathrm{d}x}$ は「微小変化の比」であることを強調した表現、後ろの三つは「$y(x)$ から作られた導関数である」ことを強調した表現。$\dfrac{\mathrm{d}}{\mathrm{d}x}$ の色を変えているのは「導関数を作るという演算（微分演算）を行った」ということの強調である。

3.2.3　速度と微分

微分の最も重要な応用は速度の定義である（ニュートンはまさにこのために微分を作った）。速度は時間 t を独立変数にして、座標（物体の位置）x を従属変数とした関数 $x(t)$ の導関数として、

[†25] さらに省略して $\dfrac{\mathrm{d}}{\mathrm{d}x}$ を D 一文字で表現することもある。x 微分であることを表現するには、D_x のように添字をつける。

[†26] y で微分する $\dfrac{\mathrm{d}}{\mathrm{d}y}$ などもあるし、多変数の場合には偏微分 $\dfrac{\partial}{\partial x}$ などのような微分演算子も出てくる。

[†27] 微分演算子は普通、自分より右側にいるものを微分するから、左から掛けないと意味が無い。もっとも、状況によっては「自分の左側にある量を微分する微分演算子」が定義されることもある。

$$v(t) = \lim_{\Delta t \to 0} \frac{\Delta x}{\Delta t} = \frac{dx}{dt} \tag{3.18}$$

で表現される。$\frac{\Delta x}{\Delta t}$ で定義される速度は $\Delta t \neq 0$ でないと意味がないから、「有限の時間だけ待って、その間に進んだ距離を使って計算される量」である。しかし例えば車のスピードメータが指す「時速60キロ (60 km/h)」は1時間待って測定するものではない[†28]。「瞬間の速度」というものは物理的には明確に存在している。速度を座標と関連付けて計算する操作が微分である。

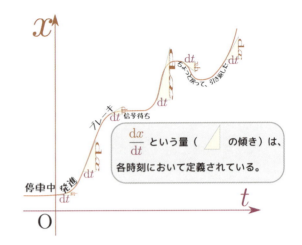

 物理の世界で有名な小話に、スピード違反で捕まった男と警官の会話がある。

警官 時速100キロ、スピード違反だ

男 時速100キロってどういう意味だ？

警官 1時間に100キロ進むって意味だよ

男 おれはさっき走りだしたところで、まだ1時間も走ってないぞ！

時速100キロ (100 km/h) を「1時間で100キロ走る」と単純に解釈すれば「まだ1時間走ってないから時速100キロじゃない」が、速度はグラフの傾きで表現できるものなのだから、1時間走るのを待つまでもなく、(理論的には、$\Delta t \to 0$ でも！)「時速100キロ」は測定もしくは定義できる。

3.3 微分演算の簡単な例

 dx を使って微分の計算を行ってみよう。この記号を使えば、微分の定義式は以下のようになる。

$$f(x + dx) = f(x) + f'(x)\,dx \tag{3.19}$$

前に行った $f(x) = x^2$ の微分を例としよう。まず、$\Delta y = 2x\Delta x + (\Delta x)^2$ (3.6)→p34 を

$$dy = 2x\,dx + (dx)^2 \tag{3.20}$$

と書きなおす。この式の $dx \to 0, dy \to 0$ の極限を考えると

$$\underbrace{dy}_{\to 0} = \underbrace{2x\,dx}_{\to 0} + \underbrace{(dx)^2}_{\to 0} \tag{3.21}$$

となって $0 = 0$ という「当たり前すぎてつまんない (trivialな) 式」が出る。これでは何の情報も

[†28] 具体的にはたとえば、車輪に連動している発電機から流れる電流で測定することもできる。

引き出せない。dy と dx の比のみが重要なのだから、まず両辺を dx で割って

$$\frac{dy}{dx} = 2x + dx \tag{3.22}$$

とした後に $dx \to 0$ という極限を取ることで、以下の式を得る[†29]。

$$\frac{dy}{dx} = 2x \tag{3.23}$$

> **FAQ** 両辺を dx で割っていいの？
>
> $\boxed{\dfrac{dy}{dx}\text{ は割算ではない！}}$ と注意されることが多いものだから、「こんな計算やっていいの？」と悩む人が多い。$\boxed{\dfrac{dy}{dx}=a}$ と $\boxed{dy=a\,dx}$ は、どちらも「比」だけを問題にしている式である。「単純な割算ではない」が、「$\boxed{\dfrac{dy}{dx}=a}$ から $\boxed{dy=a\,dx}$ と結論してよい」という性質に関しては割算と共通である。単純な割算ではないことを忘れてはいけないが、だからと言って「割算と同じ計算をやることは一切禁じられている」わけでもない。

(3.20)の段階で、「dx というのは 0 にする極限を取られることを運命づけられている量であることを考えると、右辺第二項の $(dx)^2$ をこれ以上計算する必要はない」と考えて

$$dy = 2x\,dx + (dx)^2 \tag{3.24}$$

として $\boxed{\dfrac{dy}{dx}=2x}$ を出してもよい。というより慣れてきたらそうするべきである。

> **FAQ** $2x\,dx$ も $(dx)^2$ も、$dx \to 0$ で 0 になるのは同じなのに、なぜ $(dx)^2$ だけを消す？
>
> $2x\,dx$ と $(dx)^2$ を比較して、「$(dx)^2$ の方が速く 0 になる」という判断で消す。具体的には dx の次数を考える。$2x\,dx$ は dx の 1 次、$(dx)^2$ は dx の 2 次である。(3.22) のような形が最後に出てくることを考えると、dx の次数が 1 次の量と 2 次の量があれば、1 次の量（(3.22) の段階では 0 次の量になっている）だけが最後に残り、2 次の量（(3.22) の段階では 1 次の量）は消していい。

> ⚠ あくまで「小さい物＋もっと小さい物」という形になっているときに「もっと小さい物」の方が消せる、ということに注意しよう[†30]。このようにして消される量は「**高次の微小量**」と呼ばれる。このようなときも「dx と $(dx)^2$ はオーダーが違う」という言い方をする。$2x\,dx$ は「dx の 1 次のオーダー」、$(dx)^2$ は「dx の 2 次のオーダー」である。今の場合オーダーが高いほど小さいので、次数が一番低いオーダー（今は 1 次）の量だけを考えておけばよい。2 次が一番低いオーダーのときは 2 次を残して 3 次以上を無視する。何がなんでも 2 次を無視するのではななく、$\boxed{\text{考えている中でもっとも低いオーダーのみを残す}}$ と考える。

[†29] ここで (3.23) の左辺がいわば「$0 \div 0$ を計算している」部分である。しかし、$\dfrac{dy}{dx}$ は「dy と dx の割合」を意味しているのであり、その量は $dx \to 0, dy \to 0$ となっても 0 に近づかない。

次に図解で考えよう。一辺 x の正方形の面積 S は $S=x^2$ という式で表現できる[31]。

上図から面積の導関数が $\dfrac{\mathrm{d}S(x)}{\mathrm{d}x}=2x$ だと理解できる。「縦」の変化による面積変化 $x\,\mathrm{d}x$ と「横」の変化による面積変化 $x\,\mathrm{d}x$ の和が微分 $2x\,\mathrm{d}x$ となっている。$\mathrm{d}x^2$ の部分は無視されている。

この図は正方形の場合だが、何かの積になっている量の変化量を考えるときはこのように

$$(\boxed{A}\times\boxed{B})\text{の変化}=(\boxed{A}\text{の変化})\times\boxed{B}+\boxed{A}\times(\boxed{B}\text{の変化}) \tag{3.25}$$

で全体の変化量が計算できる（後で微分において成り立つ式としてまとめる）。
→ p49

🎈 慣れてきたら[32]、以下のように考えよう。$y=x^2$ の両辺を微小変化させると

$$y+\mathrm{d}y=(x+\mathrm{d}x)(x+\mathrm{d}x) \tag{3.26}$$

になる。そして「あ、この中には $x\,\mathrm{d}x$ が2個あるな」と考えれば、右辺は $x^2+2x\,\mathrm{d}x$ となる。慣れてくると、「$\mathrm{d}x\times\mathrm{d}x$ なんて考えなくていい」とさっと判断できるようになるのである。

「結局、変化する部分だけを考えればよい」と思えば、例えば $y=x^2$ の変化を考えるならば、

左辺は y が $\mathrm{d}y$ だけ変化する。右辺は x が $\mathrm{d}x$ だけ変化するが、変化する場所 x が二つある。

$$y = x \times x$$
（こちらが微小変化した場合／こちらが微小変化した場合）
$$\mathrm{d}y = \mathrm{d}x\times x+x\times\mathrm{d}x \tag{3.27}$$

のように頭の中で「$(x+\mathrm{d}x)(x+\mathrm{d}x)$ の中に $x\,\mathrm{d}x$ が2個ある」と計算を行って、$\mathrm{d}y=2x\,\mathrm{d}x$ を出す。この計算（左辺においては $y\to\mathrm{d}y$、右辺においては $x^2\to 2x\,\mathrm{d}x$）を「両辺を微分する」と表現する。

用語が少し混乱しているのだが、

(1) 式 $y=x^2$ から、両辺の微小変化の式 $\mathrm{d}y=2x\,\mathrm{d}x$ を作る（たとえば、「$y=x^2$ の両辺を微分すると、$\mathrm{d}y=2x\,\mathrm{d}x$」）。

(2) 関数 $y=x^2$ から、y の導関数 $y'=2x$ を導く（「x^2 を x で微分すると $2x$」）。

のどちらも 微分する と表現するので注意しよう。(2) の方は「x で微分する」のようにどの変数で微分するかを明記する必要がある（省略されることもあるが）。

---

[30] こういうのはお金の話で考えるのが理解しやすいようである。たとえば、国家予算の話をしているときには100円の差なんて無視していいが、今日の昼御飯何を食べるか考えているときには、100円の差は大きい。

[31] y ではなく S を使ったのはこの式に「面積」という意味があるから。どんな文字を使うかは本質とは関係ない。

[32] とは言っても、慣れてくる前にこの程度の計算は覚えてしまうだろうけど。

以上のように、微分を行うのに定義(3.11)に戻る必要はない。「x が dx 変化すると y が dy 変化する」ことを数式で表現していくことで求めることができるので、以下ではその方法で微分を考えよう。

次に $y = x^3$ を考えよう。今度はまず図で考えることにして、右の図のように立方体が大きくなるところを想像するとよい。体積が $x^2 dx$ 増える場所が3箇所あるから、$3x^2 dx$ という式が微分の結果として出てきそうである。他に $x dx^2$ が三つと dx^3 が一つあるが、高次の微小量として無視できる。このことを数式で確認しよう。

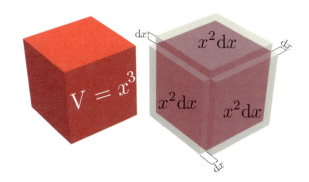

$$y + dy = (x + dx)(x + dx)(x + dx) \tag{3.28}$$

として、「この中には $x^2 dx$ が三つある」ことだけ判断して、

$$\underbrace{y}_{相殺→} + dy = \underbrace{x^3}_{←相殺} + 3x^2 dx + \underbrace{\mathcal{O}(dx^2)}_{省略可} \tag{3.29}$$

とすればよい。「省略可」の部分は「今は dx の1次までしか計算しない」を最初から明示しておくならば、書かなくてもよい。

あるいは、(3.27)でやったように、$y = x \times x \times x$ の微小変化を、「最初の x が変化した場合」「真ん中の x が変化した場合」「最後の x が変化した場合」の三つにわけて考えたと思ってもよい。

こうして $y = x^3$ ならば $\dfrac{dy}{dx} = 3x^2$ あるいは $dy = 3x^2 dx$ という式を得た。右に描いたグラフが $y = x^3$ のグラフと、その微分（傾き）であるところの $y' = 3x^2$ のグラフである。確かに下のグラフが上のグラフの「傾き」を表現していることがわかるだろう。

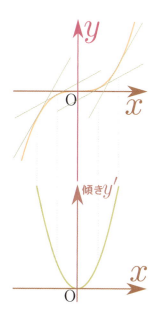

3.3.1 冪の微分

x^2, x^3 の場合をここまで考えたが、x^n の微分も同様に

$$y + dy = \underbrace{(x + dx)(x + dx)(x + dx)(x + dx)\cdots}_{n個} \tag{3.30}$$

の中にある dx の1次は n 個の $x^{n-1} dx$ であろうと考えるか、もしくは

$$\underbrace{y}_{これが変化すると} = \underbrace{\overbrace{x \times x \times x \times x \times x \times x \times x \times x \times \cdots}^{n個}}_{\substack{このうち一つが dx 変化したもの \\ が全部で n 種類出てくる}} \tag{3.31}$$

と考える(二つ以上の x が $\mathrm{d}x$ に変化したものは、$\mathcal{O}(\mathrm{d}x^2)$ なので無視)と、以下がわかる。

$$\mathrm{d}y = nx^{n-1}\mathrm{d}x \quad \text{すなわち、} \frac{\mathrm{d}y}{\mathrm{d}x} = nx^{n-1} \tag{3.32}$$

上の式は n が自然数なら正しい。では、指数が負の整数ならどうなるだろうか。まず $\boxed{n=-1}$ の場合を考える。$\boxed{y=\dfrac{1}{x}}$ を $\boxed{xy=1}$ と書きなおしてから、この式の両辺の微小変化を

$$(x+\mathrm{d}x)(y+\mathrm{d}y) = 1$$
$$\underbrace{xy}_{\substack{=1\text{で、}\\ \text{右辺と相殺}}} + \underbrace{y\,\mathrm{d}x}_{\substack{\text{右辺に}\\ \text{移項}}} + x\,\mathrm{d}y + \underbrace{\mathrm{d}x\,\mathrm{d}y}_{\text{高次の微小量}} = 1 \tag{3.33}$$

のように計算して、$\boxed{x\,\mathrm{d}y = -y\,\mathrm{d}x}$ から $\boxed{\dfrac{\mathrm{d}y}{\mathrm{d}x} = -\dfrac{y}{x}}$、さらに $\boxed{y=\dfrac{1}{x}}$ だから $\boxed{\dfrac{\mathrm{d}y}{\mathrm{d}x} = -\dfrac{1}{x^2}}$ を得る。

n が一般の負の整数である場合は、$\boxed{y=x^{-n}}$ をまず、$\boxed{x^n y = 1}$ に直してから、

$$\underbrace{(x+\mathrm{d}x)(x+\mathrm{d}x)(x+\mathrm{d}x)(x+\mathrm{d}x)\cdots}_{n\text{ 個}} \times (y+\mathrm{d}y) = 1$$
$$\underbrace{\left(x^n + nx^{n-1}\mathrm{d}x\right)}_{\mathcal{O}(\mathrm{d}x^2)\text{ は消した}} \times (y+\mathrm{d}y) = 1 \tag{3.34}$$
$$\underbrace{x^n y}_{\substack{=1\text{で、}\\ \text{右辺と相殺}}} + \underbrace{nx^{n-1}\mathrm{d}x\,y}_{\substack{\text{右辺に}\\ \text{移項}}} + x^n\,\mathrm{d}y = \underbrace{1}_{\substack{\text{左辺の }x^n y\\ \text{と相殺}}}$$

のように微小変化を計算し、

$$\begin{aligned} x^n\,\mathrm{d}y &= -nx^{n-1}\mathrm{d}x\,\overbrace{x^{-n}}^{y} \\ \mathrm{d}y &= -nx^{-n-1}\mathrm{d}x \\ \frac{\mathrm{d}y}{\mathrm{d}x} &= -nx^{-n-1} \end{aligned} \tag{3.35}$$

となる[33]。結果を見ると、$\boxed{\dfrac{\mathrm{d}y}{\mathrm{d}x} = nx^{n-1}\;(3.32)}$ の n を $-n$ に置き換えた式になっている[34]。

指数が整数でない場合を考えよう。$\boxed{y = x^{\frac{1}{n}}\;(n\text{ は自然数})}$ をまず $\boxed{y^n = x}$ になおしてから、

$$\underbrace{(y+\mathrm{d}y)(y+\mathrm{d}y)(y+\mathrm{d}y)(y+\mathrm{d}y)\cdots}_{n\text{ 個}} = x + \mathrm{d}x \tag{3.36}$$

とすれば(これまで同様、1次のオーダーを取り出すことで)[35]、

$$\begin{aligned} ny^{n-1}\mathrm{d}y &= \mathrm{d}x \\ \frac{\mathrm{d}y}{\mathrm{d}x} &= \frac{1}{ny^{n-1}} = \frac{1}{n}x^{\frac{1}{n}-1} \end{aligned} \tag{3.37}$$

---

[33] 慣れてきたら、「$\boxed{x^n y = 1}$ の両辺を微分する」の一言で $\boxed{nx^{n-1}\mathrm{d}x\,y + x^n\,\mathrm{d}y = 0}$ を出してよい。

[34] ここで $\boxed{\text{じゃあ、証明しなくてもよかったんだ}}$ と早とちりする人が時々いるが、(3.32) を出したときには n は自然数だとしている。n が負の整数である場合については別に証明する必要があるので、この証明はやらなくてはいけない。

[35] こちらも慣れてくれば、$\boxed{y^n = x}$ からすぐに $\boxed{ny^{n-1}\mathrm{d}y = \mathrm{d}x}$ が出せるだろう。

がわかる（$y^{n-1} = x^{\frac{1}{n}(n-1)} = x^{1-\frac{1}{n}}$ に注意）。一例として $y = \sqrt{x} = x^{\frac{1}{2}}$ の微分は

$$\frac{dy}{dx} = \frac{1}{2}x^{-\frac{1}{2}} = \frac{1}{2\sqrt{x}} \tag{3.38}$$

である。ここで $x=0$ の点では右辺は定義されないから、「$x=0$ では $\sqrt{x}$ は微分不可能」ということになる（微分の定義の通りに計算しても、やはり計算不可能になる→【演習問題3-1】）。
→ p55

同様に、$y = x^{\frac{m}{n}}$ も $y^n = x^m$ としてから

$$\underbrace{(y+dy)(y+dy)(y+dy)\cdots}_{n\text{個}} = \underbrace{(x+dx)(x+dx)(x+dx)(x+dx)\cdots}_{m\text{個}}$$
$$y^n + ny^{n-1}dy + \cdots = x^m + mx^{m-1}dx + \cdots \tag{3.39}$$
$$\frac{dy}{dx} = \frac{mx^{m-1}}{ny^{n-1}} = \frac{mx^{m-1}}{nx^{\frac{m}{n}(n-1)}} = \frac{mx^{m-1}}{nx^{m-\frac{m}{n}}} = \frac{m}{n}x^{\frac{m}{n}-1}$$

のように考えれば、

$$\text{有理数}\alpha = \frac{m}{n}\text{に対して、} y = x^\alpha \text{ の微分は } \frac{dy}{dx} = \alpha x^{\alpha-1} \tag{3.40}$$

がわかる。ここまでくれば、「無理数に対しても極限操作で定義すればよい（たとえば x^π は $x^3 \to x^{3.1} \to x^{3.14} \to \cdots$）」とわかる[†36] ので、$\alpha$ は任意の実数でよい。微分により x の冪が1ずつ下がる。例外は定数（すなわち x^0）で、このときだけは (定数)$\times x^{-1}$ とはならず、0となる[†37]。

3.4 微分の性質と、簡単な関数の微分

3.4.1 微分という演算の持つ性質

---微分の性質---

(1) 線形性：α, β は定数として、$\dfrac{d}{dx}(\alpha f(x) + \beta g(x)) = \alpha \dfrac{d}{dx}f(x) + \beta \dfrac{d}{dx}g(x)$

または

$$(\alpha f(x) + \beta g(x))' = \alpha f'(x) + \beta g'(x)$$

(2) ライプニッツ則：$\dfrac{d}{dx}(f(x)g(x)) = \left(\dfrac{d}{dx}f(x)\right)g(x) + f(x)\dfrac{d}{dx}g(x)$

または

$$(f(x)g(x))' = f'(x)g(x) + f(x)g'(x)$$

(3) 合成関数の微分：$\dfrac{d}{dx}g(f(x)) = \left(\dfrac{d}{dx}f(x)\right)\left(\dfrac{d}{df}g(f(x))\right)$

または

$$(g(f(x)))' = f'(x)g'(f(x))\text{[†38]}$$

[†36] 科学で必要な数は測定等で入る誤差を不可避に含んでいることを思えば、「ある無理数に十分近い有理数 $\dfrac{m}{n}$ に対する値が用意できれば問題はない」と開き直ってもよいだろう。

[†37] では微分すると $x^{-1} = \dfrac{1}{x}$ になる関数はないのかというと、ある。多項式の形では書けないだけである。
→ p65

以上がよく使う、微分という演算の性質である。「微分」という演算の意味がわかっていれば、どの性質も少し考えれば納得できるはずである。

「線形性」[†39]という言葉は、以下の二つの性質を合わせ持っていることを表す。

---「線形性」の意味するところ---

- 足算と微分の順番はどちらが先でもよい。
  $\left(\dfrac{\mathrm{d}}{\mathrm{d}x}(f(x)+g(x)) = \dfrac{\mathrm{d}}{\mathrm{d}x}f(x) + \dfrac{\mathrm{d}}{\mathrm{d}x}g(x)\right)$
- 定数を掛けるという計算と微分の順番はどちらが先でもよい。
  $\left(\dfrac{\mathrm{d}}{\mathrm{d}x}(\alpha f(x)) = \alpha \dfrac{\mathrm{d}}{\mathrm{d}x}f(x)\right)$

確認するには、$\alpha f(x)+\beta g(x)$ を微小変化させてみればよい(ここ以後しばらくの計算では $\mathcal{O}\bigl((\mathrm{d}x)^2\bigr)$ には興味がないので省略する)。

$$\begin{aligned}\alpha f(x+\mathrm{d}x)+\beta g(x+\mathrm{d}x) &= \alpha\underbrace{(f(x)+f'(x)\mathrm{d}x)}_{f(x+\mathrm{d}x)}+\beta\underbrace{(g(x)+g'(x)\mathrm{d}x)}_{g(x+\mathrm{d}x)}\\ &= \alpha f(x)+\beta g(x)+\underbrace{(\alpha f'(x)+\beta g'(x))}_{(\alpha f(x)+\beta g(x))'}\mathrm{d}x\end{aligned} \tag{3.41}$$

となって線形性が確認できる。この式をあえて図で表現しておくと以下のようになる。

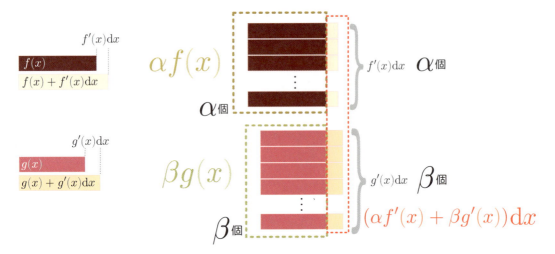

この線形性のおかげで、

$$\dfrac{\mathrm{d}}{\mathrm{d}x}\left(ax^{\alpha}+bx^{\beta}+cx^{\gamma}+\cdots\right) = a\alpha x^{\alpha-1}+b\beta x^{\beta-1}+c\gamma x^{\gamma-1}+\cdots \tag{3.42}$$

のように冪の和の微分も「各項ごとに微分する」ことで簡単にできる。

次の「ライプニッツ則 (Leibniz rule)」は(3.25)[→ p46]の意味するところをより正確な数式で表現したものである。具体的には、

[†38] この式の左辺の $'$ の意味は x による微分であり、右辺の g' の $'$ の意味は f による微分であることに注意。「f による微分」というときは f を一つの変数と見ている。具体的計算は(3.45)[→ p51]以降を見よ。

[†39] 「線形」と書いてある本と「線型」と書いてある本があるが、意味は同じ。

$$\begin{aligned}
f(x+\mathrm{d}x)g(x+\mathrm{d}x) &= \overbrace{(f(x)+f'(x)\mathrm{d}x)}^{f(x+\mathrm{d}x)}\overbrace{(g(x)+g'(x)\mathrm{d}x)}^{g(x+\mathrm{d}x)} \\
&= f(x)g(x) + f'(x)g(x)\mathrm{d}x + f(x)g'(x)\mathrm{d}x \\
&= f(x)g(x) + \underbrace{(f'(x)g(x)+f(x)g'(x))}_{(f(x)g(x))'}\mathrm{d}x
\end{aligned} \tag{3.43}$$

という計算をやると、右辺の $\mathrm{d}x$ の 1 次のオーダーの係数 (微係数) が $f'(x)g(x)+f(x)g'(x)$ であることがわかる。下の図はこの微分演算で行われている微小変化のイメージである。

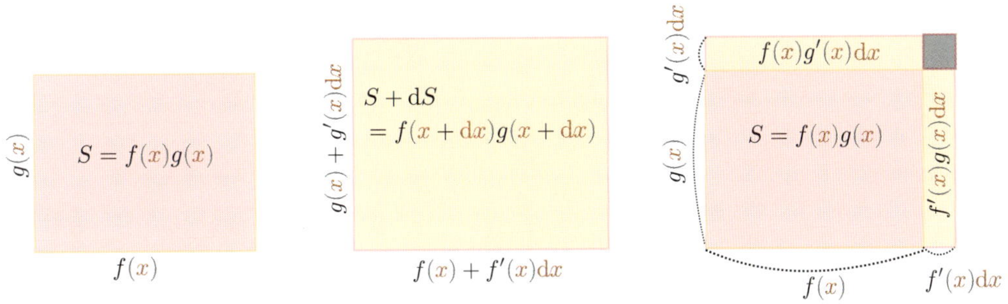

最後に**合成関数の微分** (このルールは「**連鎖律 (chain rule)**」とも呼ばれる) を数式で表現しておこう。$g(f(x))$ という合成関数を考えて、その独立変数 x を $x+\mathrm{d}x$ と微小変化させると、

$$f(x+\mathrm{d}x) = f(x) + \underbrace{f'(x)\mathrm{d}x}_{\mathrm{d}(f(x))} \tag{3.44}$$

のように $f(x)$ が変化する。ここで $\boxed{\mathrm{d}(f(x))=f'(x)\mathrm{d}x}$ という記号を使った。$\boxed{\mathrm{d}(なんとか)}$ のように d をつけることで $\boxed{(なんとか) の微小変化}$ という意味を持たせる[†40]。ライプニッツの記号では、

$\boxed{\mathrm{d}(f(x)) = \dfrac{\mathrm{d}f}{\mathrm{d}x}(x)\mathrm{d}x}$ と書けて、$\boxed{\mathrm{d}x \text{ を約分している}}$ というイメージで捉えることができる。

$f(x)$ の x が微小変化すると、$g(f(x))$ は

$$g(f(x+\mathrm{d}x)) = g(f(x) + f'(x)\mathrm{d}x) \tag{3.45}$$

と微小変化する。上にも書いたように、$f'(x)\mathrm{d}x$ の部分を $\mathrm{d}(f(x))$ と考えれば、上の式の $f(x)$ の部分を f という変数に置き換え、f が $\mathrm{d}f$ すなわち $\mathrm{d}(f(x))$ だけ変化していると解釈して

$$g(f+\mathrm{d}f) = g(f) + g'(f)\mathrm{d}f \tag{3.46}$$

と書く。この $g'(f)$ はもちろん $\boxed{g(f) \text{ を } f \text{ で微分した結果}}$ である。f を元の $f(x)$ に戻すと

$$g(f(x) + \mathrm{d}(f(x))) = g(f(x)) + g'(f(x))\overbrace{f'(x)\mathrm{d}x}^{\mathrm{d}(f(x))} \tag{3.47}$$

なので、$g(f(x))$ の導関数が $g'(f(x))f'(x)$ だとわかる。

$x \to y \to z$ $(y=f(x), z=g(y))$ という関係がある時、x を微小変化させた時にそれに応じて y が、さらに連鎖して z が変化する様子を前に書いた図同様、立体図で表現しよう。
$\to$ p15

[†40] これをさらに省略して $\mathrm{d}f(x)$、さらに (x) も省略して $\mathrm{d}f$ とだけ書いたりもする。

右図に $\frac{dy}{dx}(x), \frac{dz}{dy}(y), \frac{dz}{dx}(x)$ の三つの導関数に対応する三角形（この三角形の傾きが導関数の値）が描かれている。導関数は dx, dy, dz という三つの微小量の比で[†41]計算されるものだから、

$$\frac{dz}{dy}(y)\frac{dy}{dx}(x) = \frac{dz}{dx}(x) \quad (3.48)$$
$$\text{ただし、} y = f(x)$$

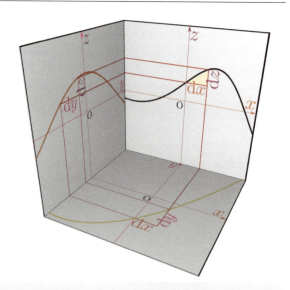

が成立する。この計算は、

$$\boxed{\frac{dz}{d\cancel{y}}\frac{d\cancel{y}}{dx} = \frac{dz}{dx}}$$

という「約分」を行った、と解釈できる。

 くどいようだが、もう一度確認しておこう。$\frac{dy}{dx}$ は「分数」の形で書いているが普通の意味の割算ではない。しかし「比の極限」ではあるので、分数と同様に 約分ができる という性質は持っている（「割り算ではない」と言われからといって、割り算でできること全てをあきらめる必要はないのである）[†42]。そういう意味で、この計算を「約分」と見ることは正しい。

例として $f(x) = (x^2 + x)^3$ の微分をしてみよう。これを $f(y) = y^3, y = g(x) = x^2 + x$ として[†43]、$f(x) = f(g(x))$ と考えてから微分すると、

$$\frac{d}{dx}f(x) = \underbrace{\frac{d}{dx}g(x)}_{(2x+1)}\underbrace{\frac{d}{dy}f(y)}_{3y^2} = 3(2x+1)\underbrace{(x^2+x)^2}_{y^2} \quad (3.49)$$

となる。慣れてきたら y を導入するのも省略して、

$$\overbrace{d\left((x^2+x)^3\right)}^{\boxed{?}^3 \text{の微分}} = \overbrace{3(x^2+x)^2}^{3\boxed{?}^2} \times \overbrace{d(x^2+x)}^{\boxed{?} \text{の微分}} = 3(2x+1)(x^2+x)^2\,dx \quad (3.50)$$

のように計算してよい。

以下のようにやってもよい。
$$\begin{aligned}
d\left((x^2+x)^3\right) &= ((x+dx)^2 + x + dx)^3 - (x^2+x)^3 \\
&= (x^2 + 2x\,dx + dx^2 + x + dx)^3 - (x^2+x)^3 \\
&= (x^2+x)^3 + 3(x^2+x)^2((2x+1)\,dx) + \mathcal{O}(dx^2) - (x^2+x)^3 = 3(2x+1)(x^2+x)^2\,dx
\end{aligned}$$
(3.51)

[†41] ここでも計算しているのは微小変化の「比」だけであって、微小変化そのものではない。
[†42] これに限らず何事も、「0か1か」のような極端な判断をしないようにしよう。
[†43] ここの $f(x)$ と $f(y)$ は違う形の関数だが、表す量は同じであるので同じ文字で書く。「$f(x)$ の x に y を代入すると $f(y)$」という意味ではない。混乱するかもしれないが、こういう書き方がされることもしばしばあるので、文脈で判断しよう。

同様に、$\sqrt{x^4+x}$ を x によって微分するときは以下のように行なう（$\sqrt{x}$ の微分は(3.38)を見よ）、

$$\mathrm{d}\left(\overbrace{\sqrt{x^4+x}}^{\sqrt{\boxed{?}}\text{の微分}}\right) = \overbrace{\frac{1}{2\sqrt{x^4+x}}}^{\frac{1}{2\sqrt{\boxed{?}}}} \times \overbrace{\mathrm{d}(x^4+x)}^{\boxed{?}\text{の微分}} = \frac{4x^3+1}{2\sqrt{x^4+x}}\mathrm{d}x \tag{3.52}$$

【問い 3-2】 以下の関数の導関数を求めよ。
(1) x^5-4x^2+3x (2) $\sqrt{x}$ (3) $(x^3+1)^{\frac{1}{3}}$ (4) $(x^4+x)(5x^2+2x)$ (5) $\sqrt{1-x^2}$

解答 → p194 へ

3.4.2 いくつかの公式

分数関数の微分

$y=\dfrac{1}{f(x)}$ の微分は、(3.34)でやったように、まず $yf(x)=1$ と直してから

$$\begin{aligned}
yf(x) &= 1 \\
\underbrace{\mathrm{d}y}_{\text{前を微分}}f(x) + y\underbrace{f'(x)\mathrm{d}x}_{\text{後を微分}} &= 0 \quad \Big\}\text{（微分）}\\
&\quad\Big\}\text{（移項）}\\
\mathrm{d}y\,f(x) &= -\overbrace{\frac{1}{f(x)}}^{y}f'(x)\mathrm{d}x \\
\frac{\mathrm{d}y}{\mathrm{d}x} &= -\frac{f'(x)}{(f(x))^2}
\end{aligned} \tag{3.53}$$

として計算することができる。この式を使うと、$y=x^{-n}=\dfrac{1}{x^n}$ の微分は

$$\frac{\mathrm{d}y}{\mathrm{d}x} = -\frac{nx^{n-1}}{(x^n)^2} = \frac{-n}{x^{n+1}} = -nx^{-n-1} \tag{3.54}$$

のようにしても導ける。

合成関数の微分を使ってもこの式は導ける。$y=\dfrac{1}{z}$ と $z=f(x)$ と分けて考えて、$\dfrac{\mathrm{d}y}{\mathrm{d}z}=-\dfrac{1}{z^2}$ と $\dfrac{\mathrm{d}z}{\mathrm{d}x}=f'(x)$ の掛算により、以下を得る。

$$\frac{\mathrm{d}y}{\mathrm{d}x} = \frac{\mathrm{d}y}{\mathrm{d}z} \times \frac{\mathrm{d}z}{\mathrm{d}x} = -\frac{1}{(f(x))^2} \times f'(x) \tag{3.55}$$

同様に、$y=\dfrac{g(x)}{f(x)}$ の微分は以下のように計算すればよい。

$$\begin{aligned}
yf(x) &= g(x) &&\text{(微分)}\\
\mathrm{d}y\,f(x) + yf'(x)\,\mathrm{d}x &= g'(x)\,\mathrm{d}x &&\text{(移項)}\\
\mathrm{d}y\,f(x) &= g'(x)\,\mathrm{d}x - yf'(x)\,\mathrm{d}x\\
\frac{\mathrm{d}y}{\mathrm{d}x} &= \frac{g'(x) - yf'(x)}{f(x)} &&\left(y = \frac{g(x)}{f(x)}\text{を代入して整理}\right)\\
\frac{\mathrm{d}y}{\mathrm{d}x} &= \frac{f(x)g'(x) - f'(x)g(x)}{(f(x))^2}
\end{aligned} \tag{3.56}$$

> 【問い 3-3】以下の関数の導関数を求めよ。
> (1) $\dfrac{1}{x^2 - x}$ (2) $\dfrac{1}{(x-1)(x-3)}$ (3) $\dfrac{3x^2 + 5x}{2x^3}$
>
> 解答→ p194 へ

逆関数の微分

「逆数の微分」ではないので間違えないように（この二つは全く違う）。関数 $y = f(x)$ の逆関数 $x = f^{-1}(y)$ を微分するとどうなるか、という問題である。導関数は $\dfrac{\text{従属変数の微小変化}\,\mathrm{d}y}{\text{独立変数の微小変化}\,\mathrm{d}x}$ という比で計算される。$\dfrac{\mathrm{d}y}{\mathrm{d}x} = f'(x)$ なのだから、$\dfrac{\mathrm{d}x}{\mathrm{d}y} = \dfrac{1}{f'(x)}$ なのは当たり前である（どちらも、$\mathrm{d}y = f'(x)\,\mathrm{d}x$ を変形すれば得られる）。よって、

── 逆関数の微分 ──
$$\frac{\mathrm{d}x}{\mathrm{d}y}(y) = \left.\frac{1}{f'(x)}\right|_{x = f^{-1}(y)} \quad (f'(x)\text{を計算したのち、}x\text{に}f^{-1}(y)\text{を代入}) \tag{3.57}$$

という結果になる。「逆関数の微分は関数の微分の逆数」である。

右のグラフが $y = \mathrm{e}^x$ とその逆関数 $x = \log y$ のグラフである。逆関数は $45°$ の線 $y = x$ を折り目にして折り返したグラフになっているが、それをやることで対応する点の傾きは逆数になる。後でこれを使って $\log x$ の微分を考える。
→ p64

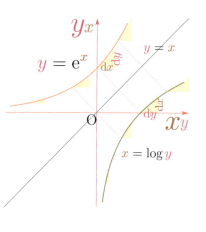

簡単な例を示しておく。$y = x^n$ の逆関数は $x = y^{\frac{1}{n}}$ である。微分してみると、

$$\begin{array}{l|l}
y = x^n & x = y^{\frac{1}{n}}\\
\mathrm{d}y = nx^{n-1}\,\mathrm{d}x & \mathrm{d}x = \dfrac{1}{n}y^{\frac{1}{n}-1}\,\mathrm{d}y\\
\dfrac{\mathrm{d}y}{\mathrm{d}x} = nx^{n-1} & \dfrac{\mathrm{d}x}{\mathrm{d}y} = \dfrac{1}{n}y^{\frac{1}{n}-1}
\end{array} \tag{3.58}$$

となるが、$\frac{1}{n}y^{\frac{1}{n}-1}$ の逆数は $ny^{1-\frac{1}{n}} = n(x^n)^{1-\frac{1}{n}} = nx^{n-1}$ であり、逆関数の導関数は元の関数の導関数の逆数である。

> 📖【問い 3-4】 以下の関数の導関数と、逆関数の導関数をそれぞれ求めて、互いに逆数になっていることを確認せよ。
> (1) $y = \dfrac{2}{x}$　(2) $y = \sqrt{x}$　(3) $y = x^2 + 1$
>
> 解答 → p194 へ

📖 章末演習問題

★【演習問題 3-1】
以下の関数の導関数を、定義である
$$f'(x) \equiv \lim_{\Delta x \to 0} \frac{f(x+\Delta x) - f(x)}{\Delta x} \quad (3.11) \atop \to \text{p39}$$
のとおりに計算し、$x=0$ では定義されてないことを確認せよ。

(1) $y = \dfrac{1}{x}$
(2) $y = \sqrt{x}$
(3) $y = |x|$

ヒント → p202 へ　解答 → p207 へ

★【演習問題 3-2】
以下の文章の間違っている点を指摘せよ。

(1) $x = 1$ という式の両辺を微分すると、$1 = 0$ になる。

(2) 任意の定数 α と変数 x に対し、$\dfrac{d}{dx}x^\alpha = \alpha x^{\alpha-1}$ となるわけではない。$\alpha = 0$ の場合は成立しないからである。

(3) 関数 $f(x) = \begin{cases} x^2 + 1 & x \leq 1 \\ 2x & x > 1 \end{cases}$ は $x = 1$ を境にして関数の形が変わっているので、この点では微分できない。

ヒント → p202 へ　解答 → p207 へ

★【演習問題 3-3】
$f(x) = (x+a)(x+b)$ の微分を、

(1) ライプニッツ則を使って、
(2) まず展開してから微分して、

の2通りの方法で計算し、結果の一致を確認せよ。

解答 → p207 へ

★【演習問題 3-4】
$f(x) = \dfrac{ax+b}{cx+d}$ の微分を、

(1) ライプニッツ則と分数関数の微分を使って、
(2) まず $f(x) = \boxed{?} + \dfrac{\boxed{?}}{cx+d}$ の形に書き直してから分数関数の微分を使って、

の2通りの方法で計算し、結果の一致を確認せよ。

解答 → p207 へ

★【演習問題 3-5】
(1) ライプニッツ則と $(x)' = 1$ だけを使って、$(x^n)' = nx^{n-1}$ を任意の自然数 n に対して証明せよ。

(2) 同じくライプニッツ則と (1) で証明した式だけを使って、任意の自然数 n に対して
$$\left(\frac{1}{x^n}\right)' = -\frac{n}{x^{n+1}}$$
を証明せよ。

（念のため注意：(1) で証明したのは n が自然数の場合だから、「$(x^n)' = nx^{n-1}$ に $n = -m$ を代入して」のように負の数を代入するのは反則である）

ヒント → p203 へ　解答 → p207 へ

第4章 いろいろな関数の微分

 この章ではいくつかの代表的な関数の微分を計算してみよう。

4.1 三角関数の微分

 次の節で三角関数の微分を（まずは数式で、次で図形で）考えるが、数式で考える時の基礎となる事項として、三角関数の極限を考えておこう。

4.1.1 準備：三角関数の極限

前にグラフで示した（しかしまだその根拠は示してない）ように、$\sin x$ は $x=0$ 付近では x とほぼ同じ（原点を通り傾き1）であり、$\lim_{\Delta x \to 0}\dfrac{\sin \Delta x}{\Delta x}=1$ であった（lim の記号に慣れてない人は付録のA.4.1節を見よ）。

x が小さいときに $\sin x \simeq x$ であることは、【問い1-6】でも電卓による計算で確認したし、解答でも示した。以下で図解をもう少し詳細に行おう。

右の図は半径1で中心角 θ の扇型である。扇型の「弧」の部分の長さも θ となる（これはラジアンという角度の定義）。一方、$\sin\theta$ というのは図に描かれた線分「PQ」に対応する。図には $\tan\theta$、すなわち「底辺1の直角三角形の高さ」も示した（この時の「底辺」は図のOPであることに注意）。ここでこの θ をどんどん小さくしていくところを想像して欲しい。当然、$\sin\theta$ と $\tan\theta$ も小さくなる（$\theta \to 0$ の極限で全て0になるだろう）。

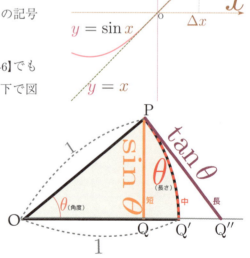

θ が0付近の小さい角度であるとき、

$$\sin\theta < \theta < \tan\theta \tag{4.1}$$

という関係がある。それを示すには、$\sin\theta, \theta, \tan\theta$ の三つは、図に示した三つの経路を伝わって点

Pから点Q、点Q′、点Q″へと向かう線（真ん中のだけは曲線で、残り2本は直線）の長さであることを使う。

右の図のように鏡像を持ってきて、Pの鏡像にあたる点ьまでの経路を考える（これらの経路の長さは上で考えた長さのそれぞれ2倍となる）。三つの経路の中で、一番「まっすぐ」進んでいる$P \to Q \to ь$が一番短く、$P \to Q' \to ь$が中間、もっとも「遠回り」している$P \to Q'' \to ь$が一番長い。

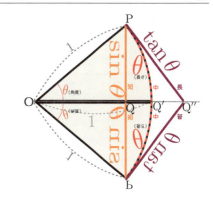

以上の説明でなお納得できない[†1]という人は、微分の精神である まず狭い範囲で考える をここでも活用して考えよう。

右の図に点線で示したように三角形をn階建てのビルだと考え[†2]、各々の階での線の長さを見る。各階の高さを小さくすれば（n階建てのnが無限に大きい極限を考えれば）全ての線はほぼ直線であるから、線の鉛直に対する傾きを見ることで、線の長さが[†3]

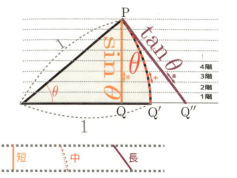

$$\sin\theta\text{の一部} < \theta\text{の一部} < \tan\theta\text{の一部}$$

だとわかる[†4]。

全体の長さは各階での長さの和だから、$\boxed{\sin\theta < \theta < \tan\theta}$が得られて、これを正の数である$\theta$で割ることで、

$$\frac{\sin\theta}{\theta} < 1 < \overbrace{\frac{\sin\theta}{\theta} \times \frac{1}{\cos\theta}}^{\frac{\tan\theta}{\theta}} \qquad (4.2)$$

という式を作ることができて、さらにこの式の右側の部分である$\boxed{1 < \frac{\sin\theta}{\theta} \times \frac{1}{\cos\theta}}$に正の数$\cos\theta$を掛けると $\boxed{\cos\theta < \frac{\sin\theta}{\theta}}$ が得られるから、

$$\cos\theta < \frac{\sin\theta}{\theta} < 1 \qquad (4.3)$$

が結論できる。この式を作ってから$\boxed{\theta \to 0}$という極限を取ると、$\boxed{\cos\theta \to 1}$だから、$\cos\theta$と1の間に挟まれた$\frac{\sin\theta}{\theta}$も1に近づく$\left(\lim_{\theta \to 0}\frac{\sin\theta}{\theta} = 1\right)$。これで、

[†1] $\sin\theta$と$\tan\theta$の線は直線だがθの線だけ曲線なので長さの比較を直感に頼ることが心配になることが当然である。

[†2] 厳密に長さを計算したいのであれば、$n \to \infty$の極限操作が必要になるかもしれないし、円弧であるところの長さを折れ線で近似するなどの作業も必要になるだろう。ここでは長短だけを判断できればよいので、この程度の議論でよしとしておく。

[†3] ここでなお、「中」とある線は、「ほんの少しだけ曲線」だから「長」より長かったりしないのか？―と不安になる人もいるかもしれないが、ここではそこは直感で乗り切ることにする。厳密にやるなら、「中」の線のふくらみ具合のオーダーを評価すれば、それが$\mathcal{O}\left((\text{階の高さ})^2\right)$だとわかる。

[†4] θの一部 の長さは、上の方の階では$\tan\theta$の一部 に近く、下の方の階では、$\sin\theta$の一部 に近い。

> **θ が小さい時の $\sin\theta$ の近似式**
>
> $$\sin\theta \fallingdotseq \theta \qquad \text{より正確には、} \sin\theta = \theta + \mathcal{O}\!\left(\theta^3\right) \tag{4.4}$$

がわかった[†5]。次に $\cos\theta$ の θ が小さいときの極限を考える。$\cos 0 = 1$、かつ $\cos$ は偶関数 ($\cos(-\theta) = \cos\theta$) だから θ の 1 次の項はない。これからまずは

$$\cos\theta = 1 + a\theta^2 + \mathcal{O}\!\left(\theta^4\right) \tag{4.5}$$

として[†6] 定数 a を求めてみる。$\sin^2\theta + \cos^2\theta = 1$ に代入すると、

$$\underbrace{\left(\theta + \mathcal{O}\!\left(\theta^3\right)\right)^2}_{\sin\theta} + \underbrace{\left(1 + a\theta^2 + \mathcal{O}\!\left(\theta^4\right)\right)^2}_{\cos\theta} = 1 \tag{4.6}$$

$$\theta^2 + \mathcal{O}\!\left(\theta^4\right) + 1 + 2a\theta^2 + \mathcal{O}\!\left(\theta^4\right) = 1$$

となる[†7] が、右辺は 1 だから $\boxed{a = -\dfrac{1}{2}}$ になって左辺の θ^2 の係数が消えなくてはならず、

> **θ が小さい時の $\cos\theta$ の近似式**
>
> $$\cos\theta = 1 - \frac{1}{2}\theta^2 + \mathcal{O}\!\left(\theta^4\right) \tag{4.7}$$

がわかる。右の図のように、$\cos x$ と $1 - \dfrac{x^2}{2}$ のグラフは $\boxed{x = 0}$ 付近ではそっくりである)。同様に、

> **θ が小さい時の $\tan\theta$ の近似式**
>
> $$\tan\theta = \theta + \mathcal{O}\!\left(\theta^3\right) \tag{4.8}$$

もわかる (θ が正のとき、$\sin$ の $\mathcal{O}\!\left(\theta^3\right)$ は負だが、$\tan$ の $\mathcal{O}\!\left(\theta^3\right)$ は正である)。

これらは今後もよく使う関係式である[†8]。これを使って、三角関数の導関数を考えよう。

4.1.2 三角関数の導関数

$\sin$ の導関数

まず数式で考えていく。「私は図形の方が得意だ」という人は (4.13) の次から先に読んでもよい。
→ p59

> **三角関数の加法定理**
>
> $$\sin(A+B) = \sin A \cos B + \cos A \sin B \tag{4.9}$$
> $$\cos(A+B) = \cos A \cos B - \sin A \sin B \tag{4.10}$$

[†5] 残りの部分が $\mathcal{O}\!\left(\theta^2\right)$ ではなく $\mathcal{O}\!\left(\theta^3\right)$ なのは、$\sin$ が奇関数 ($\sin(-\theta) = -\sin\theta$) だから。($\theta^2$) に比例する項はない。
[†6] 残りの式が $\mathcal{O}\!\left(\theta^3\right)$ ではなく $\mathcal{O}\!\left(\theta^4\right)$ なのも、$\cos$ が偶関数だからである。
[†7] $\theta \times \mathcal{O}\!\left(\theta^3\right) = \mathcal{O}\!\left(\theta^4\right)$ のような計算をしている。
[†8] 「覚えよう」とは言わない。何度も使うから覚えてしまうはずだ。「何度も使わない」としたら、勉強が足りない。

の sin の方を使って

$$\sin(\theta + d\theta) = \sin\theta \underbrace{\cos d\theta}_{\to 1} + \cos\theta \underbrace{\sin d\theta}_{\to d\theta} \tag{4.11}$$

という式を出す。$d\theta$ は 0 に近づけるのだから $d\theta$ の 1 次までのオーダーまでしか見ないことにすると $\sin d\theta = d\theta, \cos d\theta = 1$ であるから、

$$\sin(\theta + d\theta) = \sin\theta + \overbrace{\cos\theta}^{微係数} d\theta \tag{4.12}$$

となる。$f(x + dx) = f(x) + f'(x)dx$ と比較することにより、以下がわかる。

--- sin の導関数 ---

$$d(\sin\theta) = \cos\theta\, d\theta, \qquad \frac{d}{d\theta}(\sin\theta) = \cos\theta \tag{4.13}$$

 次に、同じことを図で考えよう。

右のように、角度 θ を $d\theta$ だけ変化させた時の、「三角形の高さ」である $\sin\theta$ の変化を考える。図に「相似な三角形」として示している[†9]ように、$d\theta$ という長さの弧を斜辺として微小な直角三角形ができていて、この直角三角形の高さにあたる部分が $d\theta \cos\theta$ である。$\sin\theta$ の微小変化が $\cos\theta\, d\theta$ と書けるから、微係数は $\cos\theta$ である。

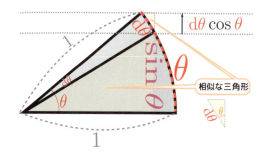

📖【問い 4-1】 上では θ が 0 から $\frac{\pi}{2}$ の場合の図で考えた。θ がもっと大きい時（たとえば $\frac{\pi}{2} < \theta < \pi$ の時）でも上の導関数の関係は正しいことを確認せよ。

ヒント → p190 へ 　解答 → p194 へ

cos の導関数

こっちはまず図で考えよう。右の図は、sin の導関数の時と同様、斜辺が 1 の直角三角形の角度を少し変えてみたものである。底辺 $\cos\theta$ の変化を見よう。やはり相似な三角形を考えると、$\cos\theta$ の変化量は $\sin\theta\, d\theta$ になりそうである。ただし、この $\cos\theta$ は減っている（変化の方向が負の方向）。ゆえに、以下が導かれる。

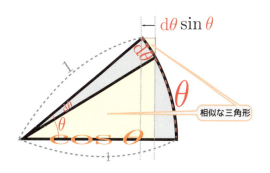

--- cos の導関数 ---

$$d(\cos\theta) = -\sin\theta\, d\theta, \qquad \frac{d}{d\theta}(\cos\theta) = -\sin\theta \tag{4.14}$$

[†9]「小さい方の三角形の斜辺は曲線だから相似な三角形とは言えないぞ！」と思う人もいるかもしれないが、今 $d\theta$ をどんどん小さくしているので、この曲線は限りなく直線に近い。

sinと同じ手順で数式で考えることもできる。三角関数の加法定理を使って、

$$\cos(\theta + d\theta) = \cos\theta\underbrace{\cos d\theta}_{1} - \sin\theta\underbrace{\sin d\theta}_{d\theta} = \cos\theta - \underbrace{\sin\theta d\theta}_{微係数} \tag{4.15}$$

を得るから、$\boxed{\dfrac{d}{d\theta}(\cos\theta) = -\sin\theta}$ となる。

【問い 4-2】 すでに $\dfrac{d}{d\theta}\sin\theta = \cos\theta$ を知っているという前提の下でなら、$\cos^2\theta + \sin^2\theta = 1$ を微分するという方法でも $\dfrac{d}{d\theta}\cos\theta$ を計算できる。やってみよ。

解答 → p194 へ

この（一方にマイナス符号がつく意味）は、次の図のように、微分という操作が図上ではちょうど「$90°\left(\dfrac{\pi}{2}\right)$ の回転」に対応しているからだと思ってもよい。

$\dfrac{\pi}{2}$ の回転は　　　　　のように、

$\boxed{x \text{座標を } y \text{ 座標に、} y \text{ 座標を（符号を変えて）} x \text{ 座標にする}}$

ことで得られる。式で書くなら $(x, y) \to (-y, x)$ であるが、これが微分 $(\cos\theta, \sin\theta) \to (-\sin\theta, \cos\theta)$ と同じ計算になっている[†10]。後で、円の方程式を→ p71
考える時にこの関係をまた使う。

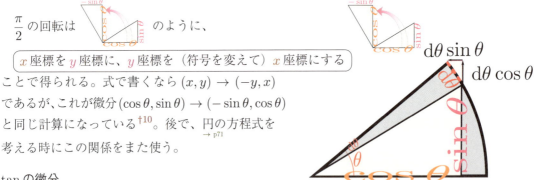

tan の微分

まず数式を使って微分しよう。$\boxed{\tan\theta = \dfrac{\sin\theta}{\cos\theta}}$ を使う。ここで分数関数の微分の式(3.56)に代入→ p54
して考えるという方法もある。が、ここでは分母を払って、$\boxed{\cos\theta \times y = \sin\theta}$ としてから

$$\begin{aligned}\overbrace{-\sin\theta d\theta}^{\cos\theta の微分} \times y + \cos\theta \times dy &= \cos\theta d\theta \\ -\underbrace{\dfrac{\sin\theta}{\cos\theta}}_{\tan\theta} d\theta \times \underbrace{\tan\theta}_{y} + dy &= d\theta \\ dy &= \underbrace{(1 + \tan^2\theta)}_{\frac{1}{\cos^2\theta}} d\theta\end{aligned} \tag{4.16}$$

（$\cos\theta$ で割る）
（左辺第1項移項）

のように微分を行うと、以下の式を得る。

― tan の微分 ―

$$d(\tan\theta) = \dfrac{1}{\cos^2\theta} d\theta, \qquad \dfrac{d}{d\theta}(\tan\theta) = \dfrac{1}{\cos^2\theta} \tag{4.17}$$

[†10] $\boxed{\theta \text{ が増加する}}$ という現象を $\boxed{\text{原点を中心とした円運動}}$ と捉えると、微分というのは速度を計算することだから、円運動の速度は動径と垂直だ、ということを示している。

次に図解を行う。右のように、底辺 1 の直角三角形を描く（この三角形の高さは $\tan\theta$ である）。角度が $\mathrm{d}\theta$ だけ大きくなった時、この直角三角形の高さがどれだけ高くなるかを考えれば $\tan\theta$ の微分がわかる。

この直角三角形の斜辺の長さは $\dfrac{1}{\cos\theta}$ である[†11]から、図に書いた円弧の部分の長さは $\dfrac{\mathrm{d}\theta}{\cos\theta}$ である。また相似な三角形ができているから、その相似の関係を使えば、高さの増加は $\dfrac{\mathrm{d}\theta}{\cos^2\theta}$ とわかり、$\boxed{\dfrac{\mathrm{d}}{\mathrm{d}\theta}\tan\theta = \dfrac{1}{\cos^2\theta}}$ が導かれる。

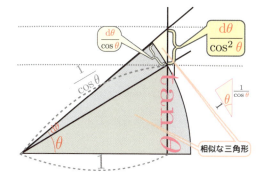

cosec, sec, cot の微分

この三つは $\sin, \cos, \tan$ の逆数だから、分数関数の微分(3.53)を使って計算してもよいし、
→ p53

$$y = \sec\theta$$
$$\cos\theta\, y = 1$$
$$-\sin\theta\, \mathrm{d}\theta\, y + \cos\theta\, \mathrm{d}y = 0$$
$$\cos\theta\, \mathrm{d}y = \sin\theta\, \mathrm{d}\theta\, \underbrace{\sec\theta}_{y}$$
$$\frac{\mathrm{d}y}{\mathrm{d}\theta} = \frac{\sin\theta}{\cos^2\theta} \tag{4.18}$$

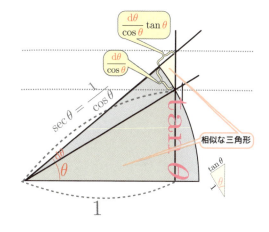

のような手順で微分を行ってもよい。これも、図で考えることもできる。

同様に、$\boxed{\dfrac{\mathrm{d}}{\mathrm{d}\theta}(\operatorname{cosec}\theta) = -\dfrac{\cos\theta}{\sin^2\theta}}$ である。

📖【問い 4-3】 $\operatorname{cosec}\theta$ の微分を計算、および図解により示せ。　ヒント→p190へ　解答→p194へ

cot については、tan の逆数だから、$\boxed{y = \cot\theta}$ を $\boxed{\sin\theta\, y = \cos\theta}$ と直してから（やり方はほぼ tan と同じ）計算することで、$\boxed{\dfrac{\mathrm{d}y}{\mathrm{d}\theta} = -\dfrac{1}{\sin^2\theta}}$ が導ける。結果をまとめておく。

---
cosec, sec, cot の微分

$$\mathrm{d}(\sec\theta) = \frac{\sin\theta}{\cos^2\theta}\mathrm{d}\theta, \quad \mathrm{d}(\operatorname{cosec}\theta) = -\frac{\cos\theta}{\sin^2\theta}\mathrm{d}\theta, \quad \mathrm{d}(\cot\theta) = -\frac{1}{\sin^2\theta}\mathrm{d}\theta \tag{4.19}$$

[†11] これを求めるのに、「公式 $\boxed{1 + \tan^2\theta = \dfrac{1}{\cos^2\theta}}$ を使って…」などとやり始める人がたまにいるのだが、そんな面倒なことは全く必要ない。$\boxed{\dfrac{底辺}{斜辺} = \cos\theta}$ という式を思い出せばすぐに出る。

arcsin, arccos, arctan の微分

この三つは $\sin, \cos, \tan$ の逆関数だから、逆関数の微分を使ってもよいし、たとえば $y = \arcsin x$ を微分するなら、まず $x = \sin y$ とした後、

$$
\begin{aligned}
x &= \sin y \\
\mathrm{d}x &= \cos y \, \mathrm{d}y \quad \text{(微分)} \\
\frac{\mathrm{d}y}{\mathrm{d}x} &= \frac{1}{\cos y} = \pm \frac{1}{\sqrt{1-x^2}} \quad \text{(整理して)}
\end{aligned}
\tag{4.20}
$$

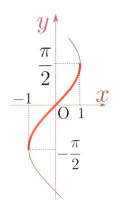

のように微分を行ってもよい。複号 ± が問題となるが、右のグラフのように arcsin を定義した場合、arcsin はこの定義域・値域の中では常に増加するから、$\dfrac{\mathrm{d}}{\mathrm{d}x} \arcsin x = \dfrac{1}{\sqrt{1-x^2}}$ でよい[†12]。

arccos の微分も同様に、

$$
\begin{aligned}
x &= \cos y \\
\mathrm{d}x &= -\sin y \, \mathrm{d}y \quad \text{(微分)} \\
\frac{\mathrm{d}y}{\mathrm{d}x} &= -\frac{1}{\sin y} = \mp \frac{1}{\sqrt{1-x^2}} \quad \text{(整理して)}
\end{aligned}
\tag{4.21}
$$

となる。今度はグラフからわかるように減少関数(右下がり)なので、符号はマイナスにして、$\dfrac{\mathrm{d}}{\mathrm{d}x} \arccos x = -\dfrac{1}{\sqrt{1-x^2}}$ とする。

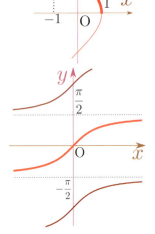

arctan の微分は $x = \tan y$ としてから y で微分して、

$$
\begin{aligned}
\frac{\mathrm{d}x}{\mathrm{d}y} &= \overbrace{1 + \tan^2 y}^{(\tan y)' = \frac{1}{\cos^2 y}} = 1 + x^2 \quad \text{(逆数)} \\
\frac{\mathrm{d}y}{\mathrm{d}x} &= \frac{1}{1 + x^2}
\end{aligned}
\tag{4.22}
$$

となる[†13]。以上をまとめておく。

---

arcsin, arccos, arctan の微分

$$
\begin{aligned}
\frac{\mathrm{d}}{\mathrm{d}x} \arcsin x &= \frac{1}{\sqrt{1-x^2}} & \left(x = \sin y \text{としたとき、} -\frac{\pi}{2} \leq y \leq \frac{\pi}{2}\right) \\
\frac{\mathrm{d}}{\mathrm{d}x} \arccos x &= -\frac{1}{\sqrt{1-x^2}} & (x = \cos y \text{としたとき、} 0 \leq y \leq \pi) \\
\frac{\mathrm{d}}{\mathrm{d}x} \arctan x &= \frac{1}{1 + x^2} & \left(x = \tan y \text{としたとき、} -\frac{\pi}{2} < y < \frac{\pi}{2}\right)
\end{aligned}
\tag{4.23}
$$

[†12] 値域を変えると、増加する関数とは限らないから、その場合は符号を調整する必要がある。

[†13] arctan という「ややこしそうな関数」の割に、微分の結果が単純な $\dfrac{1}{1+x^2}$ になるというのは面白い。後で微分の逆である積分を行うときには、$\dfrac{1}{1+x^2}$ という単純な関数から、$\arctan x$ というややこしい関数が出現する。

4.2 指数関数・対数関数の微分

4.2.1 指数関数の微分

指数関数 $y=e^x$ の微分を、「微分の定義」まで戻って考えると、

$$\frac{d}{dx}(e^x) = \lim_{\Delta x \to 0} \frac{e^{x+\Delta x} - e^x}{\Delta x} = e^x \times \lim_{\Delta x \to 0} \frac{e^{\Delta x} - 1}{\Delta x} \tag{4.24}$$

のように、極限の式から e^x が外に出てしまう。こんなふうに外に出せてしまうのは、指数関数という関数が「x が Δx 増加すると「元の値」の $e^{\Delta x}$ 倍になる」という性質を持っている（ということは増加量も元の関数の値に比例する）おかげである。

残った部分 $\lim_{\Delta x \to 0} \frac{e^{\Delta x} - 1}{\Delta x}$ はよく見ると x によらない定数である。これは $y=e^x$ の $x=0$ での傾きそのもの（右のグラフ参照）であり、その値は e の定義により 1 である。よって、
→ p24

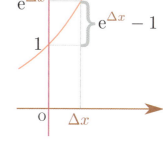

── 指数関数の微分 ──
$$\frac{d}{dx}(e^x) = e^x \tag{4.25}$$

である。e^x という関数は 微分しても変わらない関数 だとわかる（だから e は重要なのだ）。

 微分しても変わらない関数ってどんなもの？ という視点から、指数関数を「導いて」みよう。

我々は e^x の $x=0$ での値が 1 で傾きが 1 であること、つまり「x が小さいとき、$e^x \simeq 1+x$」を知っている。しかし、$1+x$ を微分すると

$$\frac{d}{dx}(1+x) \stackrel{?}{=} 1 \tag{4.26}$$

となって元に戻らない。右辺に x がいるためには、左辺の括弧内（微分される関数）に $\frac{1}{2}x^2$ を加えておくとよいだろう。しかし、

$$\frac{d}{dx}\left(1+x+\frac{1}{2}x^2\right) \stackrel{?}{=} 1+x \tag{4.27}$$

であるから、今度は（右辺に $\frac{1}{2}x^2$ が足りず）元に戻らない。そこでさらに $\frac{1}{2\times 3}x^3$ を加える。すると、

$$\frac{d}{dx}\left(1+x+\frac{1}{2}x^2+\frac{1}{2\times 3}x^3\right) \stackrel{?}{=} 1+x+\frac{1}{2}x^2 \tag{4.28}$$

となる。この手順を繰り返していくと考えれば、指数関数は

$$e^x = 1+x+\frac{1}{2}x^2+\underbrace{\frac{1}{2\times 3}}_{3!}x^3+\underbrace{\frac{1}{2\times 3\times 4}}_{4!}x^4+\underbrace{\frac{1}{2\times 3\times 4\times 5}}_{5!}x^5+\cdots \tag{4.29}$$

という無限につづく項の和で書けることがわかる。

前に「$1+1+\frac{1}{2}+\frac{1}{2\times 3}+\frac{1}{2\times 3\times 4}+\frac{1}{2\times 3\times 4\times 5}+\cdots$」という計算で e が出せる、という話を
→ p25

したが、その理由はこれである。後で、「テイラー展開」という方法を使って同じ式が出てくることを見る。【演習問題4-2】の (2) の解答も参照せよ。

次に e^{kx} のように指数が定数倍（k 倍）されている場合を考えると、$t = kx$ と置けば、

$$\frac{d}{dx}(e^{kx}) = \underbrace{\frac{dt}{dx}}_{k}\underbrace{\frac{d}{dt}e^t}_{e^t} = ke^{kx} \tag{4.30}$$

となる[†14]。底が e ではない場合も $a = e^{\log a}$ ゆえに $a^x = e^{\log a \times x}$ と書けることを使って

---- 一般の指数関数の微分 ----
$$\frac{d}{dx}(a^x) = a^x \log a \tag{4.31}$$

がわかる（$a = e$ なら、$\log e = 1$ だから (4.25) に戻る）。

また、合成関数の微分を使えば、以下の式もわかる。

---- 関数を指数とする関数の微分 ----
$$\frac{d}{dx}\left(e^{f(x)}\right) = f'(x)e^{f(x)} \tag{4.32}$$

e^x の微分が $e^x\,dx$ であるということは $e^{x+dx} = e^x(1 + dx)$ ということでもある（これは $e^0 = 1$ で傾きが 1 だということからも言えることだ）。つまり、e の肩の数字（指数）を dx 大きくすることは $(1 + dx)$ を掛けることと同じである。これを N 回繰り返して、

$$e^{x+N\,dx} = e^x(1 + dx)^N \tag{4.33}$$

を得る。ここで dx は微小量だが N が無限に大きい量で、二つの積 $N\,dx = a$ が有限の量とすると、

$$e^{x+a} = \lim_{N \to \infty} e^x \left(1 + \frac{a}{N}\right)^N \quad \text{ゆえに} \quad e^a = \lim_{N \to \infty} \left(1 + \frac{a}{N}\right)^N \tag{4.34}$$

という関係が成り立つのでは？—と考えられる。これをもって e を底とする指数関数の定義とすることもできる。【演習問題4-2】で、この式が指数関数の満たすべき性質を満たしていることを確認しよう。

4.2.2　対数関数の微分

$y = \log x$ を微分するには、まず $e^y = x$ として、両辺を微分し、

$$\begin{aligned}\underbrace{e^y}_{x}\,dy &= dx \\ \frac{dy}{dx} &= \frac{1}{x}\end{aligned} \tag{4.35}$$

とすればよい（もちろん、e^y の逆関数を微分しているから、e^y の微分（やはり e^y）の逆数である

[†14] このような状況（微分したことにより、e^{kx} が k 倍される）を「k が exp の肩から降りてくる」と表現する。

$\dfrac{1}{\mathrm{e}^y}$ になると考えてもよい)。

対数関数の微分

$$\frac{\mathrm{d}}{\mathrm{d}x}(\log x) = \frac{1}{x} \quad (\text{これは底が e の時に限る}) \tag{4.36}$$

前に、x^α のような冪の形で、微分して $\dfrac{1}{x}$ になる多項式はないという話をしたが、多項式で書けない $y=\log x$ がまさにその関数となる。

この式と合成関数の微分則から、$\log(f(x))$ の微分は

$$\frac{\mathrm{d}}{\mathrm{d}x}\log(f(x)) = f'(x) \times \frac{\mathrm{d}}{\mathrm{d}f}\log f = \frac{f'(x)}{f(x)} \tag{4.37}$$

となる。これから、以下のように微分の計算を行うことができる。

$$f'(x) = f(x) \times \frac{\mathrm{d}}{\mathrm{d}x}\log(f(x)) \tag{4.38}$$

log を取ってから微分して元の関数を掛ける のは 微分する のと同じ結果になる。

ここで関数の積 $f(x)g(x)$ の対数を取ったものの微分を考えよう。(4.37) とライプニッツ則を使うと、

$$\frac{\mathrm{d}}{\mathrm{d}x}\log(f(x)g(x)) = \frac{\overbrace{f'(x)g(x) + f(x)g'(x)}^{(f(x)g(x))'}}{f(x)g(x)} \tag{4.39}$$

となるが、同じものを、積の対数が対数の和になることを使って計算すると

$$\frac{\mathrm{d}}{\mathrm{d}x}\log(f(x)g(x)) = \frac{\mathrm{d}}{\mathrm{d}x}\log(f(x)) + \frac{\mathrm{d}}{\mathrm{d}x}\log(g(x)) = \frac{f'(x)}{f(x)} + \frac{g'(x)}{g(x)} \tag{4.40}$$

となり、この二つは(当たり前だが)一致する。これを使うと、複雑な掛算があるときに各々の因子の微分を別々に行うことができる。また、分数関数の微分も、

$$\frac{\mathrm{d}}{\mathrm{d}x}\log\left(\frac{f(x)}{g(x)}\right) = \frac{\mathrm{d}}{\mathrm{d}x}\log(f(x)) - \frac{\mathrm{d}}{\mathrm{d}x}\log(g(x)) = \frac{f'(x)}{f(x)} - \frac{g'(x)}{g(x)} \tag{4.41}$$

のように log を取った後では (4.40) に比べて符号の違いのみとなり、

$$\begin{aligned}\frac{\mathrm{d}}{\mathrm{d}x}\left(\frac{f(x)}{g(x)}\right) &= \left(\frac{f(x)}{g(x)}\right) \times \frac{\mathrm{d}}{\mathrm{d}x}\log\left(\frac{f(x)}{g(x)}\right) \\ &= \left(\frac{f(x)}{g(x)}\right) \times \left(\frac{f'(x)}{f(x)} - \frac{g'(x)}{g(x)}\right) = \frac{f'(x)g(x) - f(x)g'(x)}{(g(x))^2}\end{aligned} \tag{4.42}$$

という計算もできる(対数微分を使って考えると、ライプニッツ則と分数関数の微分が同じ種類の計算となる)。

対数の性質のおかげで計算が楽になる状況もある。たとえば $y=x^x$ のような[†15]ややこしい冪で表された関数も、対数を取ってから微分する方法が楽である。

$$\frac{\mathrm{d}}{\mathrm{d}x}(\log x^x) = \frac{\mathrm{d}}{\mathrm{d}x}(x\log x) = \log x + x \times \frac{1}{x} = \log x + 1 \tag{4.43}$$

[†15] 頻出する間違い:$\frac{\mathrm{d}}{\mathrm{d}x}x^x = xx^{x-1} = x^x$。どこが間違いかわかるかな?

のように微分して、
$$\frac{\mathrm{d}}{\mathrm{d}x}x^x = x^x \times (\log x + 1) \tag{4.44}$$
とする。

> 【問い 4-4】 $\log(x^n)$ の微分を、(4.37) を使って と、$n\log x$ と変形して の二つの方法で実行し、結果を比較せよ。
> 解答 → p195 へ
>
> 【問い 4-5】 以下の関数を対数を取ってから微分する方法で微分せよ。
> (1) x^{x+1} (2) $y = x^{\cos x}$ (3) $y = x^{\alpha}$ (α は任意の実数)
> 解答 → p195 へ

指数関数・対数関数の近似式としては、
$$\mathrm{e}^x = 1 + x + \mathcal{O}(x^2) \tag{4.45}$$
$$\log(1+x) = x + \mathcal{O}(x^2) \tag{4.46}$$
という式がよく使われる(この二つの式は互いに逆関数になるという関係でつながっている)。

> **FAQ** $\log x$ の x が小さい時の近似式はないんですか?
> ....
> ない。なぜなら $\log 0$ は定義されていない(無理矢理書くなら $-\infty$)からである。

章末演習問題

★【演習問題 4-1】
あなたは、三角関数の微分を $(\cos\theta)' = -\sin\theta$ しか知らないとする。
(1) この式と $\cos\theta \times \sec\theta = 1$ を使って、$(\sec\theta)'$ を求めよ。
(2) この式と $1 + \tan^2\theta = \dfrac{1}{\cos^2\theta}$ を使って、$(\tan\theta)'$ を求めよ。

解答 → p207 へ

★【演習問題 4-2】
(4.34) で定義された指数関数も、以下の指数関数が持つべき性質を満たしていることを示せ。
(1) $\mathrm{e}^0 = 1$
(2) $\mathrm{e}^x \times \mathrm{e}^y = \mathrm{e}^{x+y}$
(3) $\dfrac{\mathrm{d}}{\mathrm{d}x}\mathrm{e}^x = \mathrm{e}^x$

ヒント → p203 へ 解答 → p207 へ

★【演習問題 4-3】
三角関数の倍角公式 $\sin 2\theta = 2\cos\theta\sin\theta$ と $\cos 2\theta = \cos^2\theta - \sin^2\theta$ の両辺を微分して、微分した後の式も成立していることを確認せよ。
解答 → p208 へ

★【演習問題 4-4】
$y = \arctan \dfrac{x}{\sqrt{1-x^2}}$ $(0 \le x < 1)$ を微分し、$\dfrac{\mathrm{d}y}{\mathrm{d}x}$ を x の式で求めたい。以下のそれぞれの方法で実行せよ。

(1) 合成関数の微分と、$(\arctan x)' = \dfrac{1}{x^2+1}$ を使って微分する。

(2) $\tan y = \dfrac{x}{\sqrt{1-x^2}}$ としてから両辺を微分する。

(3) $\tan y = \dfrac{x}{\sqrt{1-x^2}}$ を図で表現し、x と y の関係を見つけてから微分する。

解答 → p208 へ

第 5 章 微分の応用

5.1 高階微分

導関数 $f'(x) = \lim_{\Delta x \to 0} \dfrac{f(x+\Delta x) - f(x)}{\Delta x}$ の導関数

$$f''(x) = \lim_{\Delta x \to 0} \frac{f'(x+\Delta x) - f'(x)}{\Delta x} \tag{5.1}$$

を作ってみよう。これを「二階微分」または「二階導関数」[†1] と呼び、記号としては $'$ を重ねて $f''(x)$ と表現することにしよう（ $f(x) \to f'(x)$ が「一階微分」、$f(x) \to f'(x) \to f''(x)$ が「二階微分」である）。また、一階微分を $\dfrac{\mathrm{d}}{\mathrm{d}x}f(x)$ と書いたように、二階微分は以下のように表現してもよい。

$$f''(x) = \frac{\mathrm{d}}{\mathrm{d}x}\left(\frac{\mathrm{d}}{\mathrm{d}x}f(x)\right) = \left(\frac{\mathrm{d}}{\mathrm{d}x}\right)^2 f(x) = \frac{\mathrm{d}^2}{\mathrm{d}x^2}f(x) = \frac{\mathrm{d}^2 f}{\mathrm{d}x^2}(x) \tag{5.2}$$

 $\dfrac{\mathrm{d}}{\mathrm{d}x}$ というのは「関数 $f(x)$ からその導関数 $f'(x)$ を作る微分演算子 $\left(\dfrac{\mathrm{d}}{\mathrm{d}x}f(x) = f'(x)\right)$ であり、この演算子を二回掛けることを $\left(\dfrac{\mathrm{d}}{\mathrm{d}x}\right)^2$ と書くのは理にかなっているが、$\dfrac{\mathrm{d}}{\mathrm{d}x}$ は一つの演算子でありけっして「$\mathrm{d} \div \mathrm{d}x$」ではないから、$\left(\dfrac{\mathrm{d}}{\mathrm{d}x}\right)^2$ を $\dfrac{\mathrm{d}^2}{\mathrm{d}x^2}$ と書くのは理にかなったことではないし、まして $\left(\dfrac{\mathrm{d}}{\mathrm{d}x}\right)^2 f(x)$ を $\dfrac{\mathrm{d}^2 f}{\mathrm{d}x^2}(x)$ と表現するのはますますおかしい。しかし、表現をコンパクトにするには役立つし、世間で広く使われている書き方であるのでここでも使用する。

同様に三階微分や四階微分も定義される。n 階微分は $f^{(n)}(x)$ とも表現する。この書き方では二階微分 $f''(x) = \dfrac{\mathrm{d}^2}{\mathrm{d}x^2}f(x)$ は $f^{(2)}(x)$ である[†2]。

簡単な関数で二階微分の例は以下の通り。

$$\frac{\mathrm{d}}{\mathrm{d}x}\left(\frac{\mathrm{d}}{\mathrm{d}x}\left(ax^3 + bx^2 + cx + d\right)\right) = \frac{\mathrm{d}}{\mathrm{d}x}\left(3ax^2 + 2bx + c\right) = 6ax + 2b \tag{5.3}$$

$$\frac{\mathrm{d}}{\mathrm{d}x}\left(\frac{\mathrm{d}}{\mathrm{d}x}\left(\cos 4x\right)\right) = \frac{\mathrm{d}}{\mathrm{d}x}(-4\sin 4x) = -16\cos 4x \tag{5.4}$$

[†1] この意味で「二回微分」「二回導関数」と書く人がいるが、これは誤字である（しかし発音では区別がつかないから安心だ）。

[†2] 十階微分を $f''''''''''(x)$ などと書くのは不経済だし数え間違えそうだが、$f^{(10)}(x)$ なら大丈夫だろう。

二階微分がどんな意味を持つかを考えよう。二次関数や三次関数の形を考えたときに、1次の項の係数（xの前の係数）が $x=0$ における傾きを、2次の項の係数（x^2の前の係数）が $x=0$ における「曲がり具合」を表現していたのを覚えているだろうか。たとえば(5.3)の結果 $6ax+2b$ を見ると、$x=0$ における二階微分の値 $2b$ が「x^2 の係数の2倍」であるから、この数は「曲線の曲がり具合」を表現する。これは三次関数に限らずどんな関数に対しても言える。

定義式から計算することで二階微分が「曲がり具合」を表すことを確認しよう。

まず、$f''(x) = \lim_{\Delta x \to 0} \dfrac{f'(x+\Delta x) - f'(x)}{\Delta x}$ という二階微分の意味を表した式そのものに、一階微分の式 $\lim_{\delta x \to 0} \dfrac{f(x+\delta x) - f(x)}{\delta x}$ を代入する。ここで、（すぐ後で同じにするのだが）二つの極限は別のものなので、一階微分の方はいつもの Δx ではなく δx という記号を用いておく。すると、

$$f''(x) = \lim_{\Delta x \to 0} \frac{\overbrace{\lim_{\delta x \to 0} \dfrac{f(x+\Delta x+\delta x) - f(x+\Delta x)}{\delta x}}^{f'(x+\Delta x)} - \overbrace{\lim_{\delta x \to 0} \dfrac{f(x+\delta x) - f(x)}{\delta x}}^{f'(x)}}{\Delta x} \quad (5.5)$$

$$= \lim_{\Delta x \to 0} \lim_{\delta x \to 0} \frac{(f(x+\Delta x+\delta x) - f(x+\Delta x)) - (f(x+\delta x) - f(x))}{\Delta x \delta x}$$

という式が出る。この後、二つの極限 $\Delta x \to 0$ と $\delta x \to 0$ を行わなくてはいけない[†3]。

ここではこの式の分子の意味を知ることが目的なので厳密に考えることなく、$\delta x = \Delta x$ と置いて極限の記号を一つにして書き直すと、

$$f''(x) = \lim_{\Delta x \to 0} \frac{(f(x+2\Delta x) - f(x+\Delta x)) - (f(x+\Delta x) - f(x))}{(\Delta x)^2}$$

$$= \lim_{\Delta x \to 0} \frac{f(x+2\Delta x) - 2f(x+\Delta x) + f(x)}{(\Delta x)^2} \quad (5.6)$$

$$= 2 \lim_{\Delta x \to 0} \frac{\dfrac{f(x+2\Delta x) + f(x)}{2} - f(x+\Delta x)}{(\Delta x)^2}$$

という計算になる。最後で2を前に出したのは、分子の

$$\frac{f(x+2\Delta x) + f(x)}{2} - f(x+\Delta x) \quad (5.7)$$

に図形的意味があるからである。その意味を知るため、右のグラフを見て欲しい。図の点Pは点$A(x, f(x))$と点$B(x+2\Delta x, f(x+2\Delta x))$の中点である。

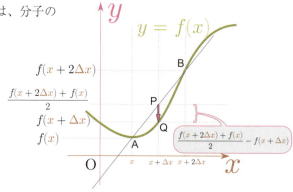

P点の高さは $\dfrac{f(x+2\Delta x) + f(x)}{2}$、すなわち 点Aの高さと点Bの高さの平均値 である。一方 $f(x+\Delta x)$ は点Qの高さである。こう考えると、(5.7)は「線分ABの中点に比べて点Qがどれだ

[†3] 元々の式からするとまず $\delta x \to 0$ の極限を取ってから次に $\Delta x \to 0$ の極限を取るべきなのだが、結果を見ると $\Delta x \leftrightarrow \delta x$ という交換で対称な式になっているので、実は極限の順番は変えても問題ない。

け下がっているか」を示す量であり、「線の曲がり具合」を表現している。二階微分の値は「両隣の平均に比べて自分がどれだけ下がっているか」を示す量なのだ。

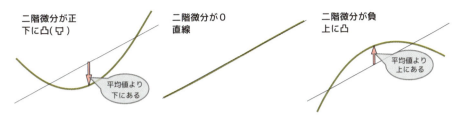

それは上の図に示したように ⌣か⌢か を表す量にもなっている。

自然において、二階微分が正なら増加し、二階微分が負なら減る という傾向、グラフで表現すれば ⌣なら増加、⌢なら減少 という傾向を持つ現象はたくさんある。これはすなわち 平坦に戻そう という現象だ（たとえば水面・温度分布・濃度分布などにこういう傾向がある）。

 (5.2)の最後に書いた $\frac{\mathrm{d}^2 f}{\mathrm{d}x^2}(x)$ という表現を見て、($\frac{\mathrm{d}y}{\mathrm{d}x}$ を「x の微小変化と y の微小変化の比」と解釈をしたのを思い出して）$\frac{\mathrm{d}^2 f}{\mathrm{d}x^2}$ の分子の $\mathrm{d}^2 f$ ってなんなんだ？ と不思議に思うかもしれない。

(5.6)と照らしあわせて考えると、$\mathrm{d}^2 f$ は $f(x+2\Delta x) - 2f(x+\Delta x) + f(x)$（つまり「両端の和」引く「中間の2倍」）という式の $\Delta x \to 0$ の極限（これは $\mathcal{O}(\Delta x^2)$ の微小量）に対応する、ということになる。

n 次の多項式は、n 階微分すると定数となり、$(n+1)$ 階微分すると0になる。n 次の冪の微分は、$x^n \to nx^{n-1} \to n(n-1)x^{n-2} \to \cdots \to n!x \to n! \to 0$ という流れになり、0が終着点となる。一方、x^α（α は正の整数でない）や三角関数、指数関数、対数関数などは何度微分しても0にはならない。たとえば $\log x$ から始めると、$\log x \to \frac{1}{x} \to -\frac{1}{x^2} \to \frac{2}{x^3} \to \cdots \frac{(-1)^n n!}{x^{n+1}} \to \cdots$ となり、無限に続く。

指数関数の場合、e^x は何度 x で微分しても e^x のままである。e^{kx} の場合、

$$\mathrm{e}^{kx} \to k\mathrm{e}^{kx} \to k^2 \mathrm{e}^{kx} \to k^3 \mathrm{e}^{kx} \to k^4 \mathrm{e}^{kx} \to \cdots \tag{5.8}$$

のように微分すると前に定数 k がどんどん落ちてくる（n 階微分すると k^n が前につく）。このことを k が exp の肩から降りてくる と表現する。

三角関数の一つである sin は

$$\sin x \to \cos x \to -\sin x \to -\cos x \to \sin x \to \cdots \tag{5.9}$$

のように符号が変わりつつ $\sin \leftrightarrow \cos$ を移り変わる（二階微分すると元の関数の -1 倍になる[†4]）。

[†4] これが指数関数と三角関数が「自乗すると -1 になる数＝虚数 i」を通じて関係してくる式であるオイラーの関係式 $\mathrm{e}^{\mathrm{i}\theta} = \cos\theta + \mathrm{i}\sin\theta$ の成立に深く関係している。

5.2 微分に関するいくつかの注意

5.2.1 微分できない関数

関数が微分できない例をいくつかあげよう。まずすぐにわかるのは連続でない関数の不連続な点（図の $x=x_0$）である。

極限を取ると $\Delta x \to 0$ にしても $\Delta y \to 0$ にならないから、$\displaystyle\lim_{\Delta x \to 0} \frac{\Delta y}{\Delta x}$ という式に意味がなくなる。「連続」という言葉の定義は厳密にしなければいけないところであるが、ここでは直観的な「グラフがつながっている」ことで理解しておこう。

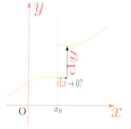

連続でなくて微分できない関数の例は、前に出た階段関数 $\theta(x)$ や符号関数 $\epsilon(x)$、反比例の関数 $y=\dfrac{1}{x}$、などがある。これらの関数は $x=0$ の値が定義されていない。$\theta(x)$ と $\epsilon(x)$ は $\theta(0),\epsilon(0)$ は定義することはあるが微分はできない。$y=\dfrac{1}{x}$ はそもそも $x=0$ での値が存在しない。

また、$\tan\theta$ の $\theta=\dfrac{\pi}{2}+n\pi$（$n$ は整数）のときなども同様に値が存在せず、微分も不可能である（13 ページのグラフを見よ）。

また、たとえ連続でも「とがっている」つまり傾きが連続に変化してない場合、その点での微分は定義できない。

右の図のような場合、$x=x_0$ の左側（$x<x_0$）で考えた微係数（接線の傾き）は正の値を取り、$x=x_0$ の右側（$x>x_0$）で考えた微係数（接線の傾き）は負の値を取る。つまり同じ点に対して二つの傾きが計算できてしまうので、微分不可能になる。このような例で有名なのは、絶対値記号を含む関数 $y=|x|$ などである（【演習問題3-1】の (3) を参照）。

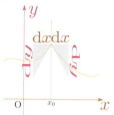

> ⚠ 自然現象ではこのような状況は少ないので、多くの場合は安心して微分してよい（ただ、そうでない場合も有り得るのだと心に留めておいた方がよい）。

連続だが微分不可能な例として、$f(x)=x\sin\dfrac{1}{x}$ という関数を考えてみよう。$f(0)$ を計算しようとすると $\sin\dfrac{1}{0}$ が出てきて困る。しかし、幸い $x\to 0$ の極限での値はある $\left(\displaystyle\lim_{x\to 0} x\sin\dfrac{1}{x}=0\right)$ ので[†5]、$f(0)$ は $x\sin\dfrac{1}{x}$ に $x=0$ を代入（←そんなことは不可能）したものではなく、$f(0)=0$ とルールとして決めることにする。

こうして定義された関数 $f(x)=\begin{cases} x\sin\dfrac{1}{x} & x\neq 0 \\ 0 & x=0 \end{cases}$ は全ての場所において値が定義され、かつ連続である。

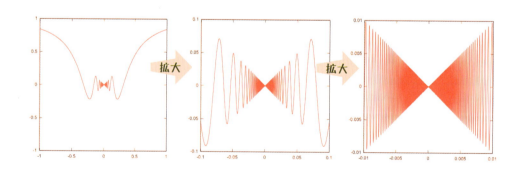

[†5] 真面目にやるなら、$-1\leq\sin\dfrac{1}{x}\leq 1$ より、$x>0$ なら $-x\leq x\sin\dfrac{1}{x}\leq x$（$x<0$ なら不等号の向きが逆）としてから極限を取る。上端と下端が 0 に近づくことから $x\sin\dfrac{1}{x}$ も 0 に近づくことがわかる。

この関数のグラフは前ページのようになっている。
しかし連続になったから微分可能とは限らない。
$x \neq 0$ での導関数は

$$\frac{d}{dx}\left(x\sin\frac{1}{x}\right) = \sin\frac{1}{x} + x \times \left(-\frac{1}{x^2}\right)\cos\frac{1}{x}$$
$$= \sin\frac{1}{x} - \frac{1}{x}\cos\frac{1}{x} \tag{5.10}$$

のように $x \neq 0$ なら意味のある式になっているが、この式には $x = 0$ は代入できない。$f(0) = 0$ と定義したので、導関数の定義通りに計算してみても、その結果は

$$\lim_{\Delta x \to 0}\frac{\overbrace{\Delta x \sin\frac{1}{\Delta x}}^{f(\Delta x)} - \overbrace{0}^{f(0)}}{\Delta x} = \lim_{\Delta x \to 0}\sin\frac{1}{\Delta x} \tag{5.11}$$

となり、やはりこの値は定義できない。この関数は連続であるにもかかわらず微分不可能である。

【問い 5-1】 $f(x) = x^2 \sin\frac{1}{x}$ （ただし、$f(0) = 0$ と別に定義する）という関数を考えよう。この関数を微分せよ。$x = 0$ での微分の値はどうなるか。その値は、$x \neq 0$ での微分 $f'(x)$ の $x \to 0$ 極限と一致するか？
解答 → p195 へ

5.2.2 陰関数の微分

関数というとここまでは $y = f(x)$ のように「従属変数が左辺に、独立変数が右辺に」とまとまった形で書いてきたが、そう書けない場合もある。このような関数の表示の仕方を「**陰関数 (implicit function)**」と呼ぶ（「陰関数として表示する」のように使う）。この「陰」は「陽」の反対で、$y = f(x)$ の形のときは「陽関数である」とか「関数が陽に書けている」とか言う。

陰関数の形でしか書けていない関数も、微分することはできる。ここまででも似たような計算はやっている（例えば(3.33)で、$y = \frac{1}{x}$ を $xy = 1$ にしてから微分した）。

円の方程式 $x^2 + y^2 = 1$ のように $y = \pm\sqrt{1-x^2}$ の形[†6]にするとかえってややこしくなる式の場合も、$x^2 + y^2 = 1$ のまま微分した方が計算が楽である。

円の場合に $\frac{dy}{dx} = -\frac{x}{y}$ という式が成り立つが、この式は実は以下のように導くこともできる。

$$\begin{aligned}x^2 + y^2 &= 1 & \text{(微分)} \\ 2x\,dx + 2y\,dy &= 0 & \text{(移項して整理)} \\ \frac{dy}{dx} &= -\frac{x}{y}\end{aligned} \tag{5.12}$$

【問い 5-2】 $y = \pm\sqrt{1-x^2}$ の両辺を x で微分するという計算をしても、同じ結果が出ることを確認せよ。
解答 → p195 へ

【問い 5-3】 $x^2 - y^2 = 1$ という陰関数表示の関数に関し、$\frac{dy}{dx}$ を求めよ。
解答 → p195 へ

こういう微分のやり方も慣れておくと便利である。さらに次の図を見ると、円の接線の傾きが $-\frac{x}{y}$ であることが図形的に納得できるだろう[†7]。

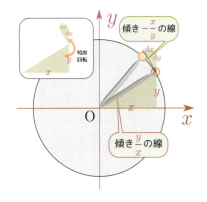

少し複雑な例として、$y^2 = x^2(1-x^2)$ という陰関数を考えてみよう。両辺を微分すると

$$\begin{aligned}2y\,dy &= 2x\,dx(1-x^2) - x^2 \times 2x\,dx \\ y\,dy &= (x(1-x^2) - x^3)\,dx \\ &= x(1-2x^2)\,dx\end{aligned} \tag{5.13}$$

[†6] 複号 $\pm$ がついてしまっていることからわかるように、この場合一つの x に対して y が二つ決まってしまう（$-1 < x < 1$ のとき。これ以外のときは y は一つか、存在しない）ので、厳密には「関数」ではない。陰関数表示を使う時はこうなる時もある。こういう場合は「二価関数」という呼び方をすることもある。

[†7] x 座標を y 座標に、y 座標を（符号を変えて）x 座標にする ことが 90° 回転であることを思い出そう。
→ p60

となるから、$x = \pm \frac{1}{\sqrt{2}}$ のところで右辺は 0 である。$y = x^2(1-x^2)$ という式から、ここで $y = 0$ にはならないから、$dy = 0$ になる[†8]。また、$y = 0$ のところでは（この場合 $1-2x^2$ は 0 になれないので）$x = 0$ または $dx = 0$ になる。

さらに、
$$\frac{dy}{dx} = \frac{x(1-2x^2)}{y} = \pm \frac{1-2x^2}{\sqrt{1-x^2}} \quad (5.14)$$

のように計算を続けることができるが、これからすると $x = 0$ では $\frac{dy}{dx} = \pm 1$ である。

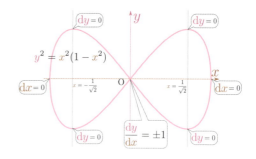

この関数のグラフは上のような「∞」の形であるが、元々の式から「x, y の範囲はどうなるか」を、微分の式から「どこで $dy = 0$ になるか」「どこで $dx = 0$ になるか」「原点での傾きはどうなっているか」などを考えていくと、この形をだいたい決めることができる。

5.3 微分と極大・極小

5.3.1 極大・極小

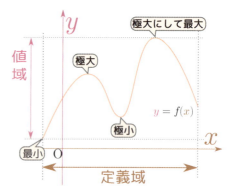

微分のもう一つの重要な使い途は「極大・極小がどこか求める」ことにある。「極大 (maximal)」と「極小 (minimal)」は「最大・最小」に似ているが、違いは「最大・最小」は関数の定義域全体において最も大きい（あるいは小さい）値を取る場合を意味するが、「極大・極小」は定義域全体ではなく、考えている「点」の近傍[†9]においてのみ最も大きい（あるいは小さい）値をとっていればよい[†10]。

図に簡単な例で極大・極小となっている点と、考えている定義域内で最大・最小である点を示した[†11]。極大または極小である状況でかつ関数がその点で微分可能であるならば、その点では一階微分 $f'(x)$ が 0 になっていなくてはいけない[†12]。

連続で、しかも少なくとも二階微分可能であるような関数を考える。この関数 $f(x)$ がある点 $x = x_0$ において一階微分が 0 になった（$f'(x) = 0$）とする。もしこの点で二階微分が負（次の図の左側）ならば、この場合この点では極大である。逆に正（次の図の中央）ならば、この点では極小である。

[†8] $x = 0$ でも $dy = 0$ になるのでは？—と思うかもしれないが $y^2 = x^2(1-x^2)$ からすると $x = 0$ の時は y も 0 になるので、このとき $y\,dy = 0$ から $dy = 0$ は言えない。

[†9]「ある点の近傍」とは、その点を 内部 に含むような領域のこと。「近傍」の範囲は狭くてもよいが、必ず両側を含む。

[†10]「極大」「極小」はつまり「局所的最大」「局所的最小」である。英語でそれぞれ「local maximum」「local minimum」と呼ぶこともある。「maximum(minimum)」は「最大（最小）」。「-mum」と「-mal」の違いに注意。

[†11] 図で「最小」とのみマークした点（定義域の下限になっている）はその点が考えている領域の端点であって領域の内部にはないから、最小にはなっているが「極小」ではない。

[†12] 微分不可能な、「尖った」点が極大・極小になっていることもあり得る。

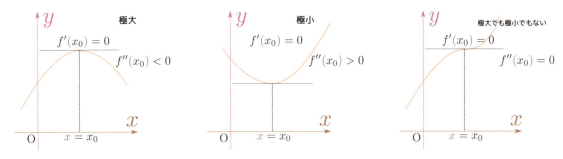

二階微分が 0 である場合[†13]は、極小である場合と極大である場合とどちらでもない場合があり得る（上図の右側ではどちらでもない場合のみを描いている）[†14]。

5.3.2 等周問題

辺の長さの和が同じ長方形の中で、もっとも面積が大きいのはどんな形だろう？――このような問題を「等周問題」と言う。これのもっとも簡単な問題である「等しい周の長方形の中で一番面積が大きいものはなにか？」を微分を使って考えてみる。

長方形の辺の長さの和を $4L$ とする（一辺が L の正方形ならちょうど周の長さは $4L$ であり、図に示したように横が $0.9L$ になったら、縦は $1.1L$ にならなくてはいけない）。横の長さを x とすると、縦の長さは $2L-x$ となる。面積は $S=x(2L-x)$ となる。

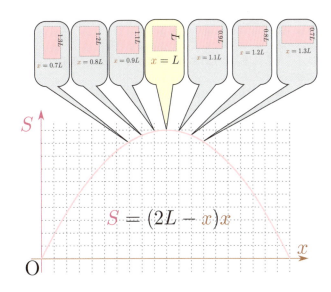

x は $0<x<2L$ の範囲で意味があるから、それを定義域としてグラフを描いてみると上に描いたような中央が盛り上がった形になる（もちろん、グラフを描かなくても以下の話はわかる）。

面積 S を x で微分すると、

$$\frac{\mathrm{d}}{\mathrm{d}x}S = 2L - 2x \tag{5.15}$$

となり、微分（すなわち変化量）が 0 になるのは $x=L$ の時、つまり正方形の時である。

ところでこの微分も、右の図のように図解して、

$$\mathrm{d}S = (2L-x)\mathrm{d}x - x\mathrm{d}x \tag{5.16}$$

のように考えることもできる。こうして考えておいて、「微分が 0 になるところは、増える部分と減る部分が同じ大きさ

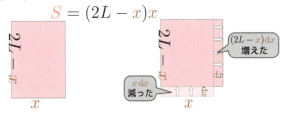

[†13] 二階微分が 0 であり、かつその点の前後で二階微分が符号を変える場合、その点を「変曲点」と呼ぶ。変曲点は極大・極小とはまた別の概念である。

[†14] 二階微分が 0 で極小である例としては $y=x^{2n}$（$n \geq 2$）の $x=0$ がある。

になる時（$2L-x=x$）である」と考えると、$x=L$（すなわち正方形）の時が最大値であることがわかる。

> 📖 【問い 5-4】 周の長さが等しい二等辺三角形の中で一番面積の大きいのはどんな三角形か？
> ヒント → p190 へ　解答 → p195 へ

5.3.3 光学のフェルマーの原理

光は最短時間で到着する経路を通って伝播する というのがフェルマーの原理 (Fermat's principle) で、17 世紀のフランスの数学者フェルマーが提唱した。幾何光学（光を「光線」とみなしその経路を考える立場）ではこれは「原理」であって証明や導出は不可能である（光を「波」とみなす立場では導出できる）。ここでは、これを原理として認めると光の伝播が記述できることを見よう。

フェルマーの原理から導かれる光学の法則の一番簡単な例は 光が直進する である。後で考えるように鏡があったり屈折率の違う媒質がある場合を除けば、「直線」が「最短時間で到着する経路」であることには異論がないところだろう（これを数学的に示すには「曲線」の変分（微分をさらに拡大した概念）を考える必要がある）。

反射の法則

フェルマーの定理から「反射の法則」を導こう。次の図のような経路で光が「鏡で点 R で一回反射しつつ、点 A から点 B へと進む」と考える。

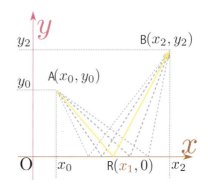

三平方の定理から

$$\overline{AR} = \sqrt{(x_1-x_0)^2+(y_0)^2},$$

$$\overline{RB} = \sqrt{(x_2-x_1)^2+(y_2)^2}$$

となる。この場合、点 R の位置を表す x_1 が変数である（なので、x_1 だけ色をつけた）。この経路（A→R→B）の光の伝播にかかる時間は（光速を c として）

$$\frac{\overline{AR}+\overline{RB}}{c} = \frac{1}{c}\left(\sqrt{(x_1-x_0)^2+(y_0)^2} + \sqrt{(x_2-x_1)^2+(y_2)^2}\right) \tag{5.17}$$

となる。我々が知りたいのは点 R の位置だから、x_1 を変化させ最小を探す。(5.17) を x_1 で微分して 0 とおくと、

$$\frac{1}{c}\left(\frac{x_1-x_0}{\sqrt{(x_0-x_1)^2+(y_0)^2}} + \frac{-(x_2-x_1)}{\sqrt{(x_2-x_1)^2+(y_2)^2}}\right) = 0 \tag{5.18}$$

という式が出る。この式から x_1 を求めるのはたいへんそうだが、実はこの式から作った

$$\frac{x_1-x_0}{\sqrt{(x_0-x_1)^2+(y_0)^2}} = \frac{x_2-x_1}{\sqrt{(x_2-x_1)^2+(y_2)^2}} \tag{5.19}$$

という式の意味は次のような図を描いて考えると明白である。

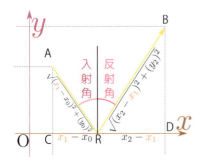

(5.19) の左辺は直角三角形 ACR の $\dfrac{底辺}{斜辺}$、右辺は直角三角形 BDR の $\dfrac{底辺}{斜辺}$ である。つまり (5.19) は

直角三角形 ACR と直角三角形 BDR は相似

という条件になっている[†15]。

これは 入射角＝反射角 と同じことである。

実は図の上で「変分」を取ることで同じ条件を出すこともできる。

下の図は点R付近の拡大図であり、点Rをずらしてみた時の経路の変化を示している。点Rを点aの方にずらすよう、経路を変更したとする。ただしその距離は非常に小さいので、変更前と変更後の入射光は平行だとみなしてよいとしよう（反射光も同様）[†16]。

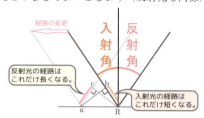

点Rの移動により、図の$\overline{bR}$の分だけ入射光の経路は縮む。一方、反射光の経路は$\overline{ac}$だけ伸びる。入射角と反射角が等しければ、$\overline{ac} = \overline{bR}$であり、この微小な変更によって経路の長さが変わらない。「変わらない」のは$\mathcal{O}(\Delta x)$までを見た場合であって、2次まで考えると少し長くなっている[†17]。

屈折の法則

次に屈折の法則が導かれることを見よう。屈折が起こるのは、媒質の違いにより光速が変化する時である。今境界面（$y = 0$）の上（$y > 0$）では光速がc_1、下（$y < 0$）では光速がc_2だったとしよう。

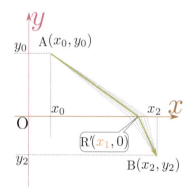

図は下の方が遅い（$c_2 < c_1$）の場合になっている。今度は点B（到着点）が$y = 0$より下にある（$y_2 < 0$）。距離については

$$\overline{AR'} = \sqrt{(x_1 - x_0)^2 + (y_0)^2}$$

$$\overline{R'B} = \sqrt{(x_2 - x_1)^2 + (y_2)^2}$$

となる[†18]。到着までにかかる時間は、

$$\frac{1}{c_1}\sqrt{(x_1 - x_0)^2 + (y_0)^2}$$
$$+ \frac{1}{c_2}\sqrt{(x_2 - x_1)^2 + (y_2)^2} \quad (5.20)$$

であるから、これをx_1で微分して変化が0になるところを探す。

$$\frac{x_1 - x_0}{c_1\sqrt{(x_1 - x_0)^2 + (y_0)^2}} - \frac{x_2 - x_1}{c_2\sqrt{(x_2 - x_1)^2 + (y_2)^2}} = 0 \quad (5.21)$$

という式になるが、この式を反射の法則の時と同様に図で評価しよう。

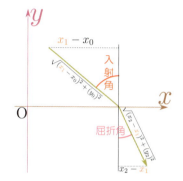

入射角をθ_1、屈折角をθ_2とすれば、

$$\frac{x_1 - x_0}{\sqrt{(x_1 - x_0)^2 + (y_0)^2}} = \sin\theta_1 \quad (5.22)$$

$$\frac{x_2 - x_1}{\sqrt{(x_2 - x_1)^2 + (y_2)^2}} = \sin\theta_2 \quad (5.23)$$

が図から読み取れる。よって、

$$\frac{\sin\theta_1}{c_1} = \frac{\sin\theta_2}{c_2} \rightarrow \frac{\sin\theta_1}{\sin\theta_2} = \frac{c_1}{c_2} \quad (5.24)$$

という屈折の法則が導かれる。

前節の最後のところで反射の法則を図で導いたのと同様にして、図を使って屈折の法則を導くこともできる。

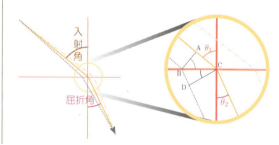

[†15] いわゆる「二辺挟角」になっていないが、直角三角形ならこれで相似の条件として十分である。
[†16] 厳密には平行でないことによる効果は、微小量の2次の量となる。
[†17] 「どこで経路の長さが最小となるか」という問題を考える時は2次以上を考える必要はない。
[†18] 考えたいのは「入射する点R'が変わると到着までの時間がどう変わるか」だから、「独立変数」として扱われるのはやはりx_1。

図は屈折が起っている場所の拡大図であるが、実線の経路は点線の経路に比べ、$\overline{AC}$ の分長く、$\overline{BD}$ の分短い。時間で計算すると、実線の経路を取った光は、点線の経路を取った光に比べ、$\dfrac{\overline{AC}}{c_1}$ だけ長く、$\dfrac{\overline{BD}}{c_2}$ の分短い時間で到着する。つまり光の経過時間の変分は $\dfrac{\overline{AC}}{c_1} - \dfrac{\overline{BD}}{c_2}$ であり、$\overline{AC} = \overline{BC}\sin\theta_1, \overline{BD} = \overline{BC}\sin\theta_2$ を使うと、(5.24) が出てくる。逆に、図の一点鎖線の経路と実線の経路を比較して考えても、同じ結果が出る[†19]。

5.3.4 スケール変化と最適サイズ

物体のサイズを変えていったとき、いろんな量がサイズの関数として表現される。たとえば人間の身長を h とすると、体重はだいたい h^3 に比例する。直方体で考えた時に体積が縦・横・高さの積で表されることを考えれば、まず体積が h^3 に比例することはわかるだろう。

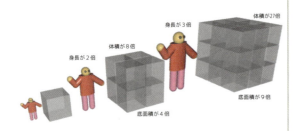

また、骨が支えることができる重さは面積に比例するだろうから、h^2 に比例する。

そこで、身長を h として体重を $W = wh^3$（w は定数）と書き、その人の足が支えることができる重さを $B = bh^2$（b は定数）と書こう。B よりも足に掛かる力が強くなったら足の骨が折れる、と考える。すると、持つことができる荷物の重さは（自分の体重の分は引いておかなくてはいけないので）$C = B - W = bh^2 - wh^3$ となる。

ここで、体重は三乗に比例し、支えることのできる重さは二乗に比例し、と冪が違うこと、つまり「スケール変化による変数の変化の仕方に違いがあること」に注意しておこう。h が小さい領域では二乗と三乗では二乗の方が大きいが、h が大きい領域では逆転する。h があまり大きすぎると、足が支えられる体重よりも自分の体重の方が重い（立っていられない）という状況が出現する。自然現象の起こるスケールというのは、このように異なるスケール変化をする変数の間の「せめぎあい」で決まる。

実例として人間の身長が妥当なものかどうかを検討

しよう。簡単のため、標準人間として「身長 2 m で体重 100 kg、200 kg の荷物を持って立つことができる人」（通常の 3 倍までの重力がかかったと仮定しても耐えられる人、と考えてもよい）を設定しよう。すると、$100 = 8w$ より、$w = 12.5$ であり、$200 = 4b - 100$ より、$b = 75$ である。他の人間は全て標準人間のサイズを変化させたものだとしよう（もちろんこの仮定はむちゃくちゃであるが、「第一近似」としてよいことにしよう）。

標準人間および標準人間をスケール変化させた人間に対しては、持つことができる荷物の重さは $C = 75h^2 - 12.5h^3$ という式で書ける。これからすると、もっとも重い荷物が持てるのは、

$$\frac{dC}{dh} = 150h - 37.5h^2 = 0 \quad \text{より} \quad h = \frac{150}{37.5} = 4 \tag{5.25}$$

で、$h = 4$（身長 4 m）の人である。

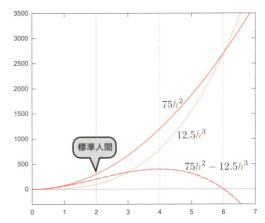

どんどん巨大になれば持てる荷物も増えるのかというとそうではない。右でグラフで示したように、体重の増加（三乗比例）はいずれ支えることができる重さ（二乗比例）に勝ってしまう。だからある身長（$h = 6$）より高いとそもそも立っていられない。そして、保持できる荷物の重さには最大値がある（それが h の最適値であるとも言える）。

実際二足歩行する動物のサイズがせいぜい 2 m ぐらいなのは、ここで行った計算がだいたい正しいことを示している（立って荷物を持つだけでなく、走ったりして動きまわらなくてはいけないのだから、ある程度余裕を持たせておかないといけない）。

[†19] この屈折の法則の導き方は、実はホイヘンスの原理における屈折の導き方（A から出た素元波が C まで進む間に、B から出た素元波が D まで進む、と考えて波面の変化を導く）と同じことをやっている。光が波動であることに基づいた波動光学と光線であることに基づいた幾何光学がここで出会う。

5.3.5 最小二乗法の簡単な例

実験式と理論式をつなげる上で重要な処方である最小二乗法という方法について述べておく。ただし、ここではもっとも単純な、決めるべきパラメータが一個だけの場合についてのみ考えることにする。

ある二つの変数について実験測定を行った。この二つの変数の間には正比例という関係 $y=ax$ があることが期待されているとする。たとえば等速直線運動している物体の位置と時間 $x=v_0 t$、一定体積気体の絶対温度と圧力の関係 $P=\dfrac{nR}{V}T$ などである。

実際の測定値が次のグラフのように一つの直線上には乗っていなかったとしよう。

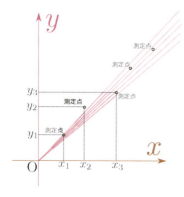

これは「正比例だろうという推測が間違いだった」「測定に誤差が入った」と二つの可能性があるわけだが、以下は前者の可能性は考えないとしよう。

定数 a（上の例では v_0 もしくは $\dfrac{nR}{V}$）をどうやって決めればよいだろうか。「えいっ、こんなもんだろ」と線を引くのも一つの手であるが、それでは人の主観で a の値が違ってきてしまうかもしれない。

測定値を $(x_1,y_1),(x_2,y_2),\cdots,(x_N,y_N)$ とする。a が（まだ決まってないが）決定されたとすると、$x=x_1$ における y の値は $y=ax$ から計算される値 ax_1 と、y_1 という測定値は、y_1-ax_1 だけずれている。ここで、

$y_1 - ax_1$ をなるべく小さくすればよい。と考えてはいけない。というのは $y_1 - ax_1$ は負になることがある量だから、これを小さくするためにはとにかく ax_1 が大きくなればよい、ことになってしまう。そこで、負にならず $y_1-ax_1=0$ になるときに最小になるような関数として、もっとも単純な $(y_1-ax_1)^2$ を採用する。

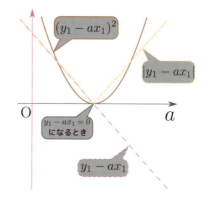

ここからは「a を変化させてもっとも測定値に fit する直線（$y=ax$）を探す」という作業に入るので、むしろ変数は a である。

「最小になる」というだけなら $|y_1-ax_1|$ のように絶対値をつけてもよいが、これだと大事なところで微分不可能になって困る。これだけの条件ならもっと複雑な関数（例えば $(y_1-ax_1)^4$）であってもよいだろうが、あえてややこしくする必要もないだろうということで、

$$U(a) = (y_1-ax_1)^2 + (y_2-ax_2)^2 + (y_3-ax_3)^2 + \cdots + (y_N-ax_N)^2 \tag{5.26}$$

が最小になるような a を探すという方法が「最小二乗法」である。微分して 0 になる点は

$$\begin{aligned}&\frac{d}{da}\left((y_1-ax_1)^2+(y_2-ax_2)^2+(y_3-ax_3)^2+\cdots+(y_N-ax_N)^2\right)=0\\&-2x_1(y_1-ax_1)-2x_2(y_2-ax_2)-2x_3(y_3-ax_3)^2-\cdots-2x_N(y_N-ax_N)=0\end{aligned} \tag{5.27}$$

だから、

$$a = \frac{x_1 y_1 + x_2 y_2 + x_3 y_3 + \cdots + x_N y_N}{(x_1)^2 + (x_2)^2 + (x_3)^2 + \cdots + (x_N)^2} \tag{5.28}$$

である。この式の場合、$a\to\infty$ でも $a\to-\infty$ でも $U(a)\to\infty$ である（つまり両端で ∞）でありなめらかな関数だから、微分して 0 になる点は最小値である。よって、(5.28) の値が（ずれの自乗の和を最小にするという意味で）最適な a の値である。この値を 最小二乗で fit する a と表現する。このようにして理論式と測定値をつなぐことができる。

なお、実際に最小二乗法を使う時は、想定する関数を選択するところからが大事になる。ここでは正比例だと決めつけたが、$y=ax+b$ かもしれないし $y=ax^2$ のように 2 次関数かもしれない。あるいは $y=ax^n$ の a と n をパラメータとして後で決める、ことだってできる。さらには陰関数を使って円（$y^2+x^2=R^2$）に合わせる場合だってある。

章末演習問題

★【演習問題 5-1】
ライプニッツ則をさらに微分して、
→ p49
$$(f(x)g(x))'' = f''(x)g(x) + 2f'(x)g'(x) + f(x)g''(x) \quad (5.29)$$
を導け。

解答 → p209 へ

★【演習問題 5-2】
以下のような、いろいろな形の容器に、単位時間あたり体積 v の割合で水を注いでいく。容器の最下部から測った水面の高さを h とした時、その時間的増加率 $\frac{d}{dt}h$ を求めよ。

(1) 高さ H、半径 R の円錐を逆さにした形の容器
(2) 半径 R の半球の形の容器
(3) 放物線 $y = x^2$ を回転させた形の容器

ヒント → p203 へ   解答 → p209 へ

★【演習問題 5-3】
$x^{\frac{2}{3}} + y^{\frac{2}{3}} = A$ で表せる関数のグラフに接線を引くと、その接線が x 軸と交わる点から y 軸と交わる点までの長さが一定になることを示せ。

ヒント → p203 へ   解答 → p209 へ

★【演習問題 5-4】
図のように、一辺 A cm の正方形の紙から、一辺 x cm の正方形を 4 つ切り出して、折り曲げて蓋なしの箱を作った (のりしろは適当につけたものとする)。この箱の容積を最大にする x の値を求めよ。

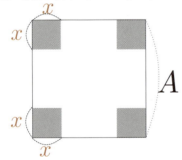

ヒント → p203 へ   解答 → p209 へ

★【演習問題 5-5】
ラグビーでトライ成功した後のキックは、トライ地点からタッチラインに平行に伸ばした線の上であればどこで蹴ってもよいことになっている。では、どの位置から蹴ると、蹴る人から見た 2 本のゴールポストの間の角度は最大になるか。図のような配置の場合で考えよ。

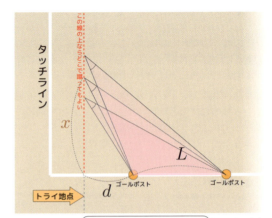

なお、本当は 遠いと蹴るのがたいへん という要素も考えて最適を考えなくはいけないが、ここでは「見たときの角度」の大小のみを考えることにする。

ヒント → p203 へ   解答 → p209 へ

★【演習問題 5-6】
水平な床と垂直な壁に長さ L の梯子が立てかけてある。

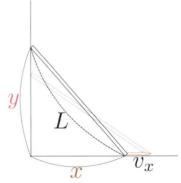

梯子の下端 (床に触れている部分) が床と壁の接点から x 離れているときに、梯子の下端を一定の速度 v_x で引っ張ったとき、梯子の上端 (壁にふれている部分) の速度 v_y はどうなるか。

なお、梯子が壁と床と接した状態を保ちつつ運動すると考えてこの問題を解くと、起こり得ない運動が起こる、という結果になる。それはどんなときか。

ヒント → p203 へ   解答 → p210 へ

★【演習問題 5-7】
紙で円錐の形を作る (底面もしくは蓋は作らない)。体積は一定としたとき、必要な紙が最小になるのは底面の半径をいくつにして、高さをいくつにしたときか。

ヒント → p203 へ   解答 → p210 へ

第6章 テイラー展開

6.1 関数の近似とテイラー展開

関数を近似的に表現することを考えてみたい。

6.1.1 関数の近似

近似とはすなわち「真実の値とは少し違うが、だいたい等しい数値を求める」という方法である。

> **FAQ** 近似などせずに真面目に計算すればよいではないか！
>
> と、思う人が多い。「科学ともあろうものが『だいたい』なんていいかげんなことでよいのか？」と憤慨する人もいる。しかし、実際にはいろんな理由で近似が必要となる。まず、
>
> 　真面目に計算することが不可能なほどに難しい関数もある。
>
> ということが大きい。高校までの勉強では（大学でも低学年でなら）ほぼ、「解ける問題」しか出てこない。ところが世の中には「解けない問題」はいくらでもある。高校および大学初年度程度の教科書は「解ける問題」を厳選して載せている。では解けない問題が出てきたらどうするかと言えば、「頑張って解く方法を見つける（見つからないかもしれない）」か、「近似してから解く」しかない。
>
> 　もう1つここで言っておきたいことは、真面目に解くことはほんとに必要か？ということである。たとえば（あくまで「たとえば」）近似しないで真面目に解いた場合の答と、近似した結果の答が0.1%（つまり $\frac{1}{1000}$ ぐらい）違っていたとしよう。その $\frac{1}{1000}$ の違いが大きな問題になる時もあれば、そうでない時もある。たとえば今最小目盛りが1mmである物差しで20cmぐらいの長さを測定したとしたら、この測定では $\frac{1}{200}$ より細かい精度の数字は得られていない。そういう測定で「近似したら $\frac{1}{1000}$ ぐらい答がずれる！」にこだわることは果たして必要だろうか？——近似してよいかまずいかは、**要求されている精度によって決まる**ものである。要求される精度を十分に保つ近似に対して、近似だからといって文句を言われる筋合いはない。

近似としてもっとも大雑把なものは 関数 $y=f(x)$ を $y=f(x_0)$ で代用する というものである。つまり x を変えても $y=f(x)$ はそんなに変わらないだろう と推測する。こういう近似をやっている例を上げると

　先月測った身長は170cmだったが、今月もそんなに変わってないだろう。

という推測である[†1]。

もう少しまじめに関数を近似するのが「線形近似 (linear approximation)」である。「線形 (linear)」[†2] というのは「グラフで描くと直線になる」という意味で、（$y = ax + b$ のような）1次式で書けることである（微分のところでは「微小な範囲を考える（グラフを拡大する）」ことで線形近似できる形に持っていった）。よく使う近似の例は付録 A.5 に表にしてある。
→ p178

 つまりは線形近似とは「1次式で近似する」もしくは「グラフが直線だと近似する」ことになる。たとえば「朝9時の気温が20度で、10時の気温が22度だから、11時の気温は24度だろう」という推測は線形近似である。あくまで近似であるから、推測が当たる時もあるし、当たらない時もあるだろう。「この人は100mを12秒で走れるから、200mは24秒で走れるだろう」というのも線形近似に基づく推測だが、これには当然、「人間は疲れるのでは？」という反論があってしかるべきである[†3]。

微分というのはいろんな関数 $y = f(x)$ を「拡大してみれば（あるいは、狭い範囲だけに注目すれば）直線 $y = ax + b$ のようなものだ」と大まかな近似として表した時の傾き a である、と言える。(3.15)で書いた
→ p40

微分の表現：$f(x + \Delta x) \simeq f(x) + f'(x)\Delta x$

を思い出し、$x \to x_0, \Delta x \to x - x_0$ と置き直すと、

$$f(x) \simeq f(x_0) + \left(\frac{\mathrm{d}}{\mathrm{d}x}f(x_0)\right)(x - x_0) \tag{6.1}$$

ということになる[†4]。この式は $x = x_0$ を代入すると $f(x_0) = f(x_0)$ となって成り立つし、x で微分してから $x = x_0$ を代入しても成り立つ。しかしこれだと、x で二階微分すると等式は成り立たない（右辺は0になってしまうが左辺はそうとは限らない）。

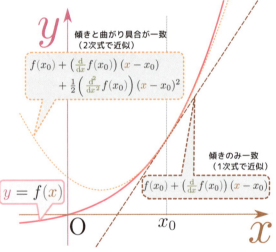

$$f(x) \simeq f(x_0) + \left(\frac{\mathrm{d}}{\mathrm{d}x}f(x_0)\right)(x - x_0) + \frac{1}{2}\left(\left(\frac{\mathrm{d}}{\mathrm{d}x}\right)^2 f(x_0)\right)(x - x_0)^2 \tag{6.2}$$

と新しい項を付け加えることで二階微分も等しくする。右辺を二階微分すると、第1項と第2項は

[†1] 「関数を定数で代用する」と聞くととんでもないことをやっているように思えるかもしれないが、この例のように「そんなに大きく変わるものではない」がわかっている量については、普段からよくやっている。実際には場所によって違う地球の重力加速度を、g という定数で置き換えるのもその例である。

[†2] この場合に限らず、1次式で書けるという性質を「線形」と表す。英語から「リニア」という言い方もする。

[†3] 逆に、「最初の加速に手間がかかると考えると、長距離が不利とは限らない」という点を考慮すべき場合もある。

[†4] この $\frac{\mathrm{d}}{\mathrm{d}x}f(x_0)$ は「関数 $f(x)$ を x で微分した後に x に x_0 を代入したもの」という意味である（先に代入してしまったら微分すると0である）。すでに代入が終わっているので、この後 x で微分すると0になる。釈然としない人がいるかもしれないが、これはそういう書き方をするのが（式を簡単に書くための）決め事なのだと思ってほしい。

0になり、第3項の$\frac{1}{2}(x-x_0)^2$の二階微分は1になるので、結果は$\left(\frac{d}{dx}\right)^2 f(x_0)$となり[†5]、左辺の二階微分の$\boxed{x=x_0}$での値と一致する（こうなるように$\frac{1}{2}$という係数を選んでおいた）。

関数の値（零階微分）と一階微分、二階微分が一致するのだから、より本当の関数に近づいている（ここまでで「関数$f(x)$を2次式で近似する」ということができた）。この要領でどんどん右辺を左辺に近づけていく。この次の段階では、三階微分が等しくなるように、右辺に$\frac{1}{3\times 2}\left(\left(\frac{d}{dx}\right)^3 f(x_0)\right)(x-x_0)^3$を足す。以下同様に考えて、左辺と右辺で$\boxed{x=x_0}$での値$f(x_0)$と任意の階数の導関数$\left(\frac{d}{dx}\right)^n f(x_0)$が一致するようにすると、「**テイラー展開 (Taylor expansion)**」と呼ばれる[†6]、以下の式を作ることができる。

─── テイラー展開 ───

$$f(x) = \sum_{n=0}^{\infty} \frac{1}{n!} \left(\left(\frac{d}{dx}\right)^n f(x_0)\right)(x-x_0)^n \tag{6.3}$$

$$f(x+\Delta x) = \sum_{n=0}^{\infty} \frac{1}{n!} \left(\left(\frac{d}{dx}\right)^n f(x)\right)(\Delta x)^n \tag{6.4}$$

上の式と下の式は、「x_0を基準としてxでの関数の値を考えた」か「xを基準として$x+\Delta x$での関数の値を考えたか」の違いで、その意味するところは同じである[†7]。

ここで、$\boxed{n=0}$の項に$0!$が現れているが、$\boxed{0!=1}$である。a^0のときと同様に $\boxed{0!=0}$じゃないの？と不思議に思う人が多い。しかし、$\boxed{n\times(n-1)!=n!}$という「公式」が$\boxed{n=1}$の時にも成り立つべし、と考えると、$\boxed{1\times(1-1)!=1!}$となるので、$\boxed{0!=1}$と定義した方がよい。

ここではただ単に「n階微分（$0 \leq n \leq N$）が一致する関数を作り、$N \to \infty$を考える」という方針で関数の近似式を作った。だから「これで本当に近似できているの？」と心配になるのは当然である。実際のところ、右辺の和がほんとうに左辺と一致するかというと一致しないこともある。一般的には、

$$f(x) = \sum_{n=0}^{N} \frac{1}{n!}\left(\left(\frac{d}{dx}\right)^n f(x_0)\right)(x-x_0)^n + \underbrace{\mathcal{O}\left((x-x_0)^{N+1}\right)}_{\text{剰余項}} \tag{6.5}$$

のように、和の形で表しきれていない剰余項を含んだ式が成り立つ[†8]。この式の導出方法としては、部分積分を使う方法もある（【演習問題8-1】にあるので、部分積分を勉強後に解いてみよう）。

[†5] $\left(\frac{d}{dx}\right)^2 f(x_0)$は「微分した後$\boxed{x=x_0}$を代入した結果」なのでもう$x$の関数ではないことに注意。
[†6] 特に$\boxed{x_0=0}$の場合には「マクローリン展開」という別の名前がついているが、わざわざ別の名前にするほどの意味はない。
[†7] 上の式のxを$x+\Delta x$に置き換えた後で、続けて$\boxed{x_0\to x}$と置き換えれば下の式を得る。
[†8] 剰余項には表現の方法はいろいろあるが、ここではとりあえず触れない。

以上の計算が実行できるような関数は $x=x_0$ において「**解析的 (analytic)**」である と言う。解析的であるためには、 ある領域で何回でも微分可能 という条件が成り立たなくてはいけない（さらに級数が収束[†9]することも必要）。テイラー展開はこの条件のもとで考えている。このような「何回でも微分可能な関数」のことは「なめらかな関数」と呼ぶ。

FAQ $(x-x_0)^n$ の n は **0 以上の整数**に限るのですか？

まず、$(x-x_0)^{0.5}$ のような項は入らない。これは $\sqrt{x-x_0}$ と同じことだが、これでは $x > x_0$ でないと意味がない式になってしまう。じゃあ例えば $\sqrt{|x-x_0|}$ のように絶対値をつければ？—と思うかもしれないが、そうやったとしても、$x=x_0$ で微分不可能である。

そもそも微分不可能な場所でテイラー展開を考えること自体無意味である（そういう場合どう回避するかについては6.2節を見よ）。
→p89

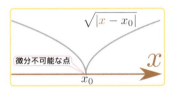

$n=-1$ などの負の指数も、やはりその点で微分不可能になって困る（5 ページに書いた x^n のグラフをもう一度見て、$n<0$ の時 $x=0$ での値も、その微分もないことを見よう）。

また、n が整数でない場合、$(x-x_0)^n$ を m 階微分すると $(x-x_0)^{n-m}$ に比例し、これは $n-m<0$ になるとこの点で定義されない（n が正の整数なら負になる前に 0 になるから問題ない）。つまり n が 0 以上の整数でないならどこかで微分不可能になってしまう。「どこかで微分が不可能になるような関数」を展開しなくてはいけない状況が来たら、その時は n が 0 以上の整数でないような展開も出現するだろう。

たとえば、$\sqrt{A^2+x}$ のような関数を計算したいが、それほどの精度は必要なかった（A^2 に比べて x は非常に小さかった）とすると、テイラー展開の式に代入して、

$$\sqrt{A^2+x} = \left.\sqrt{A^2+x}\right|_{x=0} + \left.\frac{\mathrm{d}}{\mathrm{d}x}\sqrt{A^2+x}\right|_{x=0} \times x + \cdots$$
$$= \left.\sqrt{A^2+x}\right|_{x=0} + \left.\frac{1}{2\sqrt{A^2+x}}\right|_{x=0} \times x + \cdots = |A| + \frac{1}{2|A|}x + \cdots \quad (6.6)$$

とすればよい（実際的な問題でこういう式が有用な場面は多い）。

6.1.2 テイラー展開の例：等比級数になる例

テイラー展開の例として、$\dfrac{1}{1-x}$ という関数のテイラー展開を考えよう。なぜこれを考えるかというと、この関数の「ある条件の元での展開」は微分を使わなくても出せる（よって、後で微分を使って出した展開式と比較できる）からである。というのは 初項 1、公比 x の等比数列の和 は

$$\frac{1-x^N}{1-x} = 1+x+x^2+x^3+x^4+x^5+\cdots+x^{N-1} = \sum_{n=0}^{N-1} x^n \quad (6.7)$$

になるという公式がある[†10]。この式は

[†9] $\sum_{n=0}^{\infty}$ のような足算（これを「級数」と呼ぶ）の結果が特定の値に収まる（計算可能である）ことを「収束する」と表現する。収束しない場合を「発散する」と表現する。発散している例は83ページを見よ。

[†10] $(1+x+x^2+x^3+\cdots+x^{N-1})(1-x)$ を計算すれば、$1-x^N$ になることから導ける。

$$\frac{1}{1-x} = 1 + x + x^2 + \cdots + x^{N-1} + \underbrace{\frac{x^N}{1-x}}_{\text{剰余項}} \tag{6.8}$$

と表すこともできる。「剰余項」と示した部分は、$\frac{1}{1-x} - \frac{1-x^N}{1-x}$ という計算の結果である。

$|x| < 1$ であれば、$\lim_{N \to \infty} x^N = 0$ になるから、N を ∞ にすることで、

$$\frac{1}{1-x} = 1 + x + x^2 + x^3 + x^4 + x^5 + \cdots = \sum_{n=0}^{\infty} x^n \tag{6.9}$$

を得る。この式はテイラー展開の式(6.3)の形になっている。というのは、

$$\frac{\mathrm{d}}{\mathrm{d}x}\left(\frac{1}{1-x}\right) = \frac{1}{(1-x)^2}, \quad \frac{\mathrm{d}}{\mathrm{d}x}\left(\frac{1}{(1-x)^2}\right) = \frac{2}{(1-x)^3}, \quad \frac{\mathrm{d}}{\mathrm{d}x}\left(\frac{2}{(1-x)^3}\right) = \frac{2 \times 3}{(1-x)^4}, \cdots \tag{6.10}$$

のように順に計算していくと

$$\left(\frac{\mathrm{d}}{\mathrm{d}x}\right)^n \left(\frac{1}{1-x}\right) = n! \left(\frac{1}{1-x}\right)^{n+1} \tag{6.11}$$

であることがわかり、この式に $x=0$ を代入すると答えは $n!$ となり、テイラー展開の公式(6.3)に入れれば $\frac{1}{1-x} = \sum_{n=0}^{\infty} x^n$ という式が成立するからである。ところが、上で $N \to \infty$ の極限を取ったときに $x^N \to 0$ となるのは(級数の和を $\frac{1}{1-x}$ にできるのは)$|x| < 1$ の時だけである。つまりこの式(6.9)が成立するのは、$-1 < x < 1$ という範囲だけなのだ。

右のグラフは $1, 1+x, 1+x+x^2, \cdots$ と (6.9)の展開式を一項ずつ増やしたときに、グラフがどのように $\frac{1}{1-x}$ に近づいていくかを示したものだ。これを見ると $-1 < x < 1$ の範囲で見ると項が増えるごとに $\frac{1}{1-x}$ のグラフに近づいていくように見える。

しかし、この「近づいていく」という計算は、$-1 < x < 1$ の範囲から離れてしまうともはや正しくない。

$x=1$ が「ここを超えるとテイラー展開できない点」になるのは考えてみればあたりまえで、そもそもテイラー展開の式は一階微分から初めて n 階微分による影響を計算していくことで関数の値を求めようというものであるが、$x=1$ のところで関数 $f(x) = \frac{1}{1-x}$

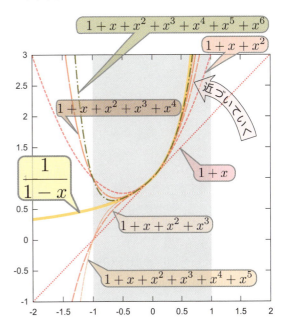

は定義されておらず不連続で微分もできないから、「微分を使って値を求める」という計算であるテイラー展開が破綻するのは当たり前である[†11]。実際、$x>1$ の範囲では $\frac{1}{1-x}$ は負にならなくてはいけないが、$1+x+x^2+x^3+x^4+x^5+\cdots$ は正にしかなりえず、この範囲では負の値を採っている $\frac{1}{1-x}$ に近づくことはない。

一方、$1+x+x^2+x^3+x^4+x^5+\cdots$ という式は $x=-1$ の時は

$$\underbrace{\underbrace{1-1+1-1+1-1}_{\text{ここまでの和は 0}}+1-1+1-1+1-1}_{\text{ここまでの和は 1}}+\cdots \tag{6.12}$$

のような式となり、奇数個の項があると答は1、偶数個の項があると答は0、と1と0を振動している（グラフを見てもわかる）。一方、大本の $\frac{1}{1-x}$ は $x=-1$ ではその中間である $\frac{1}{2}$ になる。

これは $1-1+1-1+1-1+1-1+1-1+\cdots=\frac{1}{2}$ と主張しているのでは ない 。むしろ こんなふうに無限和を計算してはダメ と主張している。後で説明する収束半径を考慮しない計算だからである。
→ p85

 ここでもう一度(6.8)を見直そう。剰余項の分子に x^N があることに注目して欲しい。剰余項の部分が
→ p83
$N\to\infty$ で消えてしまうような状況になっていないと、ここで考えた展開は正しい展開にはなっていなかった（だから、$|x|<1$ が必要だったのである）。

テイラー展開は、「どの範囲までが展開可能なのか」を正しく判断しないと間違えた展開の仕方をしてしまうことに注意しよう。

同じ式 $\frac{1}{1-x}$ を、$x=0$ ではなく $x=2$ の周りでテイラー展開する。

$$\frac{1}{1-x}=\sum_{n=0}^{\infty}\frac{1}{n!}\underbrace{\left(\left(\frac{\mathrm{d}}{\mathrm{d}x}\right)^n\left(\frac{1}{1-x}\right)\right)\bigg|_{x=2}}_{n!\left(\frac{1}{1-x}\right)^{n+1}}(x-2)^n \tag{6.13}$$

となる（(6.11)を使った）のでこれを計算すると、
→ p83

$$\frac{1}{1-x}=\sum_{n=0}^{\infty}(-1)^{n+1}(x-2)^n \tag{6.14}$$

という、展開式ができる。

この級数を $(x-2)$ の n 次まで足すことにすると、次のページのグラフに示したように、足す次数が上がるごとに線は $\frac{1}{1-x}$ に近づいていく。ただし、近づいていくのは $1<x<3$（つまり $|x-2|<1$）という範囲内だけである（$x\geq 3$ では激しく振動してしまうし、$x<1$ では全く近づかない[†12]）。

[†11] 「公式や定理は適用限界を超えて使ってはならない」を教訓として心に刻んでおこう。運良くそれでも大丈夫な場合もあるかもしれないが、確認は必要である。

[†12] $x=1$ はそもそも定義されてない。

このように、テイラー展開には有効な範囲がある。テイラー展開の中心から「テイラー展開できなくなる値」までの距離を「**収束半径**」と呼ぶ[†13]。

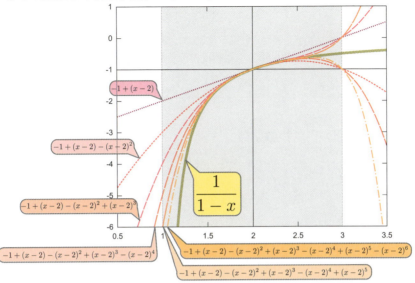

冪級数が $\sum_{n=0}^{\infty} a_n(x-x_0)^n$ という形で書かれている時、
$$\lim_{n \to \infty} \frac{1}{\sqrt[n]{|a_n|}}, \quad \lim_{n \to \infty} \left|\frac{a_n}{a_{n+1}}\right| \tag{6.15}$$
のどちらかが存在していれば、それが収束半径になることがわかっている（これが ∞ のときは収束半径は無限大になる）。

 この式の詳しい証明は本書では与えないが、級数の n 番めの項 $a_n(x-x_0)^n$ と $n+1$ 番めの項 $a_{n+1}(x-x_0)^{n+1}$ の比は $\frac{a_{n+1}(x-x_0)}{a_n}$ であるから、$\frac{a_n}{a_{n+1}}$ がある値 R に収束するなら、$\frac{x-x_0}{R}$ の絶対値が 1 より小さい範囲ではこの級数の $n \to \infty$ の項がどんどん小さくなっていくだろう、というところまではわかるだろう。だから、$-|R| < x-x_0 < |R|$ という範囲で収束する。これが「収束半径」が「半径」になる（すなわち展開点 x_0 の両側に同じ幅だけ離れたところまでが収束する）理由である。

(6.9)や(6.14)の場合、$|a_n| = 1$ だから収束半径は確かに 1 である。
→ p83   → p84

 上で書いた展開の式は、収束半径の内側でないと正しくないことに注意しよう。たとえば、
$$\begin{aligned}\frac{1}{1-x} &= \sum_{n=0}^{\infty} x^n &&\leftarrow 範囲「-1 < x < 1」において正しい \\ \frac{1}{1-x} &= \sum_{n=0}^{\infty} (-1)^{n+1}(x-2)^n &&\leftarrow 範囲「1 < x < 3」において正しい\end{aligned} \tag{6.16}$$
であるから、$\sum_{n=0}^{\infty} x^n = \sum_{n=0}^{\infty} (-1)^{n+1}(x-2)^n$ は正しくない（級数が収束する範囲が重なってない）。

[†13] x という一次元量を扱っているので「半径」というのは変なのだが、そういう呼び方をすることになっている。

【問い 6-1】

(1) $\dfrac{1}{1-x}$ を $x=-1$ の周りにテイラー展開するとどうなるか？

(2) (6.15)からすると、このテイラー展開の収束半径はどれだけか。

(3) 上の(1)の答えと、原点周りの式(6.9)の、二つのテイラー展開は「等しい」と言ってよいか？

ヒント → p190 へ　　解答 → p195 へ

6.1.3　テイラー展開の例：指数関数

指数関数 $y=e^x$ の場合は、微分しても微分しても e^x のままであり、$x=0$ での値は1だから、(6.3)の $\left(\dfrac{d}{dx}\right)^n f(x_0)$ のすべてに1を代入して、

$$e^x = \sum_{n=0}^{\infty} \frac{1}{n!} x^n = 1 + x + \frac{x^2}{2!} + \frac{x^3}{3!} + \frac{x^4}{4!} + \frac{x^5}{5!} + \cdots = \sum_{n=0}^{\infty} \frac{1}{n!} x^n \tag{6.17}$$

というテイラー展開になる（この式は(4.29)では「微分しても変わらない関数」として求めた）。

指数関数をテイラー展開によって近似している様子のグラフが右の図である。

指数関数では、$a_n = \dfrac{1}{n!}$ だから、(6.15)の $\left|\dfrac{a_n}{a_{n+1}}\right|$ は $n+1$ となり、$n\to\infty$ で ∞ だから指数関数のテイラー展開の収束半径は ∞ である。すなわち展開式(6.17)は x の全ての範囲で正しい。

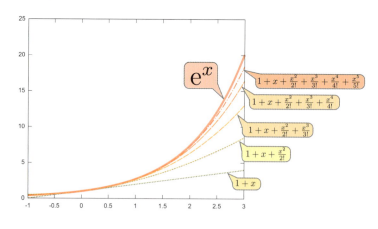

全ての範囲で $e^x = \sum_{n=0}^{\infty} \dfrac{x^n}{n!}$ だから、e^A という記号を $\sum_{n=0}^{\infty} \dfrac{A^n}{n!}$ の省略形だと考えてもよい。さらに、A には数だけではなく演算子 $\dfrac{d}{dx}$ を含んでもよいとしよう。こう考えることで、一般の関数のテイラー展開(6.4)を

$$f(x+\Delta x) = e^{\Delta x \frac{d}{dx}} f(x) = \sum_{n=0}^{\infty} \frac{1}{n!} \left(\Delta x \frac{d}{dx}\right)^n f(x) \tag{6.18}$$

と書くことができる。$e^{\Delta x \frac{d}{dx}}$ は、$x \to x+\Delta x$ という変換を実現する演算子となる。

この式の意味は、以下のようにも考えることができる。

Δx が微小なら、$f(x+\Delta x) = f(x) + \Delta x f'(x)$ であった。この式を

$$f(x+\Delta x) = \left(1 + \Delta x \frac{d}{dx}\right) f(x) \tag{6.19}$$

と書き直すこともできる。つまり、微小な平行移動は演算子 $\left(1 + \Delta x \dfrac{\mathrm{d}}{\mathrm{d}x}\right)$ で実現されることになる。この 微小な平行移動 を N 回行うと、

$$f(x + N\Delta x) = \left(1 + \Delta x \dfrac{\mathrm{d}}{\mathrm{d}x}\right)^N f(x) \tag{6.20}$$

となる。ここで $\Delta x = \dfrac{a}{N}$ として $N \to \infty$ の極限を取ると、$\mathrm{e}^a = \lim\limits_{N \to \infty} \left(1 + \dfrac{a}{N}\right)^N$ (4.34) $\to$ p64 の意味でこれが (6.18) に一致する。これが、テイラー展開と指数関数が、形式上一致する理由である。

「微小な平行移動」を無限回行うと「有限な平行移動」が実現できる ということ、その計算結果が指数関数の形をしていることから、自然現象を微小な変化の繰り返しと考えるとき、指数関数がとても重要になるのである。

6.1.4　テイラー展開の例：三角関数

$\sin x$ を例にして考えよう。すでに述べたように、$\sin x$ は $x=0$ で 0 であり、傾き 1 である。よって $\sin x \simeq x$ と書けるのであった。$\sin x$ の一階微分は $\cos x$、二階微分は $-\sin x$ である。三階微分は $-\cos x$ となり、微分するごとに $\sin x \to \cos x \to -\sin x \to -\cos x \to \sin x$ と 4 つの関数をぐるぐる回る。分類すれば、

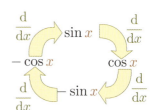

$$\left(\dfrac{\mathrm{d}}{\mathrm{d}x}\right)^n \sin x = \begin{cases} \sin x & n = 4m \\ \cos x & n = 4m+1 \\ -\sin x & n = 4m+2 \\ -\cos x & n = 4m+3 \end{cases} \quad (m\text{ は }0\text{ 以上の整数}) \tag{6.21}$$

であり、これに $x=0$ を代入すれば

$$\left(\dfrac{\mathrm{d}}{\mathrm{d}x}\right)^n \sin x \bigg|_{x=0} = \begin{cases} 0 & n = 2m \\ 1 & n = 4m+1 \\ -1 & n = 4m+3 \end{cases} \quad (m\text{ は }0\text{ 以上の整数}) \tag{6.22}$$

($n=4m$ と $n=4m+2$ は一つにまとめて $n=2m$ とした) であるから、

$$\sin x = x - \dfrac{x^3}{3!} + \dfrac{x^5}{5!} - \dfrac{x^7}{7!} + \cdots \tag{6.23}$$

のようにテイラー展開できる[†14]。

[†14] 偶数次の項が出てこないのが $\sin$ の特徴であるが、$\sin$ に限らず奇関数なら常に奇数次しか出てこない。ただし、$x=0$ 以外で展開した場合はこの限りではない。

直線 $y=x$ から始めて関数をどんどん正しい関数に近づけていく様子が、

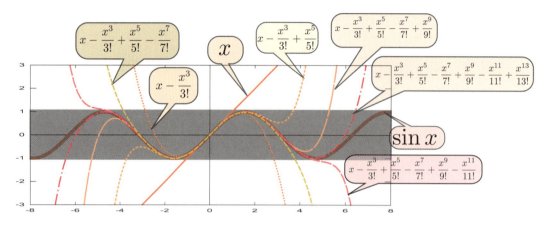

である。一方、同様の計算をやると $\cos x$ の方は（微係数の値は(6.22)に似ているので）
$\to$ p87

$$\cos x = 1 - \frac{x^2}{2!} + \frac{x^4}{4!} - \frac{x^6}{6!} + \cdots \tag{6.24}$$

のようにテイラー展開できる（cos では奇数次の項が出てこない[†15]）。

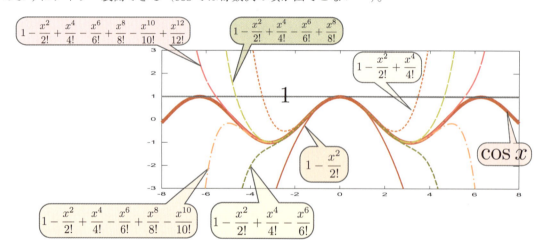

sin や cos の場合は偶数冪や奇数冪のみが現れるので指数関数などとは少し違う計算が必要になるが、やはり収束半径は ∞ である。

📖 【問い 6-2】

(1) $\tan x$ のテイラー展開を、x^3 まで行え。

(2) $\tan x \times \cos x = \sin x$ にそれぞれのテイラー展開を代入し、$\mathcal{O}(x^3)$ までの範囲で正しいことを示せ（もちろん、全てのオーダーでこの式は正しい）。

ヒント → p190 へ　解答 → p196 へ

[†15] 偶関数の $x=0$ の周りのテイラー展開では常に、偶数次の項のみが出てくる。

expの展開と、sinの展開(6.23)とcosの展開(6.24)をよく見ると、
$$\begin{aligned} e^x &= 1 + x + \frac{x^2}{2!} + \frac{x^3}{3!} + \frac{x^4}{4!} + \frac{x^5}{5!} + \frac{x^6}{6!} + \cdots \\ \cos x &= 1 \quad\quad - \frac{x^2}{2!} \quad\quad + \frac{x^4}{4!} \quad\quad - \frac{x^6}{6!} + \cdots \\ \sin x &= \quad\;\; x \quad\quad - \frac{x^3}{3!} \quad\quad + \frac{x^5}{5!} \quad\quad + \cdots \end{aligned} \tag{6.25}$$

となっている。ここで「$\cos x$ と $\sin x$ の展開は e^x に似ているが、符号が一項ごとに反転するのが惜しいな」と気づく。e^x の展開で2項ごとに符号が反転してくれれば同じものになりそうだ。そうするためには、

$$\begin{aligned} e^x &= 1 + x + \frac{x^2}{2!} + \frac{x^3}{3!} + \frac{x^4}{4!} + \frac{x^5}{5!} + \frac{x^6}{6!} + \cdots \\ e^{ix} &= 1 + ix - \frac{x^2}{2!} - i\frac{x^3}{3!} + \frac{x^4}{4!} + i\frac{x^5}{5!} - \frac{x^6}{6!} + \cdots \end{aligned} \quad (x \to ix) \tag{6.26}$$

のように指数に虚数単位 i をつければよい（$x \to ix$ と置き換えればよい）と気がつけば、

$$e^{ix} = \cos x + i \sin x \tag{6.27}$$

という「**オイラーの関係式**」[†16] が見えてくる。

この式から、$e^{i\pi} = -1$, $e^{2i\pi} = 1$ などの式が出てくる。

6.2　テイラー展開可能な点と不可能な点

テイラー展開が可能であるためには、$f(x_0)$ はもちろん、任意の階数の微係数 $\frac{d}{dx}f(x_0), \left(\frac{d}{dx}\right)^2 f(x_0), \cdots$ が全て計算できなくてはいけない。たとえば、$f(x) = \sqrt{x}$ を $x=0$ の周りにテイラー展開することはできない（この関数は $x=0$ において解析的でない）。$\frac{d}{dx}f(x) = \frac{1}{2\sqrt{x}}$ なので、$x=0$ では微分が存在しない（あえて書くなら ∞）。グラフでは、$x=0$ において線が垂直に立っていることで「微分できない」ことが表現されている。

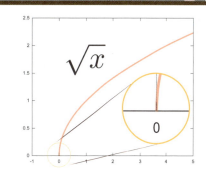

では $\sqrt{x}$ のような関数はどうやって近似するかというと、$x=0$ 以外、たとえば $x=1$ の周りにテイラー展開する。$x=1$ でなら、$\left.\frac{1}{2\sqrt{x}}\right|_{x=1} = \frac{1}{2}$ となって値がある。二階微分も計算しておくと、$\left(\frac{d}{dx}\right)^2 \sqrt{x} = -\frac{1}{4x^{\frac{3}{2}}}$ となるから2次の項の係数は $\frac{1}{2}\left.\left(\frac{d}{dx}\right)^2\sqrt{x}\right|_{x=1} = -\frac{1}{8}$ であり（3次以上の項については詳細は省くが同様の計算を行って）、

[†16] オイラーの式については、複素数を使う微分方程式について考える時に再び扱うことにする。

$$\sqrt{x} = 1 + \frac{1}{2}(x-1) - \frac{1}{8}(x-1)^2 + \frac{1}{16}(x-1)^3 - \frac{5}{128}(x-1)^4 + \cdots \tag{6.28}$$

のように展開できる。たとえば電卓を叩けば $\sqrt{1.2} \fallingdotseq 1.09544511501033\cdots$ という式が出るが、電卓内部では上のような展開を使って計算される。やってみると、

$$\sqrt{1.2} = 1 + \underbrace{\frac{1}{2}(1.2-1)}_{0.1} - \underbrace{\frac{1}{8}(1.2-1)^2}_{0.005} + \underbrace{\frac{1}{16}(1.2-1)^3}_{0.0005} - \underbrace{\frac{5}{128}(1.2-1)^4}_{0.0000625} + \cdots \tag{6.29}$$

のようにして正しい値に近づいていく。下のグラフを参照せよ。

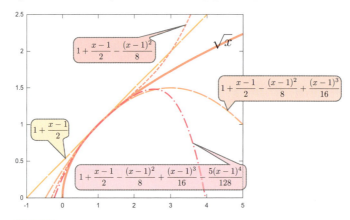

同様に、$\log x$ も $x=0$ の周りでは展開できないが、それ以外の点でなら展開できる。

$$\log x = \sum_{n=1}^{\infty} \frac{(-1)^{n+1}(x-1)^n}{n} = (x-1) - \frac{(x-1)^2}{2} + \frac{(x-1)^3}{3} - \frac{(x-1)^4}{4} + \cdots \tag{6.30}$$

は $x=1$ の周りでの展開である（下のグラフを参照）。なお、この式を $x \to 1+x$ と置き直せば、

$$\log(1+x) = \sum_{n=1}^{\infty} \frac{(-1)^{n+1}x^n}{n} = x - \frac{x^2}{2} + \frac{x^3}{3} - \frac{x^4}{4} + \cdots \tag{6.31}$$

となり、前に出した近似式(4.46)が出てくる。
→ p66

この式を導出するには、まず $\log x$ の高階微分を以下のように順に計算する。

$$\begin{aligned}
\frac{d}{dx}\log x &= \frac{1}{x}, \\
\frac{d}{dx}\left(\frac{1}{x}\right) &= -\frac{1}{x^2}, \\
\frac{d}{dx}\left(-\frac{1}{x^2}\right) &= \frac{2}{x^3}, \\
&\vdots \\
\left(\frac{d}{dx}\right)^n \log x &= (-1)^{n+1}\frac{(n-1)!}{x^n}
\end{aligned} \tag{6.32}$$

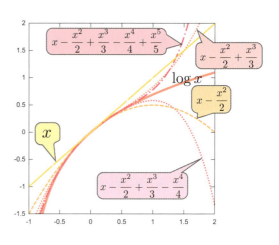

この結果をテイラー展開の公式(6.3)に代入（$x_0=1$ とする）すれば、公式にある $\frac{1}{n!}$ と上で出てきた $(n-1)!$ の積で $\frac{1}{n}$ が残るので、(6.30)となる。

公式どおりにいかない例の一つとして、$f(x)=\mathrm{e}^{-\frac{1}{x^2}}$ という関数を考えよう。この関数は $x=0$ での値は定義されていないが、右のグラフに描いたように、$x=0$ の付近では0に近づく（$\mathrm{e}^{-\infty}$ だと思えばよい）ので、$f(0)=0$ と定義しておくことにすれば $x=0$ でも定義された連続した関数になる。

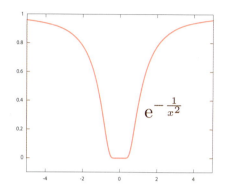

さらに、グラフで $x=0$ 付近が水平線になっていることからわかるように、n 階微分しても $\left(\frac{\mathrm{d}}{\mathrm{d}x}\right)^n f(0)=0$ である。一階微分と二階微分だけ計算しておくと、

$$\frac{\mathrm{d}}{\mathrm{d}x}f(x)=\frac{2}{x^3}\mathrm{e}^{-\frac{1}{x^2}},\quad \left(\frac{\mathrm{d}}{\mathrm{d}x}\right)^2 f(x)=-\frac{6}{x^4}\mathrm{e}^{-\frac{1}{x^2}}+\frac{4}{x^6}\mathrm{e}^{-\frac{1}{x^2}},\cdots \tag{6.33}$$

のようになるが、$x=0$ に近づけると $\mathrm{e}^{-\frac{1}{x^2}}$ が非常に早く0に近づくので、これらはすべて0となる。よって、テイラー展開の右辺が恒等的に（x によらず）0になってしまう。

章末演習問題

★【演習問題6-1】

関数 $x\sin x$ を $x=0$ の周りの級数に展開する方法は二つある。

(1) $\sin x$ のテイラー展開の式に x を掛ける。
(2) $x\sin x$ を微分して展開していく。

x^4 のオーダーまで計算して、どちらでも同じ答になることを確認せよ（元気のある人は $x\cos x$ などもやっておくこと。更に低いオーダーだけでなく完全な一致が確認できればもっとよいが、それは力ある人へのchallenge問題としておく）。　ヒント→p203へ　解答→p210へ

★【演習問題6-2】

e^x の $x=0$ の周りのテイラー展開は

$$\mathrm{e}^x=\sum_{n=0}^{\infty}\frac{1}{n!}x^n$$ である。

(1) e^{2x} のテイラー展開はどうなるか。
(2) e^{-x} のテイラー展開はどうなるか。
(3) 3次のオーダーまでを比較して、$(\mathrm{e}^x)^2=\mathrm{e}^{2x}$ を確認せよ。
(4) 3次のオーダーまでを比較して、$\mathrm{e}^x\times\mathrm{e}^{-x}=1$ を確認せよ。

解答→p210へ

★【演習問題6-3】

$\frac{1}{1-x^{10}}$（ただし、$|x|<1$ とする）の五階微分に $x=0$ を代入したら値はいくらになるか。実際に微分せずに求めよ。　ヒント→p203へ　解答→p210へ

★【演習問題6-4】

$x=0$ の周りでテイラー展開できる二つの関数 $f(x)$ と $g(x)$ の積のテイラー展開は、

$$f(x)g(x)=\sum_{j=0}^{}\frac{1}{j!}f^{(j)}(0)x^j\times\sum_{k=0}^{}\frac{1}{k!}g^{(k)}(0)x^k$$ と

$$f(x)g(x)=\sum_{n=0}^{}\frac{1}{n!}\left(\left(\frac{\mathrm{d}}{\mathrm{d}x}\right)^{(n)}(f(x)g(x))\right)\Big|_{x=0}x^n$$

のどちらの方法で計算しても同じであることを確認せよ。　ヒント→p203へ　解答→p210へ

★【演習問題6-5】

(6.18)と $\sin$ の微分の式(6.21)から、三角関数の加法定理の $\sin$ の方を導け。　ヒント→p203へ　解答→p211へ

★【演習問題6-6】

$\frac{1}{\sqrt{1+x}}$ を $x=0$ の周りにテイラー展開せよ。

ヒント→p204へ　解答→p211へ

第7章 積分

7.1 積分とは何か

「積分とは何か？」と尋ねると「微分の逆です」と答える人が多い。それは間違いではないが、実際のところは微分には微分の、積分には積分の、それぞれの定義と意味があり、その結果が逆の演算となっている。なぜ「逆」なのかは、7.3.1 節で説明する。
→ p100

7.1.1 積分は「足算の化け物」である

たとえば「一昨日の売上は 10 万円、昨日の売上は 15 万円、今日の売上は 20 万円だった」なら、3 日間の売上合計は $10 + 15 + 20 = 45$ 万円である。平均の売上は？――と言われたら $\frac{45}{3} = 15$ 万円になる。これは普通の「足算」と「平均」である。

同様に「一昨日の気温は 23 度、昨日の気温は 27 度、今日の気温は 19 度だった。平均気温は？」と言われたら、$\frac{23 + 27 + 19}{3} = 23$ 度になる。しかしここで、「いや待て。一昨日の気温は 23 度というが、朝は 18 度ぐらいで、昼は 25 度を超えていたぞ」という文句をつける人がいるかもしれない（この「文句」はいちゃもんでもなんでもない、正当なものだ）。

売上のように「1 日に何円」と明確に決まる量と違って、気温というのは連続的にどんどん変化するものである。この時「平均」を求めるための「足算」はどのように行えばよいのだろうか？？？

すぐに思いつく対策は「1 日ごとに気温を考えるのではなく 1 時間ごと、あるいは 30 分ごと、それでもダメなら 1 分ごとなり 1 秒ごとなり、なるだけ短い時間間隔で気温の測定を行って平均しよう」ということだ。この 連続的に変化する量を足す という、もはや「足算」と呼べないほどに高度な計算に進化した計算が「積分」である。

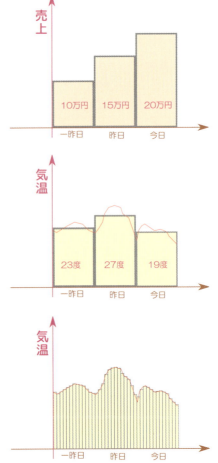

7.1.2 積分は「掛算の進化形」である

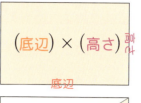

長方形の面積を計算しろ、と言われれば、小学校で習ったように

$$(底辺) \times (高さ)$$

の掛算をすればよい。では三角形の面積は？[†1]

$\dfrac{(底辺) \times (高さ)}{2}$という計算をすればよいと、これまた小学校で習う。直角三角形の面積は長方形の面積の半分であることは図形で説明することも、もちろんできる。

直角三角形の面積を以下のように考えることが「積分」の考え方である。

どこでも同じ高さである長方形と違って、三角形の場合、各点各点での高さは違う。三角形の面積を計算するために、単に$(底辺) \times (高さ)$と計算したのでは（どの場所の高さを取るかによって）答えが変わる。場所によって変化する$(この場所の高さ)$と$(底辺)$の掛算をしたい。

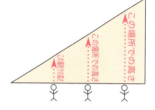

$(この場所の高さ)$は 0 から $(高さ)$ まで変化するから、平均を取ると（どうやって取るのかはまた後で考えよう！）、$\dfrac{(高さ)}{2}$ になると考えると、三角形の面積の式が出てくる。

つまり、積分は掛算なのだが、「変化する量」との掛算なのだ。

そんな「掛算の進化形」を作らなくとも、三角形の面積は見ればわかるだろう—と思う人もいるかもしれない。もちろんそうなのだが、これがもっと違う形であっても（たとえば右の図のように$\dfrac{1}{4}$円[†2]であったり、放物線の形だったりしても）面積が計算できる方法を作りたい。

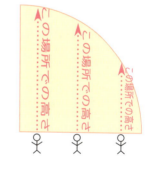

また、もっと積分のありがたみがわかる例として、立体の場合がある。直方体の体積が$(底面積) \times (高さ)$なのに対し、角錐の体積は$\dfrac{(底面積) \times (高さ)}{3}$である。この$\dfrac{1}{3}$はどこから来たのか（これを図形的に示すのは、少なくとも簡単にはできない）。これもやはり「変化する量との掛算」を行った結果だ（実際にどう計算するかは後で示そう）。

→ p121

ここで「足算の化け物」「掛算の進化形」としての積分を紹介したが、実はこの二つはどちらも「グラフの面積」で表現できる。そこで次の節では グラフの面積を計算するにはどうするか？ を考えていこう[†3]。

[†1] 三角形の中では一番面積を考えることが容易である直角三角形の場合で考えよう。

[†2] この場合（底辺）×（高さ）×$\dfrac{\pi}{4}$で面積が計算できる。

[†3] ここで「グラフの面積なんて計算できてもそんなに嬉しくないなぁ」と思う人もいるかもしれないが、積分という計算のすごいところは、面積や体積に限らず、ありとあらゆる場所で応用が効くことである。以下では、「絵に描きやすい」という理由で面積の話から始めている。

7.2 無限小部分の和としての積分

7.2.1 グラフの面積：直線の例

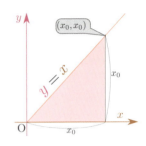

もっとも簡単な「直角三角形」から始める[†4]ことにしよう。

右の図のような三つの角が $(0,0)$ $(x_0,0)$, (x_0,x_0) である直角三角形の面積を考える。三角形をいきなり考えるのではなく、「階段状の図形」を考え、階段の段数を増やしていくことで三角形に近づけていくことを考えよう。

下の図は階段の段数を増やしていく様子を表現している。

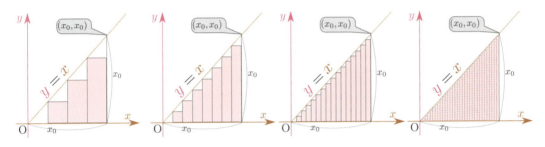

階段の段数が増えていくに従い、階段図形はどんどん考えている三角形に近づいている。

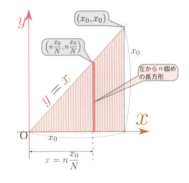

一般的な分割数 N で作った階段状の図形を右の図のように考えよう（後で $N \to \infty$ とする）。三角形が横幅 $\frac{x_0}{N}$ の長方形の和で表現されている（長方形の和は、三角形より少しだけ小さい）。一番左の領域を「0 番め」と数えて n 番めの領域（右図で色を濃くした部分）の左端は $x = n\frac{x_0}{N}$ であり、その場所の「高さ」も $n\frac{x_0}{N}$ である（三角形の斜辺は $y = x$ で表されている）。よって、この台形[†5]の形をした領域[†6]にぴたりと収まる長方形の面積は $n\frac{(x_0)^2}{N^2}$ である。これを

$$\sum_{n=0}^{N-1} n\frac{(x_0)^2}{N^2} = \frac{(x_0)^2}{N^2}\sum_{n=1}^{N-1} n = (x_0)^2 \times \frac{N-1}{2N} \tag{7.1}$$

のように $n = 0$ から $n = N-1$ まで足す[†7]。ここで $\sum_{n=0}^{N-1} n = \frac{N(N-1)}{2}$ という和の公式を用い

[†4]「そんなの知っているよ！」と言いたくなる気持ちはわかるが、ここで開発した方法を使ってとても計算できそうにない図形の面積も計算できるようになる。これはあくまで「最初の練習」である。

[†5] $n = 0$ のみ、台形ではなく三角形。

[†6]「台形とわかっているなら台形の面積の公式を使え」と思うかもしれないが、今「三角形」という単純な例を示しているからそうなるのであって、もっと複雑な図形では台形ではない。ここではまず「考えている図形より小さいことが保証される面積」を考えている。

[†7] 実は $n = 0$ の項は 0 なので、$n = 1$ から足しても同じこと。

た。(7.1) の最後にある $\dfrac{N-1}{2N} = \dfrac{1}{2} - \dfrac{1}{2N}$ という量は $\dfrac{1}{2}$ より $\dfrac{1}{2N}$ だけ小さい数だから、N をどんどん大きくしていけばこの部分が $\dfrac{1}{2}$ となり、長方形の集合の面積は $\dfrac{(x_0)^2}{2}$、つまり $\dfrac{(底辺) \times (高さ)}{2}$ に下から近づいていく[†8]。これで 長方形の集合の面積 $\leq \dfrac{(底辺) \times (高さ)}{2}$ が証明[†9]できた（まだ等式ではない）。

> **FAQ** 隙間にある三角形の分だけ面積は小さくなりませんか？
>
> 当然の疑問としてこの点が気になるだろう（今考えている問題なら、答は正しそうだから心配にはならないだろうが、一般的にどんな図形でも正しいかはわからない）。この点をクリアにするには、実際に隙間の面積を計算（→【演習問題7-3】→ p108）してもよいし、次に示すようにして極限の存在を確認してもよい。

長方形の作り方を少し変えてみる。具体的には上では「常に長方形が三角形の下にある」ようにした（こうして求めた面積を「下からの極限」と呼ぼう）が、「常に長方形が三角形より上に飛び出ている」ようにする（こちらは「上からの極限」と呼ぼう）。

すると足すべきものが $n=1$ から $n=N$ まで[†10] となり、

$$\sum_{n=1}^{N} n \dfrac{(x_0)^2}{N^2} = \dfrac{(x_0)^2}{N^2} \underbrace{\sum_{n=1}^{N} n}_{\frac{N(N+1)}{2}} = (x_0)^2 \times \dfrac{N+1}{2N} \quad (7.2)$$

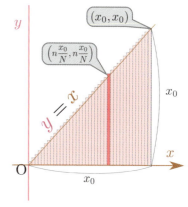

となる。今度は最後に $\dfrac{1}{2} + \dfrac{1}{2N}$ があり、これが $N \to \infty$ で $\dfrac{1}{2}$ に上から近づく。よって、この極限の取り方（上からの極限）では 長方形の集合の面積 $\geq \dfrac{(底辺) \times (高さ)}{2}$ が証明でき、

$$\begin{pmatrix}下からの極限による\\長方形の集合の面積\end{pmatrix} \leq \dfrac{(底辺) \times (高さ)}{2} \leq \begin{pmatrix}上からの極限による\\長方形の集合の面積\end{pmatrix} \quad (7.3)$$

がわかった。二つの極限は一致するから、 三角形の面積 $= \dfrac{(底辺) \times (高さ)}{2}$ が示せた。

ここで考えた二つの足算は「下からの極限」の方は微小な長方形（面積が $x\,\mathrm{d}x$）の足算として、「上からの極限」の方は微小な長方形（面積が $(x + \mathrm{d}x)\,\mathrm{d}x$）の足算として計算されたことに注意しよう。そして最後の極限の結果は「x に $\mathrm{d}x$ を足したかどうか」に依らない。微小量の計算において $\mathcal{O}\!\left(\mathrm{d}x^2\right)$ → p37 が無視できたのは、こうして積分するときにその差が効いてこないからである。

[†8] 「より小さい」という大小関係を守りつつその値に近づいていく場合は「下から近づく」と表現する。逆の場合は「上から近づく」である。

[†9] 正確には、$\leq$ ではなく $<$ が証明されている。そして、$N \to \infty$ においてこれが $=$ になるだろう、というのは今の段階ではまだ単なる「予想」でしかない。

[†10] 足す範囲は「$n=0$ から $n=N-1$ まで」のままで変えず、足算する量の $n \to n+1$ と置き換えても同じこと。

以下で、もっと一般的な関数（「一般的なグラフ」と言ってもいいし、「一般的な図形」と言ってもいいだろう）に対して同様の計算を行っていく。そこで少し記号を整理しよう。上で考えた $\frac{x_0}{N}$ という 微小長方形の横幅 は「x の変化量で、後で 0 になる極限を取るもの」という意味を持っているから、微分の時と同様に、dx と書くことにしよう[†11]。$x = n\frac{x_0}{N}$ であることも使うと、三角形の面積は（面積が小さくなるように考えた場合）

$$\sum_{n=1}^{N} \underbrace{n\frac{x_0}{N}}_{x} \times \underbrace{\frac{x_0}{N}}_{dx} = \sum_{n=1}^{N} x\, dx \qquad (7.4)$$

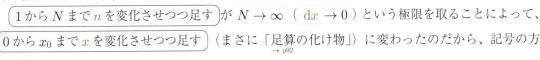

と書くことができる。

(7.4) のうち、$x\, dx$ という部分は、「底辺 dx、高さ x」の微小長方形（右の図）の面積を意味している[†12]。$N \to \infty$ という極限は $dx \to 0$ という極限であり、その極限において今考えている和は「無限個の区間の足算」に変わる。1 から N まで n を変化させつつ足す が $N \to \infty$ ($dx \to 0$) という極限を取ることによって、0 から x_0 まで x を変化させつつ足す （まさに「足算の化け物」に変わったのだから、記号の方も $\sum_{n=1}^{N}$ ではない別の記号[†13] $\int_0^{x_0}$ を使うことにする。

こうして新しい記号で書いた $\int_0^{x_0} x\, dx$ が「定積分 (definite integral)」[†14] という演算である（後で「不定積分」も出てくる）。この書き方では結果を

$$\int_0^{x_0} x\, dx = \frac{(x_0)^2}{2} \qquad (7.5)$$

と表すことができる。

$\int_a^b$ と書いた時の a は「（定積分の）下限」、b は「（定積分の）上限」と呼び「どこからどこまでを足したのか」を示す $\left(\int_{\text{下限}}^{\text{上限}}\right)$。領域 $a < x < b$ は「積分区間」と呼ぶ。上の例では $0, x_0$ が下限と上限だったが、もちろんどこからどこまでを足すかは状況によって変わる。

[†11] 同じ意味を持つ量なので、同じ記号を使っている。積分で dx のような記号が登場するのは、意味のあることである。

[†12] この dx は「x で積分しますよ」ということを伝えるためだけにある記号ではなく、積分が「関数の値（今の場合 x）と微小変化（今の場合 dx）の積を足す」という計算であることから来ている。

[†13] $\int$ の読み方は「いんてぐらる」。記号自体は「積分記号」と呼ぶ。元々は「和」に対応するラテン語（summa、英語の summation）の s を伸ばして作られた（ライプニッツによる）。

[†14] 厳密には、ここで定義した積分は「Riemann 積分」と呼ばれる積分で、「Lebesgue 積分」と呼ばれる別の積分の定義方法もある（本書では扱わない）。

7.2.2 定積分の記号についての整理

定積分はもちろん、いろんな関数について実行できる。「$f(x)$ という関数を x_1 から x_2 まで定積分する（つまりその範囲で x 軸とグラフに挟まれた面積を計算する）」を式では $\int_{x_1}^{x_2} f(x)\,\mathrm{d}x$ と書く。$f(x)$ は「**被積分関数 (integrand)**」と呼ぶ。また、この時の変数は「**積分変数**」と呼ぶ。

具体的には「x_1 から x_2 まで」という長さ $x_2 - x_1$ の領域を N 分割し[†15]、その一個一個の微小領域（最初を「0 番め」として、n 番めの微小領域は $\boxed{x = x_1 + n\dfrac{x_2 - x_1}{N}}$ で始まる）に横 $\dfrac{x_2 - x_1}{N}$ で縦 $f\left(x_1 + n\dfrac{x_2 - x_1}{N}\right)$ の微小長方形を作り、その面積の和を計算する。式で表現すれば

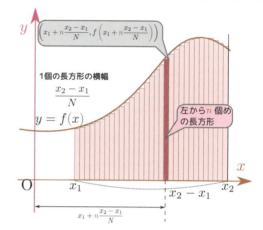

$$\underbrace{\lim_{N\to\infty} \sum_{n=0}^{N-1} \underbrace{f\left(x_1 + n\frac{x_2-x_1}{N}\right)}_{f(x)} \underbrace{\frac{x_2-x_1}{N}}_{\mathrm{d}x}}_{\int_{x_1}^{x_2}} \quad (7.6)$$

である。正確には、上に書いたような単純な極限ではなく、「下からの極限」と「上からの極限」になるようにしてから両方を計算した上で二つの極限が一致することを示さなくてはいけない。一致しない場合は「積分可能でない」関数だったということになる。

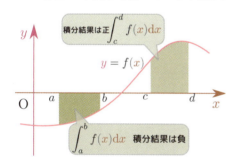

この定義からわかるように、$f(x)$ が負の領域での積分はマイナスの値になる。つまり定積分の結果は単純に面積ではなくグラフの線が x 軸より下にあれば負にして計算する、「符号付き面積」である。

「いやそれは困る。面積は正であって欲しい」という人は、絶対値記号を使って $\int |f(x)|\,\mathrm{d}x$ を計算すればよい（実際の計算においては $f(x)$ の正負に応じて場合分けが必要になるだろう）。

定積分の意味するところからわかるように、

$$\int_a^b f(x)\,\mathrm{d}x + \int_b^c f(x)\,\mathrm{d}x = \int_a^c f(x)\,\mathrm{d}x \quad (7.7)$$

という式が成立する[†16]。また、

$$\int_a^b f(x)\,\mathrm{d}x = -\int_b^a f(x)\,\mathrm{d}x \quad (7.8)$$

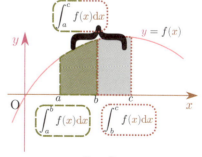

[†15] この分割の方法は、極限をうまく取ることができるような分割でありさえすればよく、$\dfrac{x_2-x_1}{N}$ ごとに等分割する方法が唯一ではない（B.1 節を参照）。ここでは一番単純な分割方法で説明している。

[†16] ここで、$\boxed{x = b}$ で二回同じものを足してはいないかと心配する人がいるかもしれないが、重なりはせいぜい $\mathcal{O}(\Delta x)$ の量だから結果には関係ない。

すなわち、「上限と下限を取り替えると符号が変わる」という性質[†17]も持つ。(7.7) はどのような a,b,c でも成立する式であるべきだ[†18]から、$\boxed{c=a}$ を代入すれば右辺が $\boxed{\int_a^a f(x)\,\mathrm{d}x = 0}$ になることから (7.8) が導ける。これらを合わせて

$$\int_a^c f(x)\,\mathrm{d}x - \int_a^b f(x)\,\mathrm{d}x = \int_b^c f(x)\,\mathrm{d}x \tag{7.9}$$

という式を作ることもできる（上の図をもう一度よく見るとわかる）。この式を使うと、

$$\int_{x_1}^{x_2} x\,\mathrm{d}x = \int_0^{x_2} x\,\mathrm{d}x - \int_0^{x_1} x\,\mathrm{d}x = \frac{(x_2)^2}{2} - \frac{(x_1)^2}{2} \tag{7.10}$$

のようにすることで $\int_0^{x_1} x\,\mathrm{d}x$ の式から $\int_{x_1}^{x_2} x\,\mathrm{d}x$ が計算できる。一般的には、任意の x_1 に対し $\int_0^{x_1} f(x)\,\mathrm{d}x$ がわかれば任意の範囲での $f(x)$ の定積分を計算することができる。

また、微分同様、定積分も線形性を持つ。すなわち以下が成立する。

→ p49

─── 定積分の線形性 ───

$$\int_a^b (\alpha f(x) + \beta g(x))\,\mathrm{d}x = \alpha \int_a^b f(x)\,\mathrm{d}x + \beta \int_a^b g(x)\,\mathrm{d}x \tag{7.11}$$

ただし、α, β は任意の定数、$f(x), g(x)$ を任意のこの範囲で積分可能な関数とする。

⚠️ $\mathrm{d}x$ の位置は $\int_a^b f(x)\,\mathrm{d}x$ のように後でもいいし、$\int_a^b \mathrm{d}x\, f(x)$ のように積分記号の直後でもよい。意味は変わらない（微小長方形の面積を (縦) × (横) と書いても (横) × (縦) と書いても問題ないのと同じ）。

「$f(x) = AB$」のような場合に $\int_a^b \mathrm{d}x\, AB$ と書くと AB を積分しているのか、A を積分した後で B を掛けるのかわかりにくくなる、という難点があるので $\int_a^b AB\,\mathrm{d}x$ と書いた方がよいという考え方もできる。

一方、$\int_a^b \mathrm{d}x\, AB$ と書いた方が「積分の上限・下限 (a,b)」という情報と「どの変数で積分しているか (x)」という情報が近い場所にあってよい[†19]という考え方もできる。

[†17] 元々の「面積を計算したい」という動機だけから考えると、$\boxed{a<b}$ の時に $\int_b^a f(x)\,\mathrm{d}x$ を考えるのはナンセンスに思えるかもしれない。しかし、数式を書く上での規則は、できる限り「例外がない」ものが望ましいので、イレギュラーに見える式も作っておけば後で役立つ（かもしれない）。

[†18] これも「できる限り例外がない規則」が欲しいからである。

[†19] 今の段階ではあまりメリットがないように思えるかもしれないが、「重積分」つまり「積分した後で別の変数でまた積分」のようなことをやる時は、$\int_a^b \mathrm{d}x \int_c^d \mathrm{d}y\, f(x,y)$ のような書き方の方が見やすい。$\mathrm{d}x$ を後に書く場合は、$\int_a^b \left(\int_c^d f(x,y)\,\mathrm{d}y \right) \mathrm{d}x$ のように括弧をつけて曖昧さをなくした方がよいだろう（でないと、(a,b) という範囲が x のものか y のものか判定しがたい）。

7.2.3 グラフの面積：放物線の例

次に、放物線（$y=x^2$ のグラフ）の下の面積を計算してみよう。同様に $0<x<x_0$ という範囲を考えることにして、その領域を N 分割して、微小長さ $\mathrm{d}x = \dfrac{x_0}{N}$ ごとに分けて、その微小長さを横、高さを $y=x^2$ として作られる長方形の面積をどんどん足していくことにする。

右の図に示したように、n 番めの長方形の縦の長さは $\left(n \times \dfrac{x_0}{N}\right)^2$ で横が $\dfrac{x_0}{N}$ だから、この二つを掛けた答えである $n^2 \dfrac{(x_0)^3}{N^3}$ を $n=1$ から $n=N-1$ まで足すという計算を行う。結果は

$$\sum_{n=1}^{N-1} n^2 \dfrac{(x_0)^3}{N^3} = \dfrac{(x_0)^3}{N^3} \underbrace{\sum_{n=1}^{N-1} n^2}_{\frac{N(N-1)(2N-1)}{6}}$$

$$= (x_0)^3 \times \dfrac{(N-1)(2N-1)}{6N^2} \tag{7.12}$$

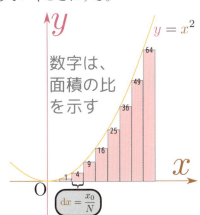

数字は、面積の比を示す

となる。

途中で $\sum_{n=1}^{N-1} n^2 = \dfrac{N(N-1)(2N-1)}{6}$ という公式を使っている。最後にある $\dfrac{(N-1)(2N-1)}{6N^2}$ は $\dfrac{\left(1-\frac{1}{N}\right)\left(2-\frac{1}{N}\right)}{6}$ と書き直せるから、$N \to \infty$ で $\dfrac{1}{3}$ に収束する。よって、今考えている面積は $\dfrac{(x_0)^3}{3}$ へと収束する。前節同様、今求めた面積（「下からの極限」）は求めたい面積より少し小さいが、今求めた面積より少し大きい「上からの極限」がやはり $\dfrac{(x_0)^3}{3}$ へ収束することがわかるので、

$$\int_0^{x_0} x^2 \, \mathrm{d}x = \dfrac{(x_0)^3}{3} \tag{7.13}$$

が求められる。ここで求めたのは「0 から x_0 まで」だが、ここまでやっておけば、任意の範囲についての積分は(7.9)を使って以下のように計算できる。

$$\int_{x_1}^{x_2} x^2 \, \mathrm{d}x = \int_0^{x_2} x^2 \, \mathrm{d}x - \int_0^{x_1} x^2 \, \mathrm{d}x = \dfrac{(x_2)^3}{3} - \dfrac{(x_1)^3}{3} \tag{7.14}$$

「では次に x^3 を考えよう」と行きたいところだが、この方法はいずれ行き詰まる。というのは、$\sum_{n=1}^{N-1} n = \dfrac{N(N-1)}{2}$ や $\sum_{n=1}^{N-1} n^2 = \dfrac{N(N-1)(2N-1)}{6}$ の次の公式 $\sum_{n=1}^{N-1} n^3 = \dfrac{N^2(N-1)^2}{4}$ あたりからは知らない人も多いだろう[20]。それに $x^{1.3}$ のような整数べきでない場合はもっと難しそうだ。

一般の α の場合の x^α の積分は、等分割でない分割を使う方法（→付録のB.1節を見よ）もあるし、次の節で考える微積分学の基本定理を使う方法もある。

---

[20] そういう時は公式集を持ってくればよい。たくさんの公式を全部覚えておく必要などない。ただ「こういう公式がある」を知らないと公式集を引くこともできないから、いろいろな式があることを知っておくべきなのはもちろんのことである。

7.3 微積分学の基本定理と不定積分

ここまでの計算でわかった、

> 定積分における $x^\alpha \to \dfrac{(x_0)^{\alpha+1}}{\alpha+1}$

という対応関係と、

> 微分における $x^\alpha \to \alpha x^{\alpha-1}$（あるいは、この α を一つずらした $x^{\alpha+1} \to (\alpha+1)x^\alpha$）

という対応関係を比較してみよう。

この二つが「逆」であることに気づいたろうか（冪が $\alpha \to \alpha+1$ と上がるか $\alpha+1 \to \alpha$ と下がるか、係数は $\alpha+1$ を掛けるか、$\alpha+1$ で割るか）。そのつながりこそが「微積分学の基本定理」の一つの顕れである。

7.3.1 微分積分学の基本定理

えらく大層な名前だが、実は単純なことで、一文で表すならば 積分の逆の演算が微分である に過ぎない。

説明の前にもう一度確認しておくが、定積分 $\int_a^b f(x)\,\mathrm{d}x$ という量は、関数 $f(x)$ と、下限 a と上限 b のすべてに依存する。とりあえず関数 $f(x)$ の形と下限 a は「変化しない」としておくと、定積分 $\int_a^b f(x)\,\mathrm{d}x$ は上限 b の関数であると考えてもよい。つまり、

$$F(b) = \int_a^b f(x)\,\mathrm{d}x \tag{7.15}$$

のような関数 $F(b)$（この式から、b は変数として扱うので色をつける。本書では「変化させることができるもの」を色付きで表すが、どれが「変化させることができる」かは文脈で決まる）を考える[21]。この $F(b)$ は後で定義する「原始関数」の一例である[22]。

> **FAQ** この F は $F(b)$ なんですか？—$F(x)$ じゃなく？
>
> $F(b)$ と書くときの括弧の中身は独立変数である。$\int_a^b f(x)\,\mathrm{d}x$ という式の中で変えることができるのは（変数なのは）b である。x は a から b までを変化させながら足す「積分変数」であって、変化はするがその変化の仕方はもう決まっている。「自由に変えることができる変数」は b の方である。

---

[21] 実際にはこの量は a にもよるし、関数 f の形にもよるので、$F_f(a,b)$ とでも書くべきであろうが、ここでは a は変化しない定数だとして扱っているので略している。

[22] 原始関数には、元の関数の名前を大文字に変えた記号を使う事が多い（$f(x)$ の原始関数は $F(x)$ のように）。ただし、そうでない場合もあるので注意。

ここで、b の変化による $F(b)$ の変化の割合（微分）を考えると、

---**微積分学の基本定理の一つの表現**---

$F(b) = \int_a^b f(x)\,\mathrm{d}x$ を b で微分すると、$\dfrac{\mathrm{d}}{\mathrm{d}b}\left(\int_a^b f(x)\,\mathrm{d}x\right) = f(b)$ となり、元の関数に戻る（ただし、変数は b に変わる）。

が成り立つことが、ここまでやった定積分という計算の意味をわかっていればわかると思う。図でその意味を確認しておこう。

積分の上限 b を少し変化させる。積分の結果である面積は図に示した ▨ の分だけ増加する。この部分を例によって「幅 $\mathrm{d}b$、高さ $f(b)$ の長方形」と考える（右下の図に書いた三角形に近い形の部分を無視する）と、$F(b)$ の変化量は $f(b)\,\mathrm{d}b$ である（厳密には後に $\mathcal{O}\!\left(\mathrm{d}b^2\right)$ がつく）。これで

$$F(b + \mathrm{d}b) = F(b) + f(b)\,\mathrm{d}b \qquad (7.16)$$

が示せた。

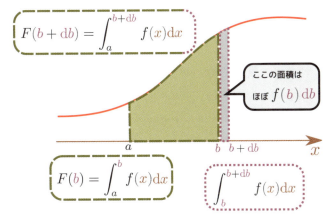

一般的な微分の式 $g(x + \mathrm{d}x) = g(x) + g'(x)\,\mathrm{d}x$ と [23] 見比べる（$F \to g, f \to g'$ という対応になっていることに注意）ことにより、$F(b)$ の微分が $f(b)$ だということ（$F'(b) = f(b)$）がわかる。これで微積分学の基本定理が示せた。

別の言い方をすれば、右の図のように考えて

---**微小な範囲の積分**---

$$\int_x^{x+\mathrm{d}x} f(y)\,\mathrm{d}y = f(x)\,\mathrm{d}x + \mathcal{O}\!\left(\mathrm{d}x^2\right) \qquad (7.17)$$

のように書くこともできるということである。

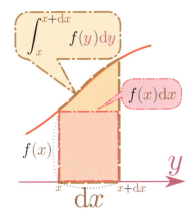

FAQ (7.17) の左辺は y の積分なんですか？——x じゃなく？

....

積分というと x でやらねば、と思い込んでいる人がたまにいるが、もちろんそんなことはなく文字はなんでもよい。なんなら、積分変数を y ではなく t にして $\int_x^{x+\mathrm{d}x} f(t)\,\mathrm{d}t$ と書いてもよい[24]。「y という変数」に関して x から $x + \mathrm{d}x$ まで積分するから、右辺は x（と $\mathrm{d}x$）の関数となる。

積分が終わった後はもはや y の関数ではない。定積分という計算はこの場合、y にいろいろな値を代入したものを（連続的に積分変数である y を変化させながら）足算していくという計算だから、積分が終わったときにはもう（変数としての）y はどこにもいない。

---

[23] 上の f と混同しないように g を用いたが、式の意味は (3.44) と変わらない。
→ p51

微分積分学の基本定理のありがたみは、どちらかというと面倒な計算である「積分」を「微分の逆」という形で計算できることである[†25]。たとえば我々は $\boxed{\dfrac{\mathrm{d}}{\mathrm{d}x}(x^\alpha) = \alpha x^{\alpha-1}}$ をすでに知っているので、B.1節の計算を経ずとも、
→ p179

$$\dfrac{\mathrm{d}}{\mathrm{d}x}(x^\alpha) = \alpha x^{\alpha-1} \quad \text{の逆として} \quad \int_a^b \alpha x^{\alpha-1}\,\mathrm{d}x = b^\alpha - a^\alpha \tag{7.18}$$

を得る。あるいは、$\boxed{\alpha = \beta+1}$ として両辺を α で割って、

$$\int_a^b x^\beta\,\mathrm{d}x = \dfrac{b^{\beta+1}}{\beta+1} - \dfrac{a^{\beta+1}}{\beta+1} \tag{7.19}$$

という式を作ることができる。以下でもこれを使って計算しにくい積分を求めていく。

7.3.2 原始関数と不定積分

前節で使った記号 $F(x)$ は、「定積分の結果を上限の関数として表したもの」であったが、結局それは「微分したら積分する前の関数に戻るもの」でもあった。そこでより一般的に「**原始関数 (primitive function)**」という関数 $F(x)$ を、

---- 原始関数の定義 ----

$$\text{微分すると } f(x) \text{ になる、すなわち } f(x) = \dfrac{\mathrm{d}}{\mathrm{d}x}F(x) \text{ となる関数 } F(x) \tag{7.20}$$

で定義する[†26]（「原始」という言葉はもちろん「微分する前」ということ）。ただし、「定積分の結果を上限の関数として表したもの」は原始関数になるが、原始関数は常に「定積分の結果を上限の関数として表したもの」になるとは限らない。

ある原始関数 $F(x)$ が求められたとすると、それに任意の定数を足したもの $F(x)+C$ も、

$$\dfrac{\mathrm{d}}{\mathrm{d}x}(F(x)+C) = \dfrac{\mathrm{d}}{\mathrm{d}x}F(x) + \underbrace{\dfrac{\mathrm{d}}{\mathrm{d}x}C}_{0} = f(x) \tag{7.21}$$

となり $f(x)$ の原始関数たる条件 $\boxed{\text{微分したら } f(x) \text{ になる}}$ を満たす。ゆえに原始関数は一つに決まらないが、原始関数の定義 (7.20) が必然的にそうなるようにできているのだから仕方がない。そもそも微分という演算が「定数を消してしまう」演算なので、「微分の逆」を考えた時に定数の分だけ決まらないのは当然である。

原始関数がわかれば、定積分は

$$\int_{x_1}^{x_2} f(x)\,\mathrm{d}x = F(x_2) - F(x_1) = \bigl[F(x)\bigr]_{x_1}^{x_2} \tag{7.22}$$

のように $\boxed{\text{上限での原始関数の値} - \text{下限での原始関数の値}}$ で計算できる。この量を（上の式の最後でも書いたように）$\boxed{\bigl[F(x)\bigr]_{x_1}^{x_2}}$ すなわち、$\boxed{\bigl[\text{原始関数}(x)\bigr]_{\text{下限}}^{\text{上限}}}$ という記号を使って書く。この式に

[†24] この「なんでもよい」かつ「定積分終了後は消える」変数は「ダミー変数」などと呼ぶ。
[†25] 本書をここまで読んだ人は、「微分は簡単」という気持ちになっているはずだ、と著者は思っているが、どうだろう？
[†26] 原始関数を表現する時には、大文字（f に対して F など）を使うことが多い。

おいても、原始関数 $F(x)$ の「定数 C を足してもやはり原始関数である」という性質は変わらない。

$$\int_{x_1}^{x_2} f(x)\,\mathrm{d}x = \big[F(x) + C\big]_{x_1}^{x_2} = F(x_2) + C - (F(x_1) + C) = F(x_2) - F(x_1) \tag{7.23}$$

となって定積分の結果に C は影響しない。

ここまでで考えた例では、x^{α} の原始関数（の一つ）が $\dfrac{x^{\alpha+1}}{\alpha+1}$ である。式(7.19)を見ると、

$$\int_a^b x^{\beta}\,\mathrm{d}x = \left[\frac{x^{\beta+1}}{\beta+1}\right]_a^b = \frac{b^{\beta+1}}{\beta+1} - \frac{a^{\beta+1}}{\beta+1} \tag{7.24}$$

と書けることがわかるが、実際、

$$\frac{\mathrm{d}}{\mathrm{d}x}\left(x^{\alpha+1}\right) = (\alpha+1)x^{\alpha} \tag{7.25}$$

となっている。

c を下限とした定積分 $\int_c^x f(y)\,\mathrm{d}y = F(x) - F(c)$ は原始関数の一つである。$f(y) = y$ の場合、原始関数の一つは

$$F(x) = \int_c^x y\,\mathrm{d}y = \left[\frac{y^2}{2}\right]_c^x = \frac{x^2}{2} - \frac{c^2}{2} \tag{7.26}$$

になる（当たり前だが微分すると x に戻る）。c がなんでもよいので、最後についている $-\dfrac{c^2}{2}$ の分だけ、原始関数 $F(x)$ は不定性を持つ。これは上の C が任意であったことの反映である[27]。

関数 $f(x)$ から原始関数 $F(x)$ を求める演算を「**不定積分 (indefinite integral)**」と呼ぶ。
不定積分の記号は、定積分の記号から（不定積分では不要である）積分範囲を外して、

---- 不定積分 ----

$$\frac{\mathrm{d}}{\mathrm{d}x}F(x) = f(x) \text{ であるとき、}$$

$$\int \mathrm{d}x\, f(x) = F(x) \quad \text{または} \quad \int f(x)\,\mathrm{d}x = F(x) \tag{7.27}$$

のように書く。不定積分の答え $F(x)$ には上に述べた定数 C の分だけの「不定性」がある（こうなるから「**不定**積分」だと覚えておくとよい）。

定積分の記号を流用して同じような形の式に書いているが、不定積分という操作は「関数 $f(x)$ から原始関数 $F(x)$ へ」という対応関係[28]であり、一方の定積分は「関数 $f(x)$ と領域（下限～上限）から、積分結果という一つの数へ」[29]という対応関係である[30]。

---

[27] 実は $-\dfrac{c^2}{2}$ は常に 0 以下だが、C は正の数であってもよい（任意）から、C の方が範囲が広い。原始関数が必ずしも「定積分の結果の上限の関数」という形にならないと書いたのはこういう例があるからである。

[28] 微分の「関数 $f(x)$ から導関数 $f'(x)$ へ」という対応関係の逆である。

[29] 定積分の方は積分の上限・下限を決めて $\int_a^b f(x)\,\mathrm{d}x$ と書いた時点で値は一つに決まっている。

[30] だからむしろ不定積分の記号は「微分の逆」という意味で $\left(\dfrac{\mathrm{d}}{\mathrm{d}x}\right)^{-1}$ のように書くべきかもしれないが、普通この記法は使われない。「微分演算子の逆の演算子」というのは実際に微分方程式を解くときの技法としては使われることもある。

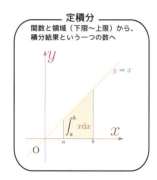
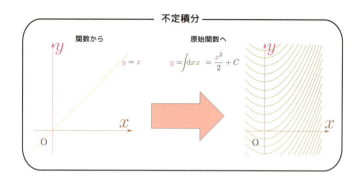

ちょうど、微分を「微分演算子 $\dfrac{\mathrm{d}}{\mathrm{d}x}$ を掛ける」ことで表現したように、不定積分という演算は「前から '積分演算子' $\int \mathrm{d}x$ を掛ける」[31]という演算だとして表現できる[32]。定積分の $\mathrm{d}x$ は「微小な変化量」という意味が明確だったが、それに比べると不定積分の $\mathrm{d}x$ はむしろ「積分という演算を表現する記号 $\int \mathrm{d}x$」の一部であると言える。

不定積分は名前の通り、定数を付加できる分だけ決まらない。だから、

$$\int \mathrm{d}x\ x = \frac{x^2}{2} + C \tag{7.28}$$

のように「まだ決まってない定数（上の式の場合 C）」をつけて結果を示す。これを「**積分定数 (constant of integration)**」と呼ぶ（文字はよく C を使うがそうでなくてはいけないわけではない）。積分定数は不定積分の時は必要だが、定積分の時は(7.23)で示したようにどうせ消えてしまう運命にあるので、定積分の括弧 [　] の内側に積分定数をつける必要はない（つけたければつけてもよいが）。

不定積分は「微分の逆」であるとよく言われる。しかし、

$$\frac{\mathrm{d}}{\mathrm{d}x} \int \mathrm{d}x\ f(x) = f(x) \tag{7.29}$$

のように「不定積分してから微分」は元に戻るが、逆の「微分してから不定積分」の結果は

$$\int \mathrm{d}x\ \frac{\mathrm{d}}{\mathrm{d}x} f(x) = f(x) + C \tag{7.30}$$

のように元に戻らず、積分定数 C の分だけ不定となることに注意しよう。

7.4 その他、いろんな関数の積分

7.4.1 $\dfrac{1}{x}$ の積分

x^α の不定積分は $\boxed{\int \mathrm{d}x\ x^\alpha = \dfrac{x^{\alpha+1}}{\alpha+1} + C}$ （導出はB.1節などを参照）は $\alpha \neq -1$ のときに正しい式であった。$\alpha = -1$ の時、つまり、$\int \mathrm{d}x\ \dfrac{1}{x}$ はまだ求められていない。しかしすでに

---

[31] $\int f(x)\,\mathrm{d}x$ という書き方の時は「前から $\int$ を、後ろから $\mathrm{d}x$ を掛ける」になる。

[32] よって、$\dfrac{\mathrm{d}}{\mathrm{d}x}$ と同様に、変数の色をつけずに演算子の色で表現する。

「微積分学の基本定理」を知っているので 微分して $\frac{1}{x}$ になるもの を探せばよい。(4.36) で示したように、$\frac{\mathrm{d}}{\mathrm{d}x}\log x = \frac{1}{x}$ であるから、以下がわかる。

---- $\frac{1}{x}$ の不定積分 ----
$$\int \mathrm{d}x\, \frac{1}{x} = \log x + C \tag{7.31}$$

ここで注意しておいて欲しいのは、x が負の場合。この点を気にして右辺を $\log|x| + C$ のように絶対値をつけて表現することもある。しかしオイラーの関係式から示されるように、$\mathrm{e}^{\mathrm{i}\pi} = -1$ なので $\log(-1) = \mathrm{i}\pi$ と考えれば[†33]、x が負の時は $x = -|x|$ とすれば、

$$\log x = \log(-|x|) = \log|x| + \log(-1) = \log|x| + \mathrm{i}\pi \tag{7.32}$$

となり、絶対値があるかないかは定数 $\mathrm{i}\pi$ がつくかつかないかの差である。この $\mathrm{i}\pi$ も含めて積分定数 C と思えば、(7.31) で問題ない。「積分定数は実数であって欲しい」と考えるなら、絶対値は必要である。

もう一つ注意しておくと、$\frac{1}{x}$ は $x=0$ で不連続である（$x>0$ と $x<0$ の関数はつながっていない）。よって積分結果も正の領域と負の領域では別物である。したがって不定積分は厳密には、

$$\int \mathrm{d}x\, \frac{1}{x} = \begin{cases} \log x + C_1 & x < 0 \text{ のとき} \\ \log x + C_2 & x > 0 \text{ のとき} \end{cases} \tag{7.33}$$

のように領域により別の積分定数をもってよい（微分すればどちらも $\frac{1}{x}$ に戻る）。これは他の不連続な点を持つ関数でも同様である。以上のように、不連続点をまたぐ範囲の定積分には注意が必要である。

【問い 7-1】 前に、負の数に対する log が定義されていない場合、$\log(\mathrm{e}^x) = x$ は任意の実数 x に対して成り立つが、$\mathrm{e}^{\log x} = x$ は負の x に対しては成り立たない、と述べた。しかし上のように負の x に対しても $\log(-a) = \log a + \log(-1) = \log a + \mathrm{i}\pi$ のように log を定義することができる。この場合、$\log(\mathrm{e}^x) = x$ と $\mathrm{e}^{\log x} = x$ は、どんな実数の x に対しても正しいだろうか？

【問い 7-2】 (7.31) は $\int \mathrm{d}x\, x^\alpha = \frac{x^{\alpha+1}}{\alpha+1} + C'$ で $\alpha \to -1$ の極限を取ることによっても得られることを示せ（積分定数 C' は C とは一致してないことに注意）。

[†33] これは $\mathrm{e}^{\mathrm{i}\pi} = -1$ だから成り立つ式…なのだが一つ落とし穴があって、$\mathrm{e}^{-\mathrm{i}\pi}$ も $\mathrm{e}^{3\mathrm{i}\pi}$ も -1（実際のところ、n を任意の整数として、$\mathrm{e}^{(2n+1)\mathrm{i}\pi} = -1$）であるから、$\log(-1) = -\mathrm{i}\pi$ または $\log(-1) = 3\mathrm{i}\pi$ としてもよい（一般的には、n を任意の整数として $\log(-1) = (2n+1)\mathrm{i}\pi$）。たいていの場合、たくさんの値の代表として $\log(-1) = \mathrm{i}\pi$ を選ぶ。この「代表を選ぶ」という計算をしているため、負の数が入るときには $\log a + \log b = \log(ab)$ が成立しないことがある。例えば、$\log(-1) + \log(-1) = 2\mathrm{i}\pi$ と計算すると、これは $\log((-1)\times(-1)) = \log 1 = 0$ と一致しない（$\log((-1)\times(-1)) = \log\left(\mathrm{e}^{2\mathrm{i}\pi}\right) = 2\mathrm{i}\pi$ と計算すれば一致するのだが…）。

【問い 7-3】 (7.31) の x を $1+x$ に変えた式

$$\int dx \, \frac{1}{1+x} = \log(1+x) + C \tag{7.34}$$

も成り立つ（厳密にやるには、(7.31) で $x = 1+t$ と変数変換して出す）。左辺の $\frac{1}{1+x}$ と右辺の $\log(1+x)$ を $\boxed{x = 0}$ のまわりでテイラー展開し、左辺と右辺がテイラー展開の結果として一致することを示せ。

解答 → p196 へ

【問い 7-4】 $\int dx \left[\int dx \, \frac{1}{x^2} \right]$ を計算せよ。ただし、上で行ったように、積分定数が違う場合はその点を明記せよ。

ヒント → p191 へ　　解答 → p197 へ

7.4.2 三角関数の積分

三角関数の微分はすでに求めてあるので、「微積分学の基本定理」を使えば積分も簡単と言えば簡単なのだが、ここではあえて「足算の化け物」としての「三角関数の定積分」を求めよう。

たとえば $\int_0^{\theta_0} \cos\theta \, d\theta$ はどんな量になるだろうか。

グラフを描いて面積を～と言われてもどうしていいのかわからないかもしれない。そこでまず、$d\theta \cos\theta$ という「長さ」を図に描いてみる。

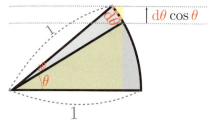

上の図にあるように、斜辺が 1 の直角三角形の角度を $\theta \to \theta + d\theta$ と変化させた時の「直角三角形の高さの変化」が $d\theta \cos\theta$ である。

これを逆に足していくと考えると、$\theta = 0$ から $\theta = \theta_0$ まで足せば、その時の直角三角形の高さ $\sin\theta_0$ になるだろう、と予想される。これから我々は、

$$\int_0^{\theta_0} \cos\theta \, d\theta = \sin\theta_0 \tag{7.35}$$

を得る。これは、

$$\left[\sin\theta\right]_0^{\theta_0} = \sin\theta_0 - \sin 0 = \sin\theta_0 \tag{7.36}$$

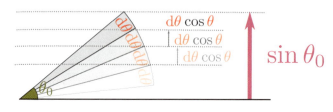

と考えることもできる。$\cos\theta$ の原始関数が $\sin\theta$ だったこと（逆に $\boxed{\frac{d}{d\theta}\sin\theta = \cos\theta}$ だったこと）を思い出せば、この結果はもっともである。

同様に（右の図参照）、$d\theta \sin\theta$ という量をどんどん足していくと考えて、

$$\int_0^{\theta_0} \sin\theta \, d\theta = 1 - \cos\theta_0 \tag{7.37}$$

も得ることができる。こちらも原始関数を使った形で書こう。$\cos 0 = 1$ であることを考えると、

$$\int_0^{\theta_0} \sin\theta \, d\theta = 1 - \cos\theta_0 = -\cos\theta_0 - \underbrace{(-\cos 0)}_{-1} \tag{7.38}$$

となり、さらに $\boxed{-\cos\theta_0 - (-\cos 0)} = [-\cos\theta]_0^{\theta_0}$ のように定積分で使う記号を使って書き直すことができる。つまり $\int_0^{\theta_0} \sin\theta \, \mathrm{d}\theta = [-\cos\theta]_0^{\theta_0}$ だから、

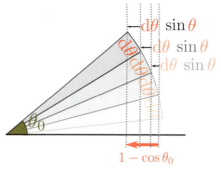

$\sin\theta$ の原始関数は $-\cos\theta$ である（$\boxed{\dfrac{\mathrm{d}}{\mathrm{d}\theta}\cos\theta = -\sin\theta}$ すなわち $\boxed{\dfrac{\mathrm{d}}{\mathrm{d}\theta}(-\cos\theta) = \sin\theta}$）。

$\tan$ は $\sin, \cos$ に比べ少しややこしいので、図形ではなく「原始関数を求める」方向で考えよう。$\boxed{\tan\theta = \dfrac{\sin\theta}{\cos\theta}}$ という式と、$\log f(\theta)$ の微分の式を見比べる。

$$\frac{\mathrm{d}}{\mathrm{d}\theta}(\log f(\theta)) = \frac{1}{f(\theta)}\frac{\mathrm{d}}{\mathrm{d}\theta}f(\theta), \quad \tan\theta = \frac{\sin\theta}{\cos\theta} = -\frac{1}{\cos\theta}\frac{\mathrm{d}}{\mathrm{d}\theta}(\cos\theta) \tag{7.39}$$

最後で、$\cos\theta$ を微分すると $-\sin\theta$ であることを使った。これを見比べると、

$$\frac{\mathrm{d}}{\mathrm{d}\theta}(-\log(\cos\theta)) = \frac{\sin\theta}{\cos\theta} = \tan\theta \tag{7.40}$$

とわかる。ゆえに、

$$\int \mathrm{d}\theta \ \tan\theta = -\log(\cos\theta) + C \quad (C \text{ は積分定数}) \tag{7.41}$$

である。この $\log(\cos\theta)$ も絶対値は不要である（つけてもよい）。
$\to$ p105

7.4.3 指数関数の積分

指数関数（代表例として e^x）の積分は簡単である。なぜなら e^x は「微分しても変化しない関数」なのだから、積分しても変化しないに決っている。よって、

--- 指数関数の不定積分 ---
$$\int \mathrm{d}x \ \mathrm{e}^x = \mathrm{e}^x + C \quad (C \text{ は積分定数}) \tag{7.42}$$

となる。「変わらない」と言ってもこっちには積分定数が付く。そのため「積分の積分」は、

$$\int \mathrm{d}x \left(\int \mathrm{d}x \ \mathrm{e}^x \right) = \int \mathrm{d}x \ (\mathrm{e}^x + C) = \mathrm{e}^x + Cx + D \tag{7.43}$$

となる。指数関数は何度微分しても指数関数だが、積分の方は違う関数になる。ここで D は2個めの積分定数で、1個めの C とは別の数であってよい。

7.4.4 対数関数の積分

$\log x$ の積分は、直観的には難しい。というのは $\dfrac{\mathrm{d}}{\mathrm{d}x}\boxed{\text{なんとか}} = \log x$ になる $\boxed{\text{なんとか}}$ をすぐには思いつかないからである。後で示す部分積分の方法を使うという手もあるのだが、ここでは

間違った予想
$$\int \mathrm{d}x \ \log x = x \log x$$

から入ろう。不定積分は微分したら元に戻るはずである。では微分してみよう。

$$\frac{\mathrm{d}}{\mathrm{d}x}(x\log x) = \underbrace{\log x}_{x\text{の方を微分した}} + \underbrace{x \times \frac{1}{x}}_{\log x \text{の方を微分した}} = \log x + 1 \quad (7.44)$$

となるから、微分の結果は$\log x$にならない。しかし、左辺の括弧内から x で微分すると 1 になるものを、右辺から 1 を引けば欲しい式が出てくることがわかる。よって

$$\frac{\mathrm{d}}{\mathrm{d}x}(x\log x - x) = \log x \quad (7.45)$$

とすればよい。よって以下のように結論できる。

対数関数の不定積分
$$\int \mathrm{d}x \ \log x = x \log x - x + C \quad (C \text{ は積分定数}) \quad (7.46)$$

 ところで、この式はよく使う近似式

スターリング (Stirling) の公式

n が大きい数の時、 $\qquad \log n! \fallingdotseq n \log n - n \quad (7.47)$

と関連しているので紹介しておく。

対数関数の 1 から n（自然数）までの定積分を考えると、

$$\int_1^n \log x \, \mathrm{d}x = [x\log x - x]_1^n = n\log n - n + 1 \quad (7.48)$$

となり、結果はほぼスターリングの公式の右辺になる（n が大きい数の時の式だから、$-n$ と $-n+1$ は同じようなものだ）。ではなぜ $\log n!$ と $\int_1^n \log x \, \mathrm{d}x$ が「だいたい同じ」なのかというと、右のグラフで足している面積が $\log 2 + \log 3 +$

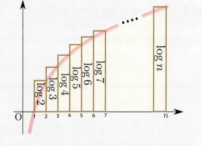

$\log 4 + \cdots + \log n = \log(1 \times 2 \times 3 \times 4 \times \cdots \times n) = \log n!$ であるからである。スターリングの公式は面積を積分で計算したものと足算で計算したものが近似的に等しいことを使って導かれる。

章末演習問題

★【演習問題7-1】
以下の和を求めよ（なんらかの関数の定積分の形に直すことで計算できる）。

(1) $\displaystyle\lim_{n\to\infty}\sum_{k=1}^n \frac{\sqrt{1-\frac{k^2}{n^2}}}{n}$ (2) $\displaystyle\lim_{n\to\infty}\sum_{k=1}^n \frac{1}{n+k}$

ヒント → p204 へ　解答 → p211 へ

★【演習問題7-2】
積分不可能な関数の例としては(1.16) がある。これが
→ p19
積分不可能であることを説明せよ。

ヒント → p204 へ　解答 → p211 へ

★【演習問題7-3】
95 ページの FAQ で考えた「隙間にある三角形」の面積の総和を計算し、$N \to \infty$ で消える（0 に収束する）ことを確認せよ。

解答 → p211 へ

第8章 積分の技法と応用

 ここでは、積分の計算におけるいくつかのテクニックを整理しておくことにする。

8.1 部分積分

微分のライプニッツ則 $\dfrac{\mathrm{d}}{\mathrm{d}x}(f(x)g(x)) = \left(\dfrac{\mathrm{d}}{\mathrm{d}x}f(x)\right)g(x) + f(x)\dfrac{\mathrm{d}}{\mathrm{d}x}g(x)$ （→p49）の逆を考えるのが「部分積分」である。まず上の式を不定積分し（左辺は微分する前に戻る）、

$$\int \mathrm{d}x\ \dfrac{\mathrm{d}}{\mathrm{d}x}(f(x)g(x)) = \int \mathrm{d}x\ \left(\dfrac{\mathrm{d}}{\mathrm{d}x}f(x)\right)g(x) + \int \mathrm{d}x\ f(x)\dfrac{\mathrm{d}}{\mathrm{d}x}g(x)$$

$$f(x)g(x) = \underbrace{\int \mathrm{d}x\ \left(\dfrac{\mathrm{d}}{\mathrm{d}x}f(x)\right)g(x)}_{\leftarrow 移項する} + \int \mathrm{d}x\ f(x)\dfrac{\mathrm{d}}{\mathrm{d}x}g(x) \tag{8.1}$$

$$f(x)g(x) - \int \mathrm{d}x\ \left(\dfrac{\mathrm{d}}{\mathrm{d}x}f(x)\right)g(x) = \int \mathrm{d}x\ f(x)\dfrac{\mathrm{d}}{\mathrm{d}x}g(x)$$

となる[†1]。ここで、左右を取り替えて、

―― 部分積分の公式（不定積分）――
$$\int \mathrm{d}x\ f(x)\dfrac{\mathrm{d}}{\mathrm{d}x}g(x) = -\int \mathrm{d}x\ \left(\dfrac{\mathrm{d}}{\mathrm{d}x}f(x)\right)g(x) + f(x)g(x) \tag{8.2}$$

という公式ができる。

ここで行っているのは

$$\int \mathrm{d}x\ f(x)\dfrac{\mathrm{d}}{\mathrm{d}x}g(x)$$

（こっちに移す／こっちにある微分を）

$$-\int \mathrm{d}x\ \left(\dfrac{\mathrm{d}}{\mathrm{d}x}f(x)\right)g(x) + f(x)g(x)$$

（符号がつく／「どっちも微分しない式」が「おつり」として出る）

という操作だと考えてもよい。

例として、$\int \mathrm{d}x\ x\cos x$ をあげよう。この場合、公式 (8.2) で $\dfrac{\mathrm{d}}{\mathrm{d}x}g(x) = \cos x, f(x) = x$ という代入を行っていけば、

[†1] 1行目から2行目に行く時の左辺の積分で積分定数がないが、右辺にまだ不定積分が残っていてそちらからも積分定数が出てくるので、そちらに吸収させる。

$$\int \mathrm{d}x \underbrace{x}_{f(x)} \underbrace{\cos x}_{g'(x)} = -\int \mathrm{d}x \underbrace{1}_{f'(x)} \underbrace{\sin x}_{g(x)} + \underbrace{x}_{f(x)} \underbrace{\sin x}_{g(x)} = \underbrace{\cos x + C}_{-\int \mathrm{d}x \, \sin x} + x \sin x \tag{8.3}$$

のようにして積分ができる。

ここでは
$$\int \mathrm{d}x \quad x \frac{\mathrm{d}}{\mathrm{d}x} \sin x$$
$$-\int \mathrm{d}x \left(\frac{\mathrm{d}}{\mathrm{d}x} x\right) \sin x \quad + x \sin x$$
という操作を行っている。

「部分積分」はある意味 微分演算子 $\frac{\mathrm{d}}{\mathrm{d}x}$ を右から左へ付け替える という計算でもある。「微分演算子を掛ける」という操作は通常の掛算とは違う。通常の数の掛算なら $a \times (b \times c) = (b \times a) \times c$ という「付け替え操作」ができるが、微分演算子の「付替え」には、符号を変えたり最後に「おつり」を付けたりという手順が必要である[†2]。

同じことなのだが、公式に代入する、という考え方ではなく、

$$\begin{aligned}
&\int \mathrm{d}x \; x \cos x && \left(\cos x = \frac{\mathrm{d}}{\mathrm{d}x} \sin x\right) \\
&= \int \mathrm{d}x \; x \frac{\mathrm{d}}{\mathrm{d}x} \sin x && \left(\text{ライプニッツ則} \to \text{p49}\right) \\
&= \int \mathrm{d}x \left(\frac{\mathrm{d}}{\mathrm{d}x}(x \sin x) - \left(\frac{\mathrm{d}}{\mathrm{d}x} x\right) \sin x\right) && \left(\text{微分の積分は元に戻る、および } \frac{\mathrm{d}}{\mathrm{d}x} x = 1 \to \text{p104}\right) \\
&= x \sin x - \underbrace{\int \mathrm{d}x \; \sin x}_{+\cos x + C}
\end{aligned} \tag{8.4}$$

（←第1項の積分定数は第2項にも積分定数があるので、省略）

のように既に知っているライプニッツ則の方だけを使っても計算ができる。

部分積分という計算は 積の片方を微分してもう片方を積分する という計算になっているから、log や arctan のように「微分すると簡単になるんだけどなぁ」と言いたくなる関数と簡単に積分できる関数の積が出てきた時は、部分積分が有効ではないかと試してみるとよいだろう（次の問いがその例）。

【問い 8-1】 以下の積分を、部分積分の公式を使って計算せよ
(1) $\int \mathrm{d}x \; \log x$　(2) $\int \mathrm{d}x \; \arctan x$　(3) $\int \mathrm{d}x \; \arccos x$　(4) $\int \mathrm{d}x \; (\log x)^2$　ヒント → p191 へ　解答 → p197 へ

[†2] こういう手順を踏まなくてはいけないことを単に「押し付けられたルール」と受け取ると「面倒だ」と思うかもしれないが、それは数学の勉強方法として正しくない。ここでやっている計算の意味をちゃんと把握していればこの手順は必然的なものであることがわかる。計算の中身と意義を確認し納得した上で使っていこう。

定積分の場合も同様に計算ができて、

--- 部分積分の公式（定積分） ---

$$\int_a^b f(x)\frac{\mathrm{d}}{\mathrm{d}x}g(x)\,\mathrm{d}x = -\int_a^b \left(\frac{\mathrm{d}}{\mathrm{d}x}f(x)\right)g(x)\,\mathrm{d}x + \underbrace{\Big[f(x)g(x)\Big]_a^b}_{\text{表面項}} \tag{8.5}$$

となる。

最後の部分は $[f(x)g(x)]_a^b = f(b)g(b) - f(a)g(a)$ となって、積分の「表面」である $x=a$ と $x=b$ での値だけになるので、「**表面項 (surface term)**」と呼ばれる[†3]。

📖【問い 8-2】 $\int_0^\infty \mathrm{e}^{-x}\,\mathrm{d}x = \left[-\mathrm{e}^{-x}\right]_0^\infty = 1$ と部分積分を使うと、任意の自然数 n に対して

$$\int_0^\infty x^n \mathrm{e}^{-x}\,\mathrm{d}x \tag{8.6}$$

が計算できる。やってみよう。参考までに、$\Gamma(z) = \int_0^\infty x^{z-1}\mathrm{e}^{-x}\,\mathrm{d}x$ という積分を「ガンマ関数」と言う（ガンマ関数の場合、z は自然数でなくてよい）。

ヒント → p191 へ　解答 → p197 へ

ここで、n を 0 以上の整数として、

$$I_n = \int_0^{\frac{\pi}{2}} \sin^n \theta\,\mathrm{d}\theta = \int_0^{\frac{\pi}{2}} \cos^n \theta\,\mathrm{d}\theta \tag{8.7}$$

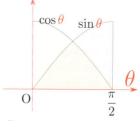

という量の計算をやっておこう。$(0, \frac{\pi}{2})$ という範囲でやっているのは、これが三角関数の計算においては一つの「キリの良い量」になるからである。

まず上の式の二つめの等号が成り立つことを確認しておくと、0 から $\frac{\pi}{2}$ の範囲では $\sin\theta$ と $\cos\theta$ のグラフは右上のようになり、鏡像の関係となっているから、計算自体はどちらでやってもよい。また、$n=0$ と $n=1$ は単純に積分できる（$I_0 = \frac{\pi}{2}, I_1 = 1$）から、$n \geq 2$ の場合を考えていこう。

ここで、$\sin^n \theta = \sin\theta \times \sin^{n-1}\theta$ を使って部分積分をしてみると、

$$\begin{aligned}\int_0^{\frac{\pi}{2}} \sin\theta \times \sin^{n-1}\theta\,\mathrm{d}\theta &= \int_0^{\frac{\pi}{2}} \underbrace{\left(-\frac{\mathrm{d}}{\mathrm{d}\theta}\cos\theta\right)}_{\sin\theta} \times \sin^{n-1}\theta\,\mathrm{d}\theta \\ &= \int_0^{\frac{\pi}{2}} \cos\theta\left(\frac{\mathrm{d}}{\mathrm{d}\theta}\sin^{n-1}\theta\right)\mathrm{d}\theta + \left[-\cos\theta\sin^{n-1}\theta\right]_0^{\frac{\pi}{2}}\end{aligned} \tag{8.8}$$

となるが、第 2 項は 0 である（$\theta=0$ では $\sin^{n-1}\theta = 0$、$\theta=\frac{\pi}{2}$ では $\cos\theta=0$）。第 1 項は

$$\int_0^{\frac{\pi}{2}} \cos\theta \times \left(\frac{\mathrm{d}}{\mathrm{d}\theta}\sin^{n-1}\theta\right)\mathrm{d}\theta = (n-1)\int_0^{\frac{\pi}{2}} \cos^2\theta \sin^{n-2}\theta\,\mathrm{d}\theta \tag{8.9}$$

[†3] 表面項は「表面」が問題にならないような場合（たとえば積分範囲が $-\infty < x < \infty$ で、無限に遠いところは考えなくてもよいような場合など）は無視される。しかし、無視してはいけない場合も、もちろんある。

となるが、ここで $\boxed{\cos^2\theta = 1 - \sin^2\theta}$ を使うと、

$$I_n = (n-1)\underbrace{\int_0^{\frac{\pi}{2}} \sin^{n-2}\theta\,\mathrm{d}\theta}_{I_{n-2}} - (n-1)\underbrace{\int_0^{\frac{\pi}{2}} \sin^n\theta\,\mathrm{d}\theta}_{I_n} \tag{8.10}$$

となり、$\boxed{I_n = (n-1)I_{n-2} - (n-1)I_n}$、つまり $\boxed{I_n = \dfrac{n-1}{n}I_{n-2}}$ という式が出せる。これを何度も繰り返すと、

$$I_n = \frac{n-1}{n}I_{n-2} = \frac{n-1}{n} \times \frac{n-3}{n-2}I_{n-4} = \frac{n-1}{n} \times \frac{n-3}{n-2} \times \frac{n-5}{n-4}I_{n-6} = \cdots \tag{8.11}$$

となって、n が偶数ならば、

$$I_n = \frac{n-1}{n} \times \frac{n-3}{n-2} \times \frac{n-5}{n-4} \cdots \times \frac{3}{4} \times \frac{1}{2} \times I_0 = \frac{n \text{より小さい奇数の積}}{n \text{以下の偶数の積}} \times I_0 \tag{8.12}$$

奇数ならば、

$$I_n = \frac{n-1}{n} \times \frac{n-3}{n-2} \times \frac{n-5}{n-4} \cdots \times \frac{4}{5} \times \frac{2}{3} \times I_1 = \frac{n \text{より小さい偶数の積}}{n \text{以下の奇数の積}} \times I_1 \tag{8.13}$$

という結果になる（$\boxed{I_0 = \dfrac{\pi}{2}, I_1 = 1}$ は既にわかっている）。

(n 以下の自然数の積)、すなわち $n(n-1)(n-2)\cdots \times 3 \times 2 \times 1$ は $n!$ と表し「n の階乗 (factorial)」と呼ぶが、

$$n!! = \begin{cases} (n\text{以下の偶数の積}) & n\text{が偶数のとき} \\ (n\text{以下の奇数の積}) & n\text{が奇数のとき} \end{cases} \tag{8.14}$$

という記号もある（「n の二重階乗 (double factorial)」と呼ぶ）。この記号を使えば、

$$I_n = \frac{(n-1)!!}{n!!} \times \begin{cases} 1 & n\text{が奇数のとき} \\ \dfrac{\pi}{2} & n\text{が偶数のとき} \end{cases} \tag{8.15}$$

と答えを表すことができる。

8.2 置換積分

8.2.1 置換積分の手順

x を独立変数としたある積分 $\int f(x)\,\mathrm{d}x$ という積分を考える。ここで、t という別の変数（x とは $\boxed{x = g(t)}$ という関係で繋がっている）へと独立変数を変えた時に、積分がどう変わるかを考えてみる。まず、$f(x)$ という関数は $f(g(t))$ という t の関数へと変えなくてはいけない。と同時に、積分要素も変わるが、この時、$\boxed{\mathrm{d}x = \dfrac{\mathrm{d}x}{\mathrm{d}t}\mathrm{d}t}$ という関係を使って変換するのが**置換積分**である。具体的にはこうなる。

---- 置換積分の公式 ----

$$\int f(x)\,\mathrm{d}x = \int f(x(t))\frac{\mathrm{d}x}{\mathrm{d}t}\,\mathrm{d}t \tag{8.16}$$

この式は合成関数の微分則（chain rule）の逆をやっていると思えばよい。$f(x)$ の原始関数を $F(x)$ とする。ここでこの x は t の関数なので、$x(t)$ と書くことにする（$F(x(t))$)。この式を t で微分すると、

$$\frac{\mathrm{d}}{\mathrm{d}t}\left(F(x(t))\right) = \underbrace{\left(\frac{\mathrm{d}}{\mathrm{d}x}F(x)\bigg|_{x=x(t)}\right)}_{f(x(t))}\left(\frac{\mathrm{d}}{\mathrm{d}t}x(t)\right) \tag{8.17}$$

であるが、これをもう一回 t で不定積分すれば、

$$F(x(t)) = \int f(x(t))\left(\frac{\mathrm{d}}{\mathrm{d}t}x(t)\right)\mathrm{d}t \tag{8.18}$$

となり、公式 (8.16) が出てくる。

FAQ $\mathrm{d}x = \dfrac{\mathrm{d}x}{\mathrm{d}t}\mathrm{d}t$ なんてやっていいのか？

いい。$\mathrm{d}x$ や $\mathrm{d}t$ がどのような意味を持つかを考えよう。$\dfrac{\mathrm{d}x}{\mathrm{d}t}$ とは微小変化 $\mathrm{d}x$ と $\mathrm{d}t$ の比と考えることができるのだから、まさにこの式が成り立つ（ただし、積分変数が変わったときは定積分の積分区間も一緒に変わることには注意）。積分の式 $\int f(x)\,\mathrm{d}x$ というのは単なる記号ではなく、$f(x)$ に微小変化 $\mathrm{d}x$ を掛けて"足算"するという意味を持っている。置換積分はその足算のやり方を変えている。次の節で詳しく説明しよう。

たとえば

$$\int x\sin x^2\,\mathrm{d}x \tag{8.19}$$

において、$\boxed{x^2 = t}$ とおくと、$\boxed{2x\,\mathrm{d}x = \mathrm{d}t}$ となるから、

$$\int x\sin x^2\,\mathrm{d}x = \frac{1}{2}\int \sin t\,\mathrm{d}t = -\frac{1}{2}\cos t + C = -\frac{1}{2}\cos x^2 + C \tag{8.20}$$

と書きなおしてよい（逆に微分すれば元に戻ることは確かめられる）。

ここで、被積分関数の中に x があったら計算できたが、もしなかったらどうなるだろう？—$\int \sin x^2\,\mathrm{d}x$ または $\int \cos x^2\,\mathrm{d}x$ は計算できるだろうか？？—試してみるとよいが、置換積分や部分積分などのテクニックを駆使しても、この積分は遂行できない。

この積分は「フレネル（Fresnel）積分」と呼ばれ、知られている関数の形で積分結果を表現することはできない。次の問いのような方法で求めることができる。

📖 【問い 8-3】 $\sin x^2$ の展開は、x^2 を一つの変数としてテイラー展開すれば、$\sin x^2 = \sum_{n=0}^{\infty} \dfrac{(-1)^n}{(2n+1)!} x^{4n+2}$ とわかる。これを各項ごとに積分してフレネル積分を級数和の形で求めよ。

解答 → p197 へ

8.2.2 置換積分でやっていること

置換積分を使うとできる積分の例として、

$$\int_0^1 \sqrt{1-x^2}\,dx = \frac{\pi}{4} \tag{8.21}$$

を取り上げる[†4]。この計算がどのような意味を持つかを右のグラフに示した。これは高さ $\sqrt{1-x^2}$ で横幅が dx である微小な長方形を $\boxed{x=0}$ から $\boxed{x=1}$ まで変化させながら足していった結果である。グラフを見ればわかるように、それは半径が 1 の $\dfrac{1}{4}$ 円の面積である。そう考えれば答えが $\dfrac{\pi}{4}$ なのは当然と言える。

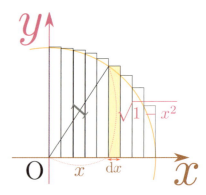

定積分を使ってこれを計算するために、まず $\boxed{x=\cos\theta}$ と置いてみる。このような「置き換え」は多くの場合、試行錯誤[†5]で見つける。ここで考えているように、グラフを描いて図形的に考えてみると、どういう変換を行っているのかが見えてきて、計算の見通しがよくなることもある。

実際、θ には右下に描いたような意味がある。$\boxed{x=\cos\theta}$ なのだから、$\boxed{\sqrt{1-x^2}=\sin\theta}$ である[†6]が、それは図に示した長方形の高さである。$\boxed{x=\cos\theta}$ の微分は $\boxed{dx=-\sin\theta\,d\theta}$ であるから、$\boxed{\sqrt{1-x^2}\,dx=-\sin^2\theta\,d\theta}$ と置換[†7]する。$\boxed{x=0}$ のとき $\theta=\dfrac{\pi}{2}$、$\boxed{x=1}$ のとき $\theta=0$ だから、積分変数を $x\to\theta$ と変える時に積分範囲は $\int_0^1$ から $\int_{\frac{\pi}{2}}^0$ に変わり、さらに反転させて $-\int_0^{\frac{\pi}{2}}$ となる。

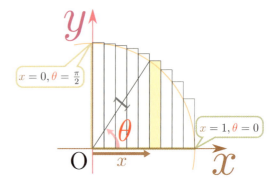

$x=\cos\theta$ という置き換えにより、$\int_0^1\sqrt{1-x^2}\,dx \to \int_0^{\frac{\pi}{2}}\sin^2\theta\,d\theta$、あるいは $\sqrt{1-x^2}=\sin\theta$ の部分を除けば、$\int_0^1 dx \to \int_0^{\frac{\pi}{2}}\sin\theta\,d\theta$ という置き換えがなされたことになる。これ(あるいはこの逆)

[†4] この計算は実は【演習問題7-1】でも扱っているが、あのときは図形を見て $\dfrac{1}{4}$ 円だということから面積を出した。
→ p108
[†5] 「$\sqrt{1-x^2}$ は 0 から 1 の範囲で変化する関数だから、cos とかどうかな?」のようにいろいろやってみる。
[†6] $\cos^2\theta+\sin^2\theta=1$ という式で考えると $\sqrt{1-x^2}=\pm\sin\theta$ となるが、図でわかるように θ は 0 から $\dfrac{\pi}{2}$ までだから、$\sin\theta$ の前に符号は必要ない。
[†7] こういう置換も、「やっていいの?」と悩む人が時々いるが、少し前の FAQ で書いたように、どんどんやっていい。
→ p113

はよく使う置換の方法である。同様に、$\int_{-1}^{1} dx \to \int_{0}^{\pi} \sin\theta\, d\theta$ もよく出てくる。

今回の場合、計算すべきは $\int_{0}^{\frac{\pi}{2}} \sin^2\theta\, d\theta$ で、$\sin^2\theta = \dfrac{1-\cos 2\theta}{2}$ より、

$$\int_{0}^{\frac{\pi}{2}} \frac{1-\cos 2\theta}{2}\, d\theta = \left[\frac{\theta - \frac{1}{2}\sin 2\theta}{2}\right]_{0}^{\frac{\pi}{2}} = \frac{\frac{\pi}{2} - \frac{1}{2}\sin \pi}{2} - \frac{0 - \frac{1}{2}\sin 0}{2} = \frac{\pi}{4} \tag{8.22}$$

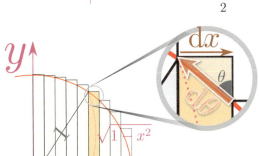

のように積分できる。計算ではなく右のようなグラフを使って求めることもできる。被積分関数のうち $\dfrac{-\cos 2\theta}{2}$ の部分は「谷→山」へと振動する関数で、この部分は結果に寄与しないだろう（図で塗りつぶした部分がちょうど消える）と考え、「横幅 $\dfrac{\pi}{2}$ で高さが $\dfrac{1}{2}$ の長方形の面積」と同じだと考えて、$\dfrac{\pi}{4}$ という答えを出してもよい。

さて、以上の手順を図解しておこう。

$\sqrt{1-x^2}\, dx$ というのは、右の図の色付けされた長方形の面積であり、積分とはこの長方形を足していくことである。$x = \cos\theta$ と置くことは、図のように角度 θ を設定していることであり、$d\theta$ という量は、図の弧の部分の長さでもある（単位円であることに注意）。

この部分の拡大図を見ると、$x = \cos\theta$ の微分である $dx = -\sin\theta\, d\theta$ が図の関係として表現されていることがわかる。特に、dx と $d\theta$ の符号が逆である（x が増えれば θ が減る）ことが図でも表現されている点に注目しよう。

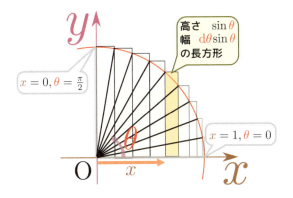

θ を変化させていった時のそれぞれの微小長方形を描いたのが左の図である。「高さ $\sin\theta$、幅 $d\theta\sin\theta$ の長方形」を足していくという計算になっている（x の積分の時は「高さ $\sqrt{1-x^2}$ で幅 dx」だった）。これが $\sqrt{1-x^2}\, dx = -\sin^2\theta\, d\theta$ という置き換えの意味なのだ（マイナス符号の意味は先で説明した通り）。

置換積分すべてに、このような図形的対応があるわけではない。もちろんこういう図形的解釈ができなくても積分は手順どおりにやっていけばできる（それが数式というものの有り難さだとも言える）が、図形的解釈ができれば理解しやすくなる面はある。

【問い 8-4】 上の計算を $x = \sin\theta$ と置いて置換積分することもできる。この場合どういう積分をやっているのか、図解してみよ。

ヒント → p191 へ　　解答 → p197 へ

次に、$\int_0^\infty \frac{1}{1+x^2}\,dx$ という積分を考えよう。この積分は、$x = \tan\theta$

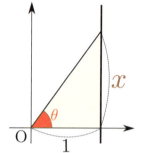

（θ の意味は右の図を見よ）と置き換えて、$dx = \frac{d\theta}{\cos^2\theta}$ を使い、

$$\int_0^{\frac{\pi}{2}} \frac{1}{1+\tan^2\theta} \overbrace{\frac{d\theta}{\cos^2\theta}}^{dx} = \int_0^{\frac{\pi}{2}} d\theta = \frac{\pi}{2} \tag{8.23}$$

のように計算できる（$1 + \tan^2\theta = \frac{1}{\cos^2\theta}$ に注意）。図で、x を 0 から ∞ まで動かしたら θ がどう変化するかをみれば、積分区間「$x = 0$ から $x = \infty$」が「$\theta = 0$ から $\theta = \frac{\pi}{2}$」と変わることがわかる。

結果として、$\frac{1}{1+x^2}\,dx = d\theta$ という置換がされた。

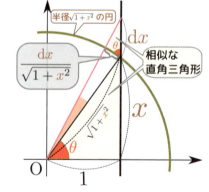

この置き換えの意味を図形で理解しておこう。右の図に、底辺 1、高さ x の直角三角形の高さを dx だけ大きくしたときの変化を示した。

図に描き込まれた円の半径は $\sqrt{1+x^2}$ であり、円の一部である中心角 $d\theta$ の扇型を考えると、その扇型の弧の長さは $\sqrt{1+x^2} \times d\theta$ である[†8]。

一方、直角三角形の相似を使うと、

$$（弧の長さ）: dx = 1 : \sqrt{1+x^2} \tag{8.24}$$

が成り立つから、$（弧の長さ） = \frac{dx}{\sqrt{1+x^2}}$ である。以上から、$\sqrt{1+x^2} \times d\theta = \frac{dx}{\sqrt{1+x^2}}$ が言えて、これからこの積分は角度の積分に書き直すことができて、

$$\int_0^\infty \frac{1}{1+x^2}\,dx = \int_0^{\frac{\pi}{2}} d\theta = \frac{\pi}{2} \tag{8.25}$$

と答えが出る。積分の上限が ∞ でない場合も同様に考えて、

$$\int_0^a \frac{1}{1+x^2}\,dx = \arctan a \tag{8.26}$$

[†8] （扇型の弧の長さ）＝（半径）×（中心角）。

という式を出せる。たとえば $\int_0^1 \frac{1}{1+x^2} dx = \frac{\pi}{4}$ や $\int_0^{\frac{1}{\sqrt{3}}} \frac{1}{1+x^2} dx = \frac{\pi}{6}$ がわかる。ところで、$\frac{1}{1+x^2}$ は $|x| < 1$ なら

$$\frac{1}{1+x^2} = 1 - x^2 + x^4 - x^6 + x^8 - x^{10} + \cdots \tag{8.27}$$

と展開できるから、

$$\int_0^a \frac{1}{1+x^2} dx = \left[x - \frac{x^3}{3} + \frac{x^5}{5} - \frac{x^7}{7} + \frac{x^9}{9} - \frac{x^{11}}{11} + \cdots \right]_0^a \tag{8.28}$$

と考えることで、

$$\arctan a = a - \frac{a^3}{3} + \frac{a^5}{5} - \frac{a^7}{7} + \frac{a^9}{9} - \frac{a^{11}}{11} + \cdots \tag{8.29}$$

とわかる。この a に 1 を代入すると $\arctan 1 = \frac{\pi}{4}$ になる、というのがライプニッツも発見したという π の計算方法である[†9]。

> 上で $\frac{dx}{1+x^2} = d\theta$ と置き換える部分の説明は、図で描くよりも「微分」という計算をした方がわかりやすい人も多いだろう。そう思った人は式の計算で理解しておけばよい。どっちであろうと、自分にわかりやすい方で理解すればよいのはもちろんである。
>
> 問題により、そして（思考方法は人それぞれなので）個人により、「どう考えれば理解しやすいか」は違う。では「式で計算できればそれでよい」（または「図解できればそれでよい」）かというと、次に現れる問題があなたにとってどちらで理解しやすいかはわからないわけだから、いろんな方法で理解することを（少なくとも "数学修行" をしている間は）心がけておいた方がいいだろう。
>
> ときどき たくさん教えられてもわかんなくなるから、教える方法は一つにしてください という人がいるのだが、一つしか武器がない状態では太刀打ちできない強敵に出会う時のために、修行はしておこう。
> 立ち向かう相手（自然現象）は強大なのだから持っている武器は多い方がよい。

8.3 積分計算の例

8.3.1 三角関数を使った置換積分

8.2.2 節で定積分を実行した時にやった置換積分を使うことで、複雑に見える関数の積分を実行することができる。たとえば、$x = \cos\theta$ とおくとその微分に関しては $dx = -\underset{\pm\sqrt{1-x^2}}{\sin\theta}\, d\theta$ [†10] と

[†9] 実際計算してみると右辺が $\frac{\pi}{4}$ になかなか近づかない。もともとの展開式が $a < 1$ で使える式だったので収束が遅いのは当然である。$a = \frac{1}{\sqrt{3}}$ の時に左辺が $\frac{\pi}{6}$ になるという計算の方が収束が早い。他にもいろいろな計算方法が知られている。

[†10] 複号 ± のどちらを取るかは、今 $\sin\theta$ や $\cos\theta$ がどのような値を取っている領域で考えているのかを見て決めるべきである。dx と $d\theta$ の正負の関係は、角度によって違う。

いう置換ができる。これを整理すると $\boxed{\dfrac{\mathrm{d}x}{\sqrt{1-x^2}} = \pm\mathrm{d}\theta}$ となるので、$\sqrt{1-x^2}$ を含むような複雑な式が出てきた時は、これを使って積分を θ の積分に変えることができる。たとえば8.2.2節では
$$\int_0^1 \sqrt{1-x^2}\,\mathrm{d}x = \int_0^1 (1-x^2)\frac{\mathrm{d}x}{\sqrt{1-x^2}} = \int_0^{\frac{\pi}{2}} \sin^2\theta\,\mathrm{d}\theta \tag{8.30}$$
という変形を行った[†11]。同様に、
$$\int \mathrm{d}x\,\frac{1}{\sqrt{1-x^2}} = \int \mathrm{d}\theta = \theta + C = \arccos x + C \tag{8.31}$$
のような積分が可能である。$\boxed{x = \cos\theta}$ と置いて計算を始めたから、最後で $\boxed{\theta = \arccos x}$ と戻した。実はこうできるかどうかは θ の範囲による。18ページのグラフのようにarccosの値域を0からπとしていたならば、ここでの θ がその範囲に収まるように調整が必要となる。

> ここで、$x = \sin\theta$ とおいても同様のことができるので、
> $$\int \mathrm{d}x\,\frac{1}{\sqrt{1-x^2}} = \arcsin x + C \tag{8.32}$$
> という式を作ることができて、これも正しい。「sinでもcosでも正しいなんて変ではないか」と思うかもしれないが、$\sin\left(\theta + \dfrac{\pi}{2}\right) = \cos\theta$ のような式があるから、角度を平行移動すればsinはcosになる（逆も同様）。つまり積分定数の違いでどちらになってもよい（同様に、$\sin(\theta+\pi) = -\sin\theta$ のような式もあるので、
> $$\int \mathrm{d}x\,\frac{1}{\sqrt{1-x^2}} = -\arcsin x + C \tag{8.33}$$
> という式も、正しい（もちろん、正しく積分定数を調整するという前提のもとでである）。

8.2.2節の後半でやったように、$\dfrac{1}{1+x^2}$ が出てくる積分は $\boxed{x = \tan\theta}$ と置くことで簡単化できる。というのは、$\boxed{\mathrm{d}x = \dfrac{1}{\cos^2\theta}\mathrm{d}\theta = (1+\tan^2\theta)\mathrm{d}\theta}$ という変形から、$\boxed{\dfrac{1}{1+x^2}\mathrm{d}x = \mathrm{d}\theta}$ と変形していくことができるからである。これから、
$$\int \mathrm{d}x\,\frac{1}{1+x^2} = \int \mathrm{d}\theta = \theta + C = \arctan x + C \tag{8.34}$$
$$\int \mathrm{d}x\,\frac{x}{1+x^2} = \int \mathrm{d}\theta\,\tan\theta = -\log(\cos\theta) + C = \frac{1}{2}\log\underbrace{\left(\frac{1}{\cos^2\theta}\right)}_{1+\tan^2\theta} + C$$
$$= \frac{1}{2}\log(1+x^2) + C \tag{8.35}$$
のように[†12] 積分をしていくことができる[†13]。

[†11] この時は $\dfrac{1}{\sqrt{1-x^2}}\mathrm{d}x = -\mathrm{d}\theta$ のように符号を選んだ（考えている領域では x が増えると θ が減ったから）うえで積分の範囲をひっくり返した時にもう一度符号が出た。

[†12] 下の式は $1+x^2 = t$ という置換積分でも計算可能。

[†13] こういうのはいちいち公式を覚えようとしなくてよい（「覚えよう」は禁句）から、「$\dfrac{1}{\sqrt{1-x^2}}\mathrm{d}x$ がでてきたら $\boxed{x=\sin\theta}$ ではどうか？」とか「$\dfrac{1}{1+x^2}$ が出てきたら $\boxed{x=\tan\theta}$ と置いてはどうか？」などと考えていくのがよい。

8.3.2 双曲線関数を使った置換積分

では、たとえば $\frac{1}{\sqrt{1+x^2}}dx$ が出てきたらどうしよう？？—この形の積分が簡単になるような関数はあるだろうか？—そもそも、「$\frac{1}{\sqrt{1-x^2}}dx$ がでてきたら $x=\sin\theta$」という考えがうまくいったのは、$x=\sin\theta$ の微分が $dx=\cos\theta\,d\theta$ で、$\frac{dx}{\sqrt{1-x^2}}=d\theta$ となったからであった。そこで、$x=f(\theta)$ と置いたとき、$f'(\theta)=\sqrt{1+x^2}$ になるような関数があればこの積分ができる。そういう関数として知られているのが、「双曲線関数」と呼ばれる関数群の一つである $\sinh\theta$ である[†14]。$\sin,\cos$ のテイラー展開では次数が上がるごとに符号が反転するが、以下のように符号が反転しない

$$\sinh\theta = \theta + \frac{\theta^3}{3!} + \frac{\theta^5}{5!} + \cdots = \sum_{n=0}^{\infty} \frac{\theta^{2n+1}}{(2n+1)!} \tag{8.36}$$

$$\cosh\theta = 1 + \frac{\theta^2}{2!} + \frac{\theta^4}{4!} + \cdots = \sum_{n=0}^{\infty} \frac{\theta^{2n}}{(2n)!} \tag{8.37}$$

のような展開級数を作る。これらの関数が双曲線関数（sinh と cosh）[†15]である[†16]。すぐにわかるように、

$$\frac{d}{d\theta}\cosh\theta = \sinh\theta, \quad \frac{d}{d\theta}\sinh\theta = \cosh\theta \tag{8.38}$$

である（ここでも、三角関数にはあるマイナス符号がない）。cosh と sinh は

$$\cosh\theta + \sinh\theta = 1 + \theta + \frac{\theta^2}{2!} + \frac{\theta^3}{3!} + \frac{\theta^4}{4!} + \cdots = \sum_{n=0}^{\infty} \frac{\theta^n}{n!} = e^{\theta} \tag{8.39}$$

$$\cosh\theta - \sinh\theta = 1 - \theta + \frac{\theta^2}{2!} - \frac{\theta^3}{3!} + \frac{\theta^4}{4!} - \cdots = \sum_{n=0}^{\infty} \frac{(-\theta)^n}{n!} = e^{-\theta} \tag{8.40}$$

のように足したり引いたりすることで指数関数になる。

この式はオイラーの関係式 $e^{i\theta}=\cos\theta+i\sin\theta$ の i がなくなった式であるとも言える。

cosh と sinh のグラフは右のようになる。$e^{\theta}\times e^{-\theta}=1$ から

$$\underbrace{(\cosh\theta+\sinh\theta)}_{e^{\theta}}\underbrace{(\cosh\theta-\sinh\theta)}_{e^{-\theta}} \tag{8.41}$$
$$=\cosh^2\theta - \sinh^2\theta = 1$$

がわかる（$\cos^2\theta+\sin^2\theta=1$ に似た式である）。

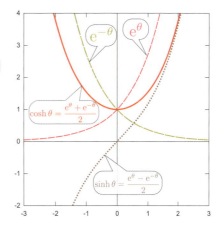

[†14] 三角関数に似ているところがあるので θ という文字で変数を表しておくが、この θ には「角度」という意味は全くない。
[†15] 三角関数の $\frac{\sin\theta}{\cos\theta}=\tan\theta$ と同様に、$\frac{\sinh\theta}{\cosh\theta}=\tanh\theta$ という関数もある。
[†16] 正確な読み方は sinh は「ハイパボリックサイン」（または「サインハイパボリック」）、cosh は「ハイパボリックコサイン」（または「コサインハイパボリック」）である sinh を「しんち」、cosh を「こっしゅ」などと読むこともある。

また、逆に解くことで以下を得る。

$$\cosh\theta = \frac{e^\theta + e^{-\theta}}{2}, \sinh\theta = \frac{e^\theta - e^{-\theta}}{2} \tag{8.42}$$

【問い 8-5】 双曲線関数に対し、三角関数の加法定理にあたる式を作れ。 → p58　　ヒント → p191 へ　　解答 → p198 へ

$x = \cosh\theta, y = \sinh\theta$ としてグラフを描くと下のようになる。

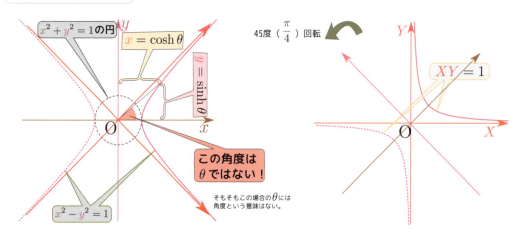

これが「双曲線関数」という名前の由来である。「双曲線」と言われると思い出すのは $y = \frac{1}{x}$（いわゆる「反比例」の式とグラフ）の方かもしれない。$Y = \frac{1}{X}$ すなわち $XY = 1$ と $x^2 - y^2 = 1$ は、45°（$\frac{\pi}{4}$ ラジアン）回転させた関係にある。それに $X = x - y, Y = x + y$ を代入することでこの二つの式が入れ替わる $XY = x^2 - y^2$ ということからもわかる[†17]。

さて、$x = \sinh\theta$ と置換した場合どうなるかを考えよう。微分して $dx = \cosh\theta\, d\theta$ であるが、(8.41) により $\cosh\theta = \sqrt{1 + \sinh^2\theta}$ である（$\cosh\theta$ は定義からして正にしかならないので、$\sqrt{\ }$ の前に $\pm$ はいらない）。よって、$\frac{dx}{\sqrt{1+x^2}} = d\theta$ という置き換えができて、$\frac{1}{\sqrt{1+x^2}}$ の積分が可能になる。たとえば、

$$\int dx\, \frac{1}{\sqrt{1+x^2}} = \operatorname{arcsinh} x + C \tag{8.43}$$

である（arcsinh は sinh の逆関数）。

[†17] 回転を行列で表す方法を知っている人なら、$X = \frac{1}{\sqrt{2}}(x+y), Y = \frac{1}{\sqrt{2}}(x-y)$ のように $\frac{1}{\sqrt{2}}$ をつけると、この変換が $\begin{pmatrix} X \\ Y \end{pmatrix} = \begin{pmatrix} \cos\frac{\pi}{4} & \sin\frac{\pi}{4} \\ -\sin\frac{\pi}{4} & \cos\frac{\pi}{4} \end{pmatrix} \begin{pmatrix} x \\ y \end{pmatrix}$ という 45°回転の式になることがわかる。

> 【問い 8-6】 $\int \sqrt{1+x^2}\,dx$ を $x = \sinh\theta$ による置換積分を使って積分せよ。 ヒント → p191 へ 解答 → p198 へ
>
> 【問い 8-7】 $\int \sqrt{x^2-1}\,dx$ を $x = \cosh\theta$ による置換積分を使って積分せよ。 ヒント → p191 へ 解答 → p198 へ

8.4 面積・体積と積分

積分の重要な応用として面積や体積を積分を使って計算できるという点があるので、それについて解説しておく。

8.4.1 円錐・角錐の体積

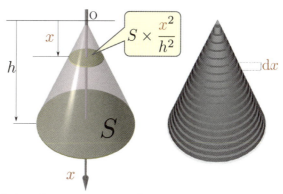

円錐や角錐の体積は底面積を S、高さを h とすると、$\frac{1}{3}Sh$ で書ける。これを定積分を使って出そう。

頂点を原点として、底面に垂直な方向の距離を考えて、その距離 x とする(面に垂直な下向きの方向に x 軸を取る)。x は下向きに取っているので、『高さ』とは逆になっていることに注意しよう。

そして定積分の精神に従って、この x を微小区間に切り刻み、その一つの微小区間の幅(この円錐や角錐をビルと考えた時の「一階の高さ」である)を dx とする(座標 x から座標 $x + dx$ までを切り取って考える)。

この一階の体積は、この階の底面積 $\times dx$ である。面積はスケールの自乗に比例するから、底面積は $S \times \dfrac{x^2}{h^2}$ である(図では円錐の場合を示したが、角錐であっても同様)から、

$$\int_0^h \frac{Sx^2}{h^2}\,dx = \left[\frac{Sx^3}{3h^2}\right]_0^h = \frac{Sh}{3} \quad (8.44)$$

となる。分母の 3 は $\boxed{\int_a^b x^2\,dx = \left[\dfrac{x^3}{3}\right]_a^b}$ から来たのである。

ここで体積を計算した方法からすると、円錐や角錐の頂点が(底面に平行な方向に)移動したとしても体積が変わらない(つまり体積は底面積と高さだけで決まり、傾きにはよらない)ことが納得できる。これは円柱などの場合でも同じである。

8.4.2 球の体積

球も同様に微小な高さ $\mathrm{d}x$ に分けて考える。

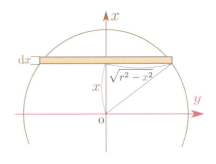

今度は $x=0$ は球の中心におくと、図に描いたように、各階の床は半径 $\sqrt{r^2-x^2}$ の円で、底面積 $\pi(r^2-x^2)$ を持つ。これに高さ $\mathrm{d}x$ を掛ければ一階分の体積が出るから、範囲 $-r<x<r$ でこれを積分して、

$$\int_{-r}^{r} \pi(r^2-x^2)\,\mathrm{d}x = \pi\left[r^2 x - \frac{x^3}{3}\right]_{-r}^{r} = \pi\left(r^3 - \frac{r^3}{3} - \left(-r^3 + \frac{r^3}{3}\right)\right) = \frac{4\pi r^3}{3} \tag{8.45}$$

となる。

📖 【問い 8-8】 球の表面積は $S=4\pi r^2$ であるが、これは上で求めた体積 $V=\dfrac{4\pi r^3}{3}$ を r で微分したものになっている。この意味はなにか？？

ヒント → p191 へ　　解答 → p198 へ

8.5 曲線の長さ

$y=f(x)$ で表現されるグラフの線の長さを計算してみよう。微小な区間 (x,y) から $(x+\mathrm{d}x, y+\mathrm{d}y)$ の長さは $\sqrt{\mathrm{d}x^2+\mathrm{d}y^2}$ であるから、これを足していく。ここで、

$$\sqrt{\mathrm{d}x^2+\mathrm{d}y^2} = \sqrt{1+\left(\frac{\mathrm{d}y}{\mathrm{d}x}\right)^2}\,\mathrm{d}x \tag{8.46}$$

という変形をする。この微小区間の長さを足算していけばよい。x を独立変数、y を従属変数と考えることにすれば、これは普通の積分になっている。$(a, f(a))$ から $(b, f(b))$ に達する線の長さは

$$\int_a^b \sqrt{1+\left(\frac{\mathrm{d}y}{\mathrm{d}x}\right)^2}\,\mathrm{d}x \tag{8.47}$$

という積分で得られる。$x^2+y^2=r^2$ で表される円の場合、$\dfrac{\mathrm{d}y}{\mathrm{d}x}=-\dfrac{x}{y}$ であった。$y>0$ の範囲では $y=\sqrt{r^2-x^2}$ だから、

$$\int_{-r}^{r} \sqrt{1+\left(-\frac{x}{\sqrt{r^2-x^2}}\right)^2}\,\mathrm{d}x = \int_{-r}^{r} \sqrt{1+\frac{x^2}{r^2-x^2}}\,\mathrm{d}x = \int_{-r}^{r} \frac{r}{\sqrt{r^2-x^2}}\,\mathrm{d}x \tag{8.48}$$

で円周の半分が出る（$y<0$ の範囲も足せば全円周になる）。

ここで $x=r\cos\theta$ という置換積分を行う。$dx=-r\sin\theta\, d\theta$ と置換され、$x=r$ の時 $\theta=0$、$x=-r$ の時 $\theta=\pi$ であるから、

$$\int_\pi^0 \frac{r}{r\sin\theta}(-r\sin\theta)\,d\theta = r\int_0^\pi d\theta = \pi r \tag{8.49}$$

となって、予想どおり円周 $2\pi r$ の半分が出た。

> 【問い 8-9】上の置換積分にはもちろん幾何学的（図形的）意味がある。グラフを描いて確認せよ。
>
> ヒント → p191 へ　　解答 → p198 へ

少し難しい例で曲線の長さを出してみよう。硬貨を 2 枚机の上において、一方を固定してもう一方をその周りにぐるりと廻してみる（この時、硬貨と硬貨の接触点はすべらないようにする）。

動かした方の硬貨が一周して元に戻ってきたとき、この硬貨の縁の一点（たとえば、図に赤で示した点、以下「移動点」と呼ぶ）はどれだけの距離を動いているだろうか？？──図に示したように、この軌跡はハートマークのような形を描く（「**カージオイド**」と呼ばれている）。

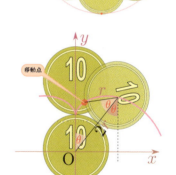

まずこの移動点の位置は（右図のように考えると）[18]、

$$x = 2r\sin\theta - r\sin 2\theta \tag{8.50}$$
$$y = 2r\cos\theta - r\cos 2\theta \tag{8.51}$$

である[19] から、θ が微小変化したとして x,y の微小変化は

$$dx = 2r(\cos\theta - \cos 2\theta)\,d\theta \tag{8.52}$$
$$dy = -2r(\sin\theta - \sin 2\theta)\,d\theta \tag{8.53}$$

であり、この微小部分の長さは $\sqrt{\left(\dfrac{dx}{d\theta}\right)^2+\left(\dfrac{dy}{d\theta}\right)^2}\,d\theta$ で与えられるのでまずルートの中身を計算すると、

$$\begin{aligned}
\left(\frac{dx}{d\theta}\right)^2+\left(\frac{dy}{d\theta}\right)^2 &= 4r^2\left((\cos\theta-\cos 2\theta)^2+(\sin\theta-\sin 2\theta)^2\right)\\
&= 4r^2(2-2\cos\theta\cos 2\theta - 2\sin\theta\sin 2\theta)\\
&= 8r^2(1-\cos\theta)\\
&= 16r^2\sin^2\frac{\theta}{2}
\end{aligned} \tag{8.54}$$

（加法定理 → p58　$\cos\theta\cos 2\theta + \sin\theta\sin 2\theta = \cos(2\theta-\theta)$）

（半角公式　$\dfrac{1-\cos\theta}{2}=\sin^2\dfrac{\theta}{2}$）

---

[18] 動かしている方の硬貨が元の位置から θ だけ回ると、硬貨自体の回転はその 2 倍の角度だけ回転していることに注意。このことは、一周してくる間に 2 回、10 円玉の向きが 10 になっていることからもわかる。

[19] θ が通常と違って、y 軸のところで $\theta=0$ であることにも注意。縦に硬貨が並んだ状態を初期状態（$\theta=0$）にしたかったので。

となり、微小部分の長さが $4r\left|\sin\dfrac{\theta}{2}\right|\mathrm{d}\theta$（絶対値に注意！）であることがわかる。$\sin\dfrac{\theta}{2}$ は $0<\theta<\pi$ では正で、$\pi<\theta<2\pi$ では負であることに注意して、これを定積分して、

$$\int_0^{2\pi} 4r\left|\sin\dfrac{\theta}{2}\right|\mathrm{d}\theta = 8r\int_0^{\pi}\sin\dfrac{\theta}{2}\mathrm{d}\theta = 8r\left[-2\cos\dfrac{\theta}{2}\right]_0^{\pi} = 16r \tag{8.55}$$

が全体の長さである（円が関係するのに答えには π が含まれないという、面白い結果が出る）。

8.6 糸の張力

　質量 m の物体を天井から長さ ℓ の糸で吊るす（糸は伸びないとする）。糸が単位長さあたり ρ の質量があるとすると、天井から x の位置での張力はどれだけか、という問題を考えてみる。やはり糸を $\mathrm{d}x$ という微小部分ごとに切ろう。その微小部分の質量は $\rho\mathrm{d}x$ であり、ここに働く力は、重力 $\rho g\mathrm{d}x$ と、上の部分の糸の張力 T と下の部分の糸の張力 $T+\mathrm{d}T$ である。下の部分では張力が変化している（減っている）ことに注意しよう。

　減っているんだから、$T-\mathrm{d}T$ としなくては　というのは　よくある間違い　の大きなお世話なので、この点も注意。$\mathrm{d}T$ は「変化量」であり減っている場合は $\mathrm{d}T$ という量そのものが負の量になっている。

つりあいの式は

$$\rho g\mathrm{d}x + T + \mathrm{d}T = T \tag{8.56}$$

であるから、

$$\mathrm{d}T = -\rho g\mathrm{d}x \tag{8.57}$$

積分して、

$$T = -\rho gx + C \tag{8.58}$$

となる。糸の端 $x=\ell$ で $T=mg$ となることから、

$$mg = -\rho g\ell + C \tag{8.59}$$

となって、積分定数 C が決まる。

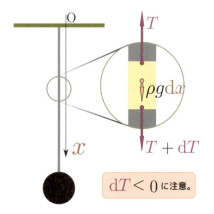

　こうして、決まった C を代入して、

$$T = \rho g(\ell - x) + mg \tag{8.60}$$

とすれば任意の場所での張力が計算できる（実はこれは次の章からやる微分方程式の、もっとも簡単な例である）。

　実はこの結果は積分なんて使わなくても、図のように糸を場所 x で（頭の中で）切断して、切断した場所より下にある部分の質量が $m+\rho(\ell-x)$ であることを考えればわかる。

　そこで次に積分が必要な状況を考えよう。

簡単のため重力はないとして[20]、物体をある点を中心にくるくる回したとする（その回転の角速度をωとしよう）。物体とともに運動している系で考えると、中心からxの場所の微小部分には、遠心力$\rho x \omega^2 \, dx$が働いているから、この場合のつりあいの式は

$$\rho x \omega^2 \, dx + T + dT = T \tag{8.61}$$

であり、これを積分していくと、

$$T = -\frac{\rho \omega^2}{2} x^2 + C \tag{8.62}$$

となる。この場合は$x = \ell$のところで$T = m\ell\omega^2$となることを使って積分定数を定め、

$$T = m\ell\omega^2 + \frac{\rho\omega^2}{2}(\ell^2 - x^2) \tag{8.63}$$

が答えとなる。

章末演習問題

★【演習問題8-1】

以下のように、部分積分を使ってテイラー展開の公式を作ろう。まず、

$$f(x) = f(x_0) + \int_{x_0}^{x} f'(t) \, dt \tag{8.64}$$

という式から始める。

ここで積分の中にあえて$\frac{d}{dt}(t-x) = 1$を挟んだ上で部分積分を使うと、

$$\begin{aligned}f(x) &= f(x_0) + \int_{x_0}^{x} f'(t) \overbrace{\frac{d}{dt}(t-x)}^{1} \, dt \\ &= f(x_0) + \left[f'(t)(t-x)\right]_{x_0}^{x} \\ &\quad - \int_{x_0}^{x} f''(t)(t-x) \, dt\end{aligned} \tag{8.65}$$

となる。この手順を繰り返せばテイラー展開の式が出てくることを確認せよ。　ヒント→p204へ　解答→p211へ

★【演習問題8-2】

前問の結果で、$(n-1)$次まで求めると、余剰項である$\frac{1}{(n-1)!}\int_{x_0}^{x} dt \, f^{(n)}(t)(x-t)^{n-1}$が最後に出てくる。この余剰項は$\frac{1}{n!}\text{Min}\left(f^{(n)}(t)\right)_{x_0 \le t \le x}(x-x_0)^n$より大きく$\frac{1}{n!}\text{Max}\left(f^{(n)}(t)\right)_{x_0 \le t \le x}(x-x_0)^n$より小さいことを示せ[21]。ただし、$\text{Max}\left(f^{(n)}(t)\right)_{x_0 \le t \le x}$とは範囲$x_0 \le t \le x$内における$f^{(n)}(t)$の最大値である（Minの方は最小値）。

ヒント→p204へ　解答→p212へ

★【演習問題8-3】

放物線$y = x^2$の、$(0,0)$から(L, L^2)までの部分の長さを積分により求めよ。

ヒント→p204へ　解答→p212へ

★【演習問題8-4】

$x = a\cos^3\theta, y = a\sin^3\theta$で表される曲線の$0 < \theta < \frac{\pi}{2}$の範囲の長さを求めよ。

ヒント→p204へ　解答→p212へ

★【演習問題8-5】

(1) 【演習問題6-6】の答え(C.101)から、
→p91　→p211

$\frac{1}{\sqrt{1-x^2}}$の$x = 0$の周りのテイラー展開を求めよ。

(2) $\arcsin x = \int dx \, \frac{1}{\sqrt{1-x^2}}$と上の答えを使って、$\arcsin x$のテイラー展開を求めよ。

解答→p212へ

---

[20] 「無重力空間でやっている」と考えてもよいし、「摩擦のない床の上で水平運動している（重力は床からの垂直抗力で打ち消されている）」と考えてもよい。

[21] このことから、この範囲内で$f^{(n)}(t)$が$\pm\infty$へと発散することがない限り、余剰項は$\mathcal{O}\left((x-x_0)^n\right)$であることがわかる。よって$n$が大きくなるにしたがい$f^{(n)}(t)$が$\mathcal{O}\left((x-x_0)^n\right)$を打ち消すほどに大きくなっていかない限りはテイラー展開の余剰項は項数を大きくしていくと消える。

第9章 常微分方程式——序論

 まず微分方程式の一般的な形と性質について整理しよう。

9.1 微分方程式とは

「**微分方程式 (differential equation)**」とは、独立変数 x、従属変数 y と、その微分 $\dfrac{d}{dx}y, \dfrac{d^2}{dx^2}y, \cdots$ の間にある

$$\Phi\left(x, y, \frac{d}{dx}y, \frac{d^2}{dx^2}y, \cdots\right) = 0 \quad (9.1)$$

のような形で書ける関係式（Φ は任意の関数）であり、この式を満たす y と x の関係を（$y = f(x)$ などのような形で）求めるのがその目的である。グラフで考えると一階

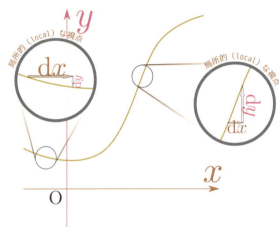

微分 $\dfrac{d}{dx}y$ は傾きを、二階微分 $\dfrac{d^2}{dx^2}y$ は曲がり具合を表現している。つまり微分方程式は「ある場所 (x, y) での局所的 (local) な情報」の間の関係式である。一方、関数 $y = f(x)$ を与えると、二つの変数の間の関係を大域的（global）に与える。 微分方程式を解く というのは局所的情報から大域的情報を導くことであるとも言える（逆に微分は、大域的情報から局所的情報を得る）。

 なぜこういう手法が有効なのかというと、自然を相手にした時、全部（つまり、大局的状況）をいっぺんに考える（globalに考える）ことが人間の手に余ることが多いからである。ゆえに我々は狭い領域（つまり、局所的状況）をまず考える（localに考える）ことにする。そしてその狭い領域での「法則」を見つけてから前に進む。この方法は物理などの自然科学でこれまで大きな成果（ニュートン力学、電磁気学、流体力学、みんなそう）を上げてきたのである。

 微分方程式を解くテクニックは解くべき微分方程式により様々なので、後のために微分方程式の形を分類しておこう（ここでは分類だけで、実際の解き方はこの後でじっくり考える）。
分類はいいからまずは解きたい、という人は次の節までスキップしてもよい。
→ p128

階数による分類

微分方程式を分類する方法の一つが「何階微分を含むか」という点での分類である。n 階以下の導関数を含む微分方程式を「n 階微分方程式」と呼ぶ。

$$\Phi\left(x, y, \frac{\mathrm{d}}{\mathrm{d}x}y\right) = 0 \tag{9.2}$$

となるのが一階微分方程式である。同様に、

$$\Phi\left(x, y, \frac{\mathrm{d}}{\mathrm{d}x}y, \frac{\mathrm{d}^2}{\mathrm{d}x^2}y\right) = 0 \tag{9.3}$$

は二階微分方程式である。後で具体的な計算をやってみせるが、n 階の微分方程式を解くことは不定積分を n 回やることと同じなので、不定積分のたびに積分定数が出て来る。結果、微分方程式の解である y は n 個の「未定のパラメータ」を含む。つまり、

> n 階微分方程式の解は n 個の（微分方程式だけでは決まらない）パラメータを含む

と考えてよい[†1]。

線形か非線形か

微分方程式を使って求めたい関数を y とした時、その式が y に対して線形である（つまり定数と y の 1 次式しか含んでいない）とき、「線形微分方程式」と呼ぶ。そうでないときは「非線形微分方程式」と呼ぶが、線形か非線形かで微分方程式の解き方は大きく違う。

線形の微分方程式は

$$A(x)\frac{\mathrm{d}^2}{\mathrm{d}x^2}y + B(x)\frac{\mathrm{d}}{\mathrm{d}x}y + C(x)y + D(x) = 0 \tag{9.4}$$

のような形をしている（y の微分についても線形であることに注意）。この式 (9.4) は y の線形二階微分方程式になる（一階もしくは三階以上の微分方程式も同様に考えられる）。

式 (9.4) は $D(x)$ という「定数項」を含んでいるが、これを含まない場合（つまり $D(x) = 0$ の場合）は「**線形斉次微分方程式**」と呼ぶ（$D(x) \neq 0$ の時は「線形非斉次微分方程式」である）。「**斉次(homogeneous)**」とは「次数が揃っている[†2]」という意味の言葉である（「**非斉次(inhomogeneous)**」はその否定）。「斉次/非斉次」は「同次/非同次」と訳している本もある。

 線形微分方程式は第 10 章でじっくり解説。
→ p144

正規形と非正規形

一階微分方程式を適当に変形することで、

$$\frac{\mathrm{d}}{\mathrm{d}x}y = F(x, y) \tag{9.5}$$

の形にできた時、この式は正規形である、と言う。右辺が定まらない場合は非正規形である。一例を挙げると $\left(\frac{\mathrm{d}}{\mathrm{d}x}y\right)^2 + y^2 = 1$ で、$\frac{\mathrm{d}}{\mathrm{d}x}y = \pm\sqrt{1-y^2}$ と整理すると、$\frac{\mathrm{d}}{\mathrm{d}x}y$ が一つに決まらない。

変数分離が可能かどうか

「変数分離」とは、「微分方程式を変形することで、

$$f(y)\,\mathrm{d}y = g(x)\,\mathrm{d}x \tag{9.6}$$

の形に変形する」ということである。変数分離される前は、$\frac{\mathrm{d}y}{\mathrm{d}x} = \frac{g(x)}{f(y)}$ という形である。つまりは x と y という二つの変数が左辺と右辺に分離できるということ。これができる場合の方が解きやすい。

 変数分離については、9.5 節で扱う。
→ p136

全微分形かそうでないか

微分方程式が

$$\mathrm{d}(f(x, y)) = 0 \tag{9.7}$$

と直せるとき、この形の微分方程式を「全微分（または完全微分）形の微分方程式」と呼ぶ。この式の積分は

$$f(x, y) = \text{一定} \tag{9.8}$$

と簡単に求められる。たとえば

$$mx^{m-1}y^n\,\mathrm{d}x + nx^m y^{n-1}\,\mathrm{d}y = 0 \tag{9.9}$$

は

$$\mathrm{d}(x^m y^n) = 0 \tag{9.10}$$

と全微分形にできる。

 全微分形については付録の B.5 節で解説する。
→ p184

[†1] ただし、微分が不連続性を持つ関数では、積分定数が領域によって違うこともある（例は(7.33) → p105）ので、その場合パラメータの数は増える。その場合も、各領域ごとでのパラメータの数は微分の階数と一致する。

[†2] この場合、y の次数。ただし、$\frac{\mathrm{d}}{\mathrm{d}x}y$ や $\frac{\mathrm{d}^2}{\mathrm{d}x^2}y$ も「1 次」と数える。定数項 $D(x)$ は y の 0 次なので、これが含まれていると次数が揃ってない（斉次でない）。

9.2 簡単な微分方程式から

9.2.1 答が直線になる微分方程式

ある点において、傾きが1 とはグラフにおいて右斜上 45°の方向に線が伸びていくことである。そこで、この節の図ではこれを と表現することにしよう。

> ここからしばらく $\dfrac{dy}{dx} =$ なんとか の形の一階微分方程式を扱うが、この式の表すところは、
>
> > この微分方程式の解のグラフを描くと、x-y 平面のある点においての傾きは なんとか になる。
>
> である。マーク を「この場所では右上 45°の方向に進め」という命令と解釈しよう。「微分方程式の示す命令に従い進んでいけばどのような線ができあがるか」を考えるのが 微分方程式を解く ことである。

最も単純な微分方程式である

$$\frac{dy}{dx} = 0 \qquad (9.11)$$

は「至るところで傾き 0」を表す。その様子を表したのが右のグラフで、「傾き 0」または「右に進め」もしくは「左に進め」という命令を表す ⊖ で埋め尽くされている。

この方程式の解は計算するまでもない。

$$y = C \qquad (9.12)$$

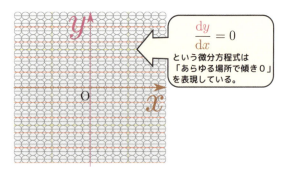

である（(9.11) を積分した結果が (9.12) だと考えても同じこと）。右辺が 0 でなく定数 a である微分方程式 $\dfrac{dy}{dx} = a$ はグラフの傾きが一定であることを示している。解は $y = ax + C$ で、

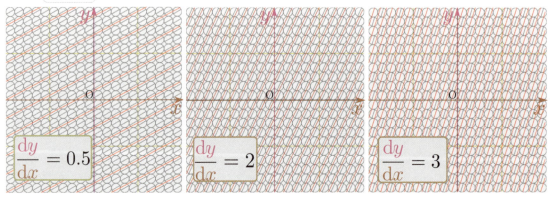

のようなグラフになる。$a = 0.5, 2, 3$ と変えていったのが上の図である。

傾きが大きいのなら急な坂に、小さいのなら緩やかな坂になるが「一定の割合で上昇する」ということは変わらない。結果として図に描いたように、たくさんの平行線が引かれる。

> **FAQ** "方程式"を解いたのに、答がたくさん出てくるのですか？
>
> 　そもそも「方程式を解く」というのは、「式の形で与えられた条件に合う『もの』を見つける」ということである。「二次方程式 $x^2-4x-12=0$」ならば条件に合う『もの』は $x=6,-2$ という二つの数だが、今解いている「微分方程式」の場合、解となる『もの』は数ではなく関数なのである。
>
> 　微分方程式は、数式として表現すれば「微係数 $\dfrac{dy}{dx}$」を決める式である。一方、図形で考えると、各点各点で、⊖ だったり ⊘ だったりという「グラフの傾き」を決めているのが微分方程式である。（これは「局所的な法則である」と言ってもいい）。グラフの傾きだけ決めても、グラフ全体は「どこを通るか」を変えれば一般に変わる。微分方程式の答として線が得られるが、出発点が違っていれば結果としてできあがる線も違うものになってしまう。そのため、微分方程式の「解」は1つには決まらない。これは微分方程式の持つ、一般的な性質である。

9.2.2　答えが放物線になる微分方程式

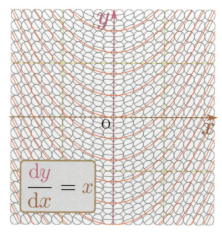

積分曲線が文字通り「曲線」になる例に行こう。$\dfrac{dy}{dx}=x$ を考えてみる。この場合、x が大きくなると（グラフ上で右に行くと）傾きが大きくなっていく。こういう性質をもった量は自然科学にもよく登場する[†3]。

y 軸の上では $x=0$ だから、傾きも 0（水平すなわち ⊖）となる（図では y 軸の真上には ○ を描いていないが）。x が増加する（グラフ上で右に移動する）にしたがって傾きは増加していき、$x=1$ の場所では傾きが 1（図では ⊘）になる。

また、$x<0$ の領域に行くと傾きがマイナス（右下がり）になっていることもわかるであろう。

$\dfrac{dy}{dx}=x$ という式を見たときに、以上のような図形的イメージを持って欲しい。

このグラフで各点各点をこの傾きで通るように線をつないでいくと $y=\dfrac{x^2}{2}+C$ で表される線、いわゆる放物線ができる[†4]。微分方程式 $\dfrac{dy}{dx}=x$ は、「ある場所で線がどっちを向いているか（ローカルな情報）」を表している。それから、解 $y=\dfrac{x^2}{2}+C$ すなわち「どんな線か（グローバルな情報）」を導くというのが「微分方程式を解く」という作業なのである。

[†3] たとえばバネは伸び縮みに比例して力が強くなる。力はエネルギーの増加に比例するので、傾きが力に比例するとすれば、この y はエネルギーである。

[†4] 11.1 節で具体的に計算するが、この線は「平行光線を一点に集めるにはどのように鏡を配置すればよいか」という問題の解 → p163
でもある。中心から離れれば離れるほど鏡を傾けないと一点に集まらない、と思えばだいたいこういう形になりそうだ、というのはわかるだろうか？（それを計算で示してしまうのが数学の力だ）。

9.2.3 答が指数関数となる微分方程式

これまでもでてきた

$$\frac{dy}{dx} = y \tag{9.13}$$

も微分方程式である。この式の解の少なくとも一つである「微分すると y に戻る関数」を、我々はとっくに知っていて、

$$y = e^x \tag{9.14}$$

がその答えであるが、これは「一つの解」であり「全ての解」ではない。

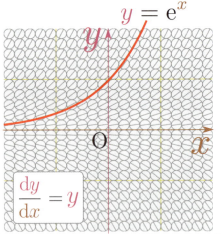

この式がグラフの傾きを決めているという立場に立って考えてみると、上のような「傾きの図」が描ける。図に示したたくさんの線のうち、太い線で示したのが、$y = e^x$ のグラフである。この太い線一本では、$\frac{dy}{dx} = y$ を満たす線 の全てが表現されていない。数式としての側面から「複数の解がある」ことを見てみよう。(9.13) をよく見ると、e^x に定数 A を掛けた $y = Ae^x$ もまた、この微分方程式を満たすことがわかる。両辺が $f(x)$ に関して1次式だからである[†5]。ということは、任意の定数を A として

$$y = Ae^x \tag{9.15}$$

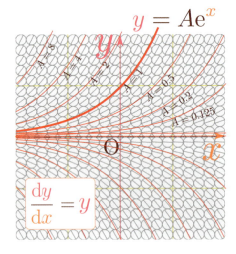

がすべて解となる。あらゆる A の値に対応する一つずつの y すべてが解である（右の図参照）。図で、どの点においても グラフの線の進む向き が各点の⊘で表されていることを確認しよう。

「一つの解」である $y = e^x$ (9.14) を「特別な解」という意味で「**特解 (particular solution)**」と呼ぶのに比べ、$y = Ae^x$ (9.15) という解を「**一般解 (general solution)**」（これで微分方程式のすべての解を表現している、という意味で「一般」をつける[†6]）と呼ぶ。

一般解はたくさんあり（上の場合、A が変われば解が変わるから、無限個の解がある）、微分方程式だけでは一つに定まらない。解を一つに定めるためには、 $x = 0$ で $y = 1$ とする （この場合 $A = 1$）のようになんらかの付加的な条件を置く。

このような条件は状況に応じて「**境界条件 (boundary condition)**」あるいは「**初期条件 (initial condition)**」などと呼ばれる[†7]。

[†5] 一般に、微分方程式が求めるべき関数 y に関して同次（1次なら1次ばかり、2次なら2次ばかりを含んでいる）ならば、定数倍しても解である。

[†6] 「一般解」という用語の意味は少し混乱がある。後で述べる。
→ p142

[†7] 条件を定める場所が時間的な「最初」である時に「初期条件」という言葉がよく選ばれる。

9.2.4 指数関数が出てくる自然現象

このような方程式に従う自然現象の例に、放射性物質の崩壊がある。放射性物質は、「半減期」と呼ばれる一定期間（以下 T とする）を経過すると元の量の $\frac{1}{2}$ が崩壊し、別の物質に変化する[†8]。時刻 t で残っている放射性物質の量は $N(t) = N(0)\left(\frac{1}{2}\right)^{\frac{t}{T}}$ という、$\frac{t}{T}$ が1増えるごとに $\frac{1}{2}$ になるという式で表される。ここで $\frac{1}{2} = \mathrm{e}^{-\log 2}$ を使って、

$$N(t) = N(0)\,\mathrm{e}^{-\frac{\log 2}{T}t} \tag{9.16}$$

と書く。これは言わば大局的な情報としての式である（そして、実験的にもよく確認された式であると言える）。では、この式にはどのような自然法則が隠れているだろうか。「微分」という作業がこの現象の局所的情報を取り出してくれる。

(9.16)を微分してみると、

$$\frac{\mathrm{d}}{\mathrm{d}t}N(t) = -\frac{\log 2}{T}N(t)$$
$$\text{または} \tag{9.17}$$
$$\mathrm{d}N = -\frac{\log 2}{T}N\,\mathrm{d}t$$

のように、$\frac{\mathrm{d}y}{\mathrm{d}x} = y$ (9.13) →p130 に似た式が出る[†9]。

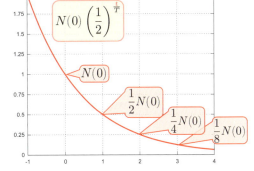

この式 $\mathrm{d}N = -\frac{\log 2}{T}N\,\mathrm{d}t$ は、微小時間 $\mathrm{d}t$ の間に放射性物質の量が $-\frac{\log 2}{T}N\,\mathrm{d}t$ だけ減ることを表す。すなわち、今ある量に比例して減るという法則を示している。ある一個の放射性物質の原子に着目すると、その原子はまわりの状況や物質の状態とは無関係に一定確率で崩壊する[†10]。これが生物の死であれば「年老いた個体は死にやすい」「密集した環境では食料が確保できず死にやすい」などの理由で確率が変わる。原子には「年齢」のような個性がないこと、その崩壊が周りの環境に左右されないことなど（どちらも物理法則からくること）が、見えている現象としての崩壊の様子から逆算してわかる。逆にいえば、そういう性質を持っている物が起こす現象は、これと同様の微分方程式で記述できるだろう。

> 📖 【問い 9-1】 放射性物質が単に崩壊している時の微分方程式は(9.17)であるが、ここで、一定時間ごとに放射性物質の「補給」が行われたとしよう。単位時間ごとに定数 A ずつ外部から追加されるとすると、微小時間 $\mathrm{d}t$ ごとに $A\,\mathrm{d}t$ ずつ増える。この時の微分方程式を作り、解を求めよ。　　ヒント→p191　解答→p198へ

[†8] 注意すべきは「半減期の2倍」の時間が経過すると全部なくなるのではなく、元の量の $\frac{1}{4}$ になる、ということ。

[†9] 違いは $x \to t, y \to N$ という変数の違いと、右辺に定数係数 $-\frac{\log 2}{T}$ がついていること。

[†10] まわりの状況によって変化する確率が違ってくる場合は、また別の形の微分方程式が出てくる。

このように、微分方程式はある（空間的に、あるいは時間的に）狭い範囲で成り立つ法則を記述している。微分方程式を解くことは、「狭い範囲で成り立つ法則」から「広い範囲で成り立つ式」を作っていくことである。自然現象は複雑なものであり、それを一気に理解するのは人間の思考の範疇を超えている場合がある。そのようなとき、狭い範囲だけを見てまず「微小領域で成り立つ法則」を導き出すことで理解していこうというのが微分方程式を作り解いていくときの考え方である。自然科学を深く勉強していけば、この「まずは微小領域で考える」という考え方が、意外なほどに多くの場面で有効であることに気づくだろう。

9.3 微分方程式の図解

下の図は、それぞれ $\dfrac{y}{x}, -\dfrac{x}{y}, \dfrac{x}{y}$ の傾きを表現している。

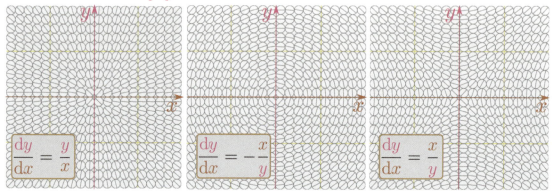

左の図の傾きが $\dfrac{y}{x}$ なのに比べ、中央の図は傾き $-\dfrac{x}{y}$ と（逆数）×(−1) 倍に変化し、左図に比べて角度が $90°$ $\left(\dfrac{\pi}{2}\right)$ 回転した形になっている[†11]。右図は、さらにその上下反転である。

【問い 9-2】 以上の三つの図について、どのような線が引けるかを予想せよ。予想が終わった後で解答を見ること。

解答 → p199 へ

$\dfrac{dy}{dx} = \dfrac{y}{x}$ がどのような傾きを表現しているかを図解しておこう。$\dfrac{y}{x}$ というのは、図に書いた原点から (x, y) へと引いた線の傾きである。その傾きが、その場所 (x, y) に引かれる線の傾きに一致する。つまり $\dfrac{dy}{dx} = \dfrac{y}{x}$ は、考えている線に対し、原点から自分のいる場所に引っ張った線と同じ方向に進め！と「線を伸ばすルール」を決めている。

図で考えても式で考えても同じ結果が出るのはもちろんだが、$\dfrac{dy}{dx}$ が複雑な式になればなるほど、「図

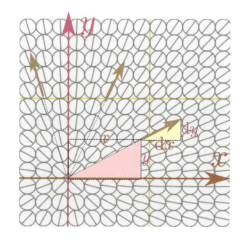

[†11] $x \to y, y \to -x$ は $90°$ 回転である
→ p60

9.4 微分方程式の解に含まれるパラメータの数

上で述べたように、微分方程式の解には、微分方程式だけでは決まらないパラメータが必ず含まれる。それは微分方程式が局所的情報を表す式であることから必然的にもつ性質である。微分方程式を解く時にもこの点は大事なので、解が含むパラメータの数について考察しておこう。

$\dfrac{\mathrm{d}y}{\mathrm{d}x} = y$ の解が $y = Ae^x$ だったことを例として考えよう。

パラメータ A は変数分離を行った結果の $\dfrac{\mathrm{d}y}{y} = \mathrm{d}x$ を積分するときの積分定数から現れる。具体的な積分結果は $\log y = x + C$ [13] であるが、$y = \mathrm{e}^{x+C} = \mathrm{e}^C \mathrm{e}^x$ となるから、$A = \mathrm{e}^C$ である[14]。

FAQ $\log y = x + C$ の左辺に積分定数はいらないのですか？

......

左辺に積分定数をつけても、結果は同じなのだ。もし左辺に積分定数をつけたとすれば、左辺の積分定数と右辺の積分定数は別の定数なのでそれをそれぞれ A, B として[15]、

$$\log y + A = x + B \tag{9.18}$$

となるが、積分定数を右辺に寄せて $\log y = x + B - A$ とすることができる。こうすると、A も B もまだ決まっていない数であり、しかも結果には $B - A$ という組み合わせでしか出てこない。つまり $B - A$ だけを求めればよいから、$C = B - A$ とおいて1つの積分定数と思えばよい（これを「A を B に吸収させる」と表現する）。

次に二階微分方程式の簡単な例 $\left(\dfrac{\mathrm{d}}{\mathrm{d}x}\right)^2 f(x) = \dfrac{\mathrm{d}}{\mathrm{d}x} f(x)$ を同様に解いてみよう。

$$\left(\dfrac{\mathrm{d}}{\mathrm{d}x}\right)^2 f(x) = \dfrac{\mathrm{d}}{\mathrm{d}x} f(x) \quad \text{(両辺を不定積分)}$$

---

[12] たとえば台風の渦の形はなぜああなるのか、はこれよりもっと複雑な微分方程式を立てることで（ある程度）理解することができる。しかしそれは図だけで考えても、式を使って考えても大変だ。

[13] $\dfrac{\mathrm{d}y}{\mathrm{d}x} = y$ から $\dfrac{\mathrm{d}y}{y} = \mathrm{d}x$ へと変数分離を行う際に「両辺を y で割る」という計算をやっているが $y = 0$ の場合、これは許されない。ここでは暗黙のうちに $y \neq 0$ を仮定している。

[14] 「この形だと A は負になれないのでは？」と心配する人もいるかもしれないが、C が $\mathrm{i}\pi$ という虚部を持っていれば、A は負にもなるので気にしなくてよい。心配すべきは $A = 0$ なのだが、この場合はその点も大丈夫である。変数分離を行うとき（脚注[13]）では $y \neq 0$ が仮定されていたが、幸いなことに $y = 0$ はこの一般解 $y = Ae^x$ の、$A = 0$ の場合に含まれているので、$y \neq 0$ の条件は外してよい。

[15] 時々、積分定数をどっちも C にして $\log y + C = x + C$ という式を作り、両辺で C が打ち消されてしまう、という計算をする人がいる（←ここは驚くか笑うかするところ）が、積分定数は左辺と右辺それぞれにおいて「任意の数」だから、両辺で一致する理由はない。

$$\begin{aligned}
\frac{\mathrm{d}}{\mathrm{d}x}f(x) &= f(x) + C &&(f(x)+C=y\text{と置く})\\
\frac{\mathrm{d}}{\mathrm{d}x}(y-C) &= y &&\left(\frac{\mathrm{d}}{\mathrm{d}x}(-C)=0\text{を使って、さらに変数分離}\right)\\
\frac{\mathrm{d}y}{y} &= \mathrm{d}x &&(\text{もう一度積分})\\
\log y &= x + D &&(\text{eの肩に乗せて})\\
y &= \mathrm{e}^{x+D}
\end{aligned} \qquad (9.19)$$

こうして解は（$f(x)$ に戻して）$f(x) = -C + \mathrm{e}^{x+D}$ または $f(x) = -C + D'\mathrm{e}^{x}$ $(D' = \mathrm{e}^D)$ となり、積分を二度やった結果として積分定数 C, D（または C, D'）の二つのパラメータが現れる。

微分方程式を解くとは積分すること、と考えると「n 階微分方程式なら不定積分を n 回繰り返せば解ける」と言えて、結果は n 個の積分変数を含む。上の具体例を見ると、確かに一階微分方程式の解は1個の、二階微分方程式の解は2個の積分定数を含んでいる。

結論として、n 階微分方程式の解は常に n 個の「微分方程式だけでは決まらないパラメータ」を含んでいる[†16]。

こういう考え方もできる。解析的な関数（テイラー展開できる関数）に限って考えると、「関数を決める」というのは、
$$f(x) = \sum_{n=0}^{\infty} \frac{1}{n!} f^{(n)}(x_0)(x-x_0)^n \qquad (9.20)$$
の係数 $f^{(n)}(x_0)$ を 全て 決めることである（少なくともテイラー展開の収束半径の内側ではこれで十分）。
m 階微分方程式は（適切な変更を行った後）
$$f^{(m)}(x) = \left(f^{(m-1)}(x), f^{(m-2)}(x), \cdots, f^{(1)}(x), f^{(0)}(x)\right)\text{の式} \qquad (9.21)$$
のように書くことができる。さらにこれをどんどん微分することで、
$$\begin{aligned}
f^{(m+1)}(x) &= \Big(\underbrace{f^{(m)}(x)}_{(9.21)\text{を代入}}, f^{(m-1)}(x), f^{(m-2)}(x), \cdots, f^{(1)}(x), f^{(0)}(x)\Big)\text{の式}\\
&= \left(f^{(m-1)}(x), f^{(m-2)}(x), \cdots, f^{(1)}(x), f^{(0)}(x)\right)\text{の式}
\end{aligned} \qquad (9.22)$$
のように m 階より高い階数の微係数も求めることができる。これらを使って $f^{(m)}(x_0)$ をそれより微分階数の低い係数を使って書き直すことができるから、$f(x)$ の表現には、m より低い階数の微係数 $\left(f^{(m-1)}(x_0), f^{(m-2)}(x_0), \cdots, f^{(1)}(x_0), f^{(0)}(x_0)\right)$ だけが「決まらずに」残る。
たとえば一階微分方程式を満足する関数であれば $f(x_0)$ のみが、二階微分方程式を満足する関数であれば $f(x_0)$ と $f'(x_0)$ の二つだけが 微分方程式だけでは決まらないパラメータ となる。

[†16] ただし、$\frac{1}{x}$ の積分のところで示したように、途中で関数が定義できない点（たとえば $y=\frac{1}{x}$ の $x=0$）があると積分一つに対して二個の積分定数が出て来ることもあるので、そのような場合には注意が必要である。

一階微分方程式で正規形の場合で、「決まらないパラメータ」の意味を考えておこう。

$\dfrac{dy}{dx} = f(x, y)$ は、x-y 平面上である点 (x, y) を指定したとき、その点における関数のグラフの傾き $\dfrac{dy}{dx}$、すなわち各点各点において グラフの線はどちらに伸ばすべきか を与える式である。

最初に考えた微分方程式 $\dfrac{dy}{dx} = y$ (9.13) の解の曲線は、各場所において y 座標と同じ傾きを持つ。解の曲線を次々と描いていくと、右のグラフにあるように全平面を埋め尽くす。

$x = 0$ の時 $y = 1$ というふうに「出発点」を決めると、この場合は $y = e^x$ という線（グラフでは1本だけ太い線で表現した）の上を進んでいく。

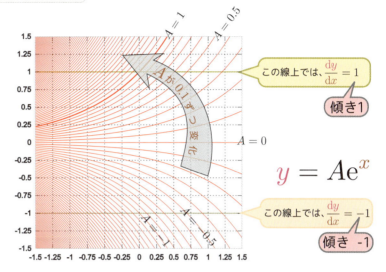

一階微分方程式が指定するのは傾きのみであるから、出発点（上の例では $x = 0$ から始めたが、実はどの場所でもよい）を指定すれば曲線は一つ決まる。別の点を出発点にすれば（たまたま同じ線上の2点を選ばない限り）また別の線が引ける。たとえば $x = 0$ の時 $y = 2$ と決めたなら、$y = 2e^x$ の上を進む。こうして、微分方程式だけからは決まらないパラメータが解には入っている（後で、それを「初期条件」などで決めていく方法について述べる）[17]。

二階微分方程式では、傾きではなく「曲がり具合」が微分方程式によって指定され、「場所」と「傾き」が微分方程式では決まらない量になる。

微分方程式が与えられるとその階数に応じた数のパラメータを持つ解が求まるが、逆にパラメータを含む関数から微分方程式を作ることもできる。一例として、$y = Cx$ という解を持つ微分方程式を作ってみる。まずこの式の両辺を x で微分すると、$\dfrac{dy}{dx} = C$ となるから、これを $y = Cx$ に代入することで C を消去すると $y = \dfrac{dy}{dx} x$ という、前に解いた $\dfrac{dy}{dx} = \dfrac{y}{x}$ と同じ式になる。

【問い 9-3】 同様に、以下のようなパラメータを含む解を持つ微分方程式を作ってみよ。
(1) $y = Cx^2$ (2) $y = ax^2 + bx$

ヒント → p191 へ　解答 → p199 へ

---

[17] 「ある点では傾きは同じだけど、先へ行くと枝分かれするってことはないんですか？」（これは「初期条件が同じで解が複数個できてしまうことはないんですか？」と言い換えてもよい）という疑問が湧くかもしれない。解が1個しか出ないことを「解の一意性」と呼ぶ。気になる人は付録B.6を参照せよ。
→ p188

9.5 変数分離できる一階微分方程式

まず微分方程式がどういうものかに慣れることが必要だと思うので、以下では、微分方程式の中でも比較的簡単（でも応用範囲は広い）な「変数分離できる一階微分方程式」の具体例を考えていこう。

9.2.3 節で例として上げた $\dfrac{dy}{dx} = y$ は変数分離できる微分方程式の例であり、前節でやったように、「変数分離した後で積分」という方法で解くことができた。

変数分離はいつでもできるとは限らない。たとえば $\dfrac{dy}{dx} = x + y$ という簡単な場合でも左辺に y だけを集めることはできない（この微分方程式は解ける。つまり変数分離できなくても解ける時は解ける）。以下この節では「変数分離できる場合」に限って話をする。

もう一つ、簡単な例を示そう。$\dfrac{dy}{dx} = -\dfrac{x}{y}$ という式（前に図で考えた微分方程式で、答は円であった）は書き直すと $y\,dy = -x\,dx$ と変数分離でき、$\displaystyle\int y\,dy = -\int x\,dx$ と積分すれば

$$\frac{y^2}{2} = -\frac{x^2}{2} + C \tag{9.23}$$

が出る（C は積分定数）。結果を整理すると、$x^2 + y^2 = 2C$ という半径 $\sqrt{2C}$ の円の式が出てくる。

ここで、解を $y = f(x)$ の形にまでもって行かなくてもよい。実際、今の場合では $y = f(x)$ の形にしようとすると、$y = \pm\sqrt{2C - x^2}$ のように複号が必要になって、かえって厄介になる。

次に $\dfrac{dy}{dx} = \dfrac{y}{x}$ を同様に解いてみよう（図で考えたとき、この解は「原点を通る直線」であった）。まず変数分離して $\dfrac{dy}{y} = \dfrac{dx}{x}$ としてから積分すると、

$$\begin{aligned}\log y &= \log x + C \\ y &= x e^C\end{aligned} \quad\text{(両辺を e の肩へ)} \tag{9.24}$$

となり、確かに（傾き e^C の）直線が解である（図を描いて考える方がすっとわかる）。

9.5.1　実例：ロケットの速度変化

燃料を噴射して飛ぶロケットの噴射した燃料の量と速度変化の関係は微分方程式から求めることができる。もし、我々が微分方程式というものを知らずにいいかげんな考え方をすると、

―― 大間違い ――

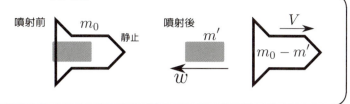

静止していた質量 m_0 のロケットが質量 m' の推進剤（燃料を燃焼させた結果であるガスなど）を速さ w で後方に噴射した。噴射後のロケットが速さ V になる。

をしてしまう。この 　↑間違った考え方　 からすると、運動量の保存[18]により

$$0 = (m_0 - m')V + m' \times (-w) \tag{9.25}$$

が成り立つ。結果として、$\boxed{V = \dfrac{m'}{m_0 - m'}w}$ となるが、これは 　大間違い　 なのだ[19]。

上の 　大間違い　 は、「ロケットの質量も速度も連続的に少しずつ変化していく量なのにまるで一気に変わったかのように考えてしまった」点が間違いである[20]。すぐ後で述べるように推進剤の速さは外部から見て一定にならないという点も間違っている。そこで、（全体の変化を一気に考えるのではなくそのうちの一部を取り出して）微小変化について絵を描くと以下のようになる。

右の図はすでにある程度噴射した途中の状態で、すでに速度 V を持っている。この時の質量は最初の m_0 に比べて少ない m（←変数！）になっている。微小時間後に、ロケットは 　質量 $m + \mathrm{d}m$　 で 　速度 $V + \mathrm{d}V$　 になっている。

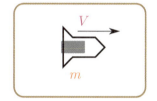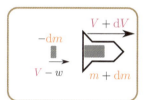

 ここで、噴射された質量が $-\mathrm{d}m$ であることに注意。$\mathrm{d}m$ は「質量の変化量」であるから、質量が減っていく状況においては負の量であることに注意しよう――　減ってるんだから引かなきゃ　 と（気を利かせたつもりで）噴射後の質量を 　$m - \mathrm{d}m$　 としてしまうのはよくある間違いで、やってはいけない。$\mathrm{d}m$ などdのついた量はあくまで「変化量」であり、減る時は $\mathrm{d}m < 0$ であると考えていかないと、積分結果がおかしなことになってしまう。というより、変化量を $+\mathrm{d}m$ とすることで、 $\begin{cases} 増えるなら \boxed{\mathrm{d}m > 0} \\ 減るなら \boxed{\mathrm{d}m < 0} \end{cases}$ と計算ができるようになっている。124ページの も参照。

もう一つ、噴射された推進剤は「大間違い」の図のように w の速度で後方へ進むとは限らず、 　速度 $w - V$　 で後方へ進む（または「 　速度 $V - w$　 で前方へ進む」）ことにも注意が必要である。既に速度 V を持っているロケットから見て「w の速さ」で後方に噴射されたのだから、w ではなく 　速度 $w - V$　 になる、と考えればよい。あるいは、噴射前に V の速度で右に飛んでいたものが、噴

---

[18] 外部から力が加わらない時は運動量すなわち質量×速度が保存されるという物理法則がある。ここではこの法則を使ってロケットの速度を計算している。

[19] 念のため、運動量保存則自体は間違いではない。

[20] 　自然は飛躍しない　 という言葉があるが、それは「自然現象は微小変化の積み重ねで起こる」ということだと解釈できる。連続的に少しずつ変化していく量は微積分を使って表現しなくてはいけない。ここから下では、m や V は連続的に変化する変数（色付き）として扱う。

射により左向き w の速度を与えられたから、右向き $V-w$ の速度になった、とも考えられる。

$\boxed{w-V<0}$ の時、噴射剤は前方 (!?) に進む。$\boxed{w=V}$ のとき、噴射された推進剤はその場に静止する（ロケットから見たら後方に動いている）。以上に注意しつつ運動量保存則を考えると、

$$mV = (m+\mathrm{d}m)(V+\mathrm{d}V) - \mathrm{d}m(V-w) \tag{9.26}$$

となる。この式を整理すると、

$$\underbrace{mV}_{\text{相殺}\to} = \underbrace{mV}_{\leftarrow\text{相殺}} + \underbrace{\mathrm{d}mV}_{\text{相殺}\to} + m\,\mathrm{d}V + \underbrace{\mathrm{d}m\,\mathrm{d}V}_{\text{高次の微小量}} - \underbrace{\mathrm{d}mV}_{\text{相殺}\leftarrow} + \mathrm{d}m\,w \tag{9.27}$$

$$-m\,\mathrm{d}V = \mathrm{d}m\,w$$

となる。変数分離して $\boxed{\mathrm{d}V = -w\dfrac{\mathrm{d}m}{m}}$ としてから積分すると結果は

$$V = -w\log m + C \tag{9.28}$$

である。初期条件 $\boxed{m=m_0\,(\text{初期値})\text{ の時に }V=V_0}$ より $C = w\log m_0 + V_0$ となるので、

$$V = -w\log m + \overbrace{w\log m_0 + V_0}^{C} = w\log\left(\frac{m_0}{m}\right) + V_0 \tag{9.29}$$

となり、速度変化 ΔV に関して以下が成立する。

$$\underbrace{V-V_0}_{\Delta V} = w\log\left(\frac{m_0}{m}\right) \tag{9.30}$$

最終的にロケット全体の質量が m_1 になったところで推進剤が尽きたとすると、そのときの速度変化は $\boxed{\Delta V = w\log\left(\dfrac{m_0}{m_1}\right)}$ となる。

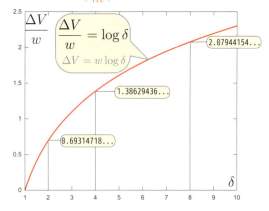

$\boxed{\delta = \dfrac{m_0}{m_1}}$ [†21] は「質量比」（文字通り、噴射前と噴射後の質量の比）と呼ばれる。グラフで分かるように、δ を大きくしても ΔV はどんどん増えるというわけにはいかない（$\log x$ という関数は傾き $\dfrac{1}{x}$ だから、傾きがどんどん緩くなる）。性能を上げるには噴射速度 w（燃料の質に大きく左右される）が大事であることがわかる。

9.5.2　実例：兵力自乗の法則

二つの軍隊が戦争をしている。それぞれの兵力を A,B とする。時間が経つと、A は B に比例して減り、B は A に比例して減るから、

$$\mathrm{d}A = -\alpha B\,\mathrm{d}t, \quad \mathrm{d}B = -\alpha A\,\mathrm{d}t \tag{9.31}$$

という式が成立する。このいわば「連立微分方程式」を (第1式) $\times A -$ (第2式) $\times B$ と計算すると、

$$A\,\mathrm{d}A - B\,\mathrm{d}B = -\alpha AB\,\mathrm{d}t + \alpha AB\,\mathrm{d}t$$
$$\mathrm{d}(A^2 - B^2) = 0 \tag{9.32}$$

[†21] この δ は変化量を表す δ ではなく、「δ」1文字で一つの数。

となり、$A^2 - B^2 = $ 一定 という式が導かれる。これは「兵力自乗の法則」（またはランチェスターの第 2 法則）として知られる。たとえば最初 $B = B_0, A = 2B_0$ だった（A の方が 2 倍の兵力を持っていた）場合、$A^2 - B^2 = 3(B_0)^2$ となるから、$A = \sqrt{3}B_0$ になったところで $B = 0$ となる。B の兵力が文字通り全滅[22]した時、A は ($2B_0 \to \sqrt{3}B_0$ と変化したので) 最初の $\frac{\sqrt{3}}{2} \fallingdotseq 0.87$ 倍が残っている。もし敵の 3 倍の兵力を用意できれば、$A^2 - B^2 = 8(B_0)^2$ なので $A = \sqrt{8}B_0$ になったところで $B = 0$ となり、元の兵力の $\frac{\sqrt{8}}{3} \fallingdotseq 0.94$ 倍が残る[23]。

【問い 9-4】
(1) 実は兵力 B を持つ軍は非常に優秀で、相手に通常の 2 倍の被害を与えることができる（A を持つ軍は上に同じ）とする（$dA = -2\alpha B\, dt$）。この場合について、微分方程式を立てて、一定となる量を求めよ。
(2) 「兵力が大きいと、防御力も上がるはずだ。つまり被害は自分の兵力と反比例するだろう」と考え、微分方程式を $dA = -\alpha \frac{B}{A} dt, dB = -\alpha \frac{A}{B} dt$ と修正した。この式が正しいとすれば、一定となる量は何か？

解答 → p199 へ

9.5.3　実例：流行の方程式

「ある流行（服でも靴でも帽子でもいい）がどのように時間的に流行していくか」を、微分方程式で考えてみる。以下では帽子の場合で説明しよう。

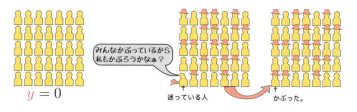

全人口の y 倍がすでにその流行に乗っているとする。変数 y の意味は、$y = 0$ なら「誰もかぶってない」、$y = 1$ なら「全員がかぶっている」という状態である[24]。

単純に 回りの人がかぶっていたら自分もかぶりたくなるだろう と考えると、$\frac{dy}{dt} = ky$ という 既にかぶっている人の率に比例してかぶる人が増える という式にしたくなる。ところがこれだと定数倍を除いて(9.13)と同じ微分方程式だから解は指数関数となり y はどんどん上昇して 1 を超えてしまう（全人口よりかぶっている人の方が多い？？）。失敗は「すでにかぶっている人は影響を

---

[22] 軍事用語で「全滅」は「全兵力が死んだ」という意味ではなく、兵力として機能しなくなった状態を意味していて、$B \simeq 0.7B_0$ ぐらいでもう「全滅」と判定する。ここで「文字通り全滅」と書いたのは $B = 0$ という意味。
[23] いろんな数字を入れて計算してみよう。「戦力の集中」が戦争においては大事だということが実感できる。
[24] 実際には女性用の帽子なら y を全人口ではなく女性人口の割合にするなどの修正が必要である。

受けない」ことを考えてなかったことである。「今からかぶろう」と決断することができるのは、まだかぶっていない人（全体の $1-y$ 倍の人）だけであると考えると微分方程式は

$$\frac{dy}{dt} = ky(1-y) \tag{9.33}$$

となる[†25]。これを解くには、$\boxed{y(1-y) \neq 0}$ を仮定しつつ変数分離して

$$\frac{dy}{y(1-y)} = k\,dt \tag{9.34}$$

とする。

左辺の積分は $\boxed{\dfrac{1}{y(1-y)} = \dfrac{\overbrace{1-y+y}^{0}}{y(1-y)} = \dfrac{1}{y} + \dfrac{1}{1-y}}$ と分数を書き直すことで

$$\frac{dy}{y} + \frac{dy}{1-y} = k\,dt \tag{9.35}$$
$$\log|y| - \log|1-y| = kt + C$$

と積分できる（C は積分定数）。この段階では $\boxed{0 < y < 1}$ という状況で考えているので、本来は絶対値を取るという操作は不要である[†26]が、後で使うので今はつけてある。これを整理すると

$$\log\left|\frac{y}{1-y}\right| = kt + C$$
$$\frac{y}{1-y} = \pm e^{kt+C} \quad \text{（絶対値外しで ± が付く）}$$
$$y = \pm(1-y)e^{kt+C}$$
$$y\left(1 \pm e^{kt+C}\right) = \pm e^{kt+C}$$
$$y = \frac{\pm e^{kt+C}}{1 \pm e^{kt+C}} = \frac{1}{1 \pm e^{-kt-C}} \tag{9.36}$$

となる。この結果をグラフにすると右上のようになる（グラフは $\boxed{k=1}$ の場合）。

途中で複号 $\pm$ をつけたが、これは $\dfrac{y}{1-y}$ が正のとき $+$、負のとき $-$ である。よって本来解こうとしていた問題においては $+$ をとっておけばよい（グラフもそうしている）。

C の方を 0 に固定して、k を $0.25, 0.5, 1, 2, 4$ と変化させたのが右のグラフで、k が大きいほど「急激に流行する」ものになってることがわかる。

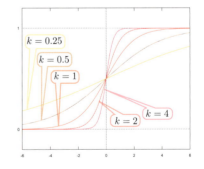

[†25] 他にも、「広告の効果はどう入るのか？」「ライバル他社の影響はどうか？」など、現実的問題ではより複雑な微分方程式が必要になるだろう。ここではもっとも単純な仮定に基づいて考える。

[†26] 前にも書いたが、C が複素数であってよいのであれば、そもそもこの絶対値は必要ない。
→ p105

ここでは、$y=0$ から $y=1$ までの範囲だけを考えた（もともとの y という変数の意味からするとそれで十分）。少し話を一般的にすることにして、$\dfrac{dy}{dt} = ky(1-y)$ の解を一般的に考察しておこう。

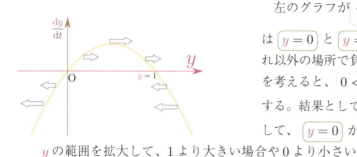

左のグラフが $\dfrac{dy}{dt} = ky(1-y)$ のグラフである。$\dfrac{dy}{dt}$ は $y=0$ と $y=1$ で0となり、その間の範囲で正、それ以外の場所で負である。よって時間経過した時の変化を考えると、$0 < y < 1$ では増加し、それ以外では減少する。結果として y の値は $y=1$ へと集まっていく（そして、$y=0$ からは離れていく）という傾向を示す。

y の範囲を拡大して、1 より大きい場合や 0 より小さい場合も含めてどのような関数になっているかを示したのが右の図である。この場合 $y<0$ のとき、$y>1$ のときは $\dfrac{y}{1-y}$ が負になるので、解として $y = \dfrac{1}{1-e^{-kt-C}}$ （複号がマイナスの方）を取る。解曲線全体を見ると、$y=0$ から離れていき、$y=1$ に引き寄せられていることがわかる。

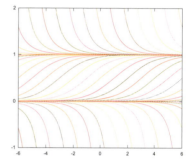

今求まった $y = \dfrac{1}{1 \pm e^{-kt-C}}$ という解には実は「抜け」がある。$y=0$ と $y=1$（定数で、このままずっと変化しない）というのも、もともとの微分方程式(9.33)の解であるが、それは今求めた解の複号 $\pm$ と積分定数 C の値をどう決めても出てこない。今求めた解は非常に微妙なところで「一般解」になり損なっている。

FAQ $C = \pm\infty$ とすればいいのでは？

$y = \dfrac{1}{1 \pm e^{-kt-C}}$ で $C = \pm\infty$ とすれば $y=1$ や $y=0$ になる—ように見えるかもしれないが、これは正しい計算ではない。というのは、そもそも ∞ というのは代入できる数ではないのであって、「C をどんどん大きく（小さく）する極限」として定義される量である。C をどんどん大きくすると分母の e^{-kt-C} が 0 に近づくかと思われるが、定数である C がいくら大きくとも、前にある $-kt$ の項が C を打ち消すほどに小さくなることができる（この項は変数 t を含んでいることに注意）から、$e^{-kt-C} = 0$ とは言えない（逆に C が小さくなる場合も同様）。よって $y = \dfrac{1}{1 \pm e^{-kt-C}}$ は $y=0$ と $y=1$ を含まない。

「抜け」の原因は(9.33)から(9.34)への変形において両辺を $y(1-y)$ で割ったことである。割算では、 割る数が 0 でないか を確認しなくてはいけない。つまり $y(1-y)$ で割ったことにより、

(9.34)から後の式は $y(1-y) \neq 0$ の場合に限る話になっている。$y(1-y) = 0$ の場合は別に考慮しなくてはいけない。それが解になってないならその可能性を捨てればよいのだが、この場合はこれらも解になる。y が一定になる場合は右辺も左辺 $\left(\dfrac{dy}{dt}\right)$ も 0 になるからである。この二つ $y=0$ と $y=1$ は今求めた解 $y = \dfrac{1}{1 \pm e^{-kt-C}}$ に含まれない解となる。このような解を「**特異解 (singular solution)**」と呼ぶ。

> ⚠️ 「一般解」という言葉を文字通りに取れば「一般的な解」なのだから、一般解の中に特異解も含まれるべきであるが、任意定数（積分定数など。上の例では C）を含んでいる解を「一般解」と呼び、任意定数を含まない解を「特異解」として、特異解は「一般解」とは別、という解釈をしている本もある。

今の場合の（文字通りの）一般解は以下の通りである。

$$y = \frac{1}{1 \pm e^{-kt-C}} \quad (C \text{ は任意定数}) \quad \text{または} \quad y = 0 \quad \text{または} \quad y = 1 \tag{9.37}$$

> 📖 【問い 9-5】微分方程式(9.33)には、広告の効果が入っていない。9.5.3 節では「回りの人がかぶっていたら自分もかぶりたくなるだろう」という理由で右辺に y を掛けたが、広告による効果が大きければ、回りの様子に関係なく買いたくなる。こう考えると方程式はどのように修正されるべきかを考えて、その式を解け。
>
> ヒント → p191 へ　解答 → p199 へ

9.5.4^{skip} 同次方程式

 いっけん、変数分離ができないように見える微分方程式を、適当な工夫で変数分離形になおすことができる場合がある（残念ながらいつでもできるわけではない）のでその方法の一つを紹介する。

x を独立変数、y を従属変数とする微分方程式の各項の次数（= x の次数 + y の次数）が全て同じである場合、これを「同次方程式」と呼ぶ。たとえば $y\dfrac{dy}{dx} = x + y$ （この場合全て 1 次）とか $x^2 \dfrac{dy}{dx} = xy + y^2$ （この場合全て 2 次）のような場合である。dx や dy も次数に数える。$\dfrac{dy}{dx}$ は分母分子で消し合って 0 次と数える。

こういう式は、いっけん x と y の両方に依存しているように見えて、実はこの二つの比 $\dfrac{y}{x}$ にしか依存していない。だから、$\dfrac{y}{x}$ を変数にした方が簡単な式になるはずである。

実際、このような式は適当に割算を行うことで、

$$\frac{dy}{dx} = F\left(\frac{y}{x}\right) \tag{9.38}$$

のように直す（上の例なら、$\dfrac{dy}{dx} = \dfrac{x}{y} + 1$ および $\dfrac{dy}{dx} = \dfrac{y}{x} + \left(\dfrac{y}{x}\right)^2$ のように）ことができる。

こうして $\dfrac{y}{x}$ という組み合わせでしか変数が現れない形に直したので、$\dfrac{y}{x} = z$ とすることで変数分離した形に持っていくことができる。

左辺に関しては、$y = xz$ を代入してから微分することで $\dfrac{dy}{dx} = z + x\dfrac{dz}{dx}$ を得るので、元の微分方程式は

$$z + x\frac{dz}{dx} = F(z) \tag{9.39}$$

という式になり、これは $x\dfrac{dz}{dx} = F(z) - z$ とするこ

とで容易に変数分離できる形になる。

例として挙げた $x^2 \dfrac{dy}{dx} = xy + y^2$ は、

まず $\dfrac{dy}{dx} = \dfrac{y}{x} + \left(\dfrac{y}{x}\right)^2$ と変形したのち、$z = \dfrac{y}{x}$ と置くことで、

$$\begin{aligned}
\frac{d}{dx}(xz) &= z + z^2 \quad \text{(左辺の微分を実行)} \\
z + x\frac{dz}{dx} &= z + z^2 \\
x\frac{dz}{dx} &= z^2 \quad \text{(変数分離)} \\
\frac{dz}{z^2} &= \frac{dx}{x}
\end{aligned} \quad (9.40)$$

のように解ける（後は積分するだけで、結果は $y = \dfrac{-x}{\log x + C}$）。

章末演習問題

★【演習問題 9-1】
　ある関数は任意の x, y に対して $f(x+y) = f(x)f(y)$ という条件を満たしている。$f(x) = 0$ という「至るところで 0」の関数もこの条件を満たすが、これはあまりにつまらないので省いて考えることにする。

(1) この関数は $f(0) = 1$ を満たさなくてはいけないことを示せ。

(2) この関数は $f'(x) = f'(0)f(x)$ を満たさなくてはいけないことを示せ。

(3) $f'(0) = a$ とおくと、$f'(x) = af(x)$ である。この微分方程式を解き、$f(x)$ を求めよ。

解答 → p212 へ

★【演習問題 9-2】
　前問同様に、$f(xy) = f(x) + f(y)$ という条件を満たしている関数はどんなものか、求めよ。ただし、この関数 $f(x)$ は $x > 0$ で定義されているものとする。

解答 → p213 へ

★【演習問題 9-3】
　厳密には同次方程式ではないが、同様の解き方で解ける方程式として、x の次数 $\times n + y$ の次数 が各項で等しくなっている場合がある。たとえば、

$$3x^2 y^2 \frac{dy}{dx} = xy^3 + x^2 \quad (9.41)$$

である（この場合、x の次数 $\times 3 + y$ の次数 $= 6$）。この方程式を、$z = \dfrac{x}{y^3}$ を変数として書きなおして解け。

ヒント → p204 へ　解答 → p213 へ

★【演習問題 9-4】
　球形の芳香剤がある。この芳香剤は単位時間ごとに表面積 $\times A$（A は定数）の体積ずつ蒸発していくとする（空気に触れている部分が広いほど蒸発が速いのでこういうことになる）。今この芳香剤の半径が R だったとして、何秒後に全部蒸発するか。

ヒント → p204 へ　解答 → p213 へ

★【演習問題 9-5】
　初期条件を決めても解が一意に決まらない微分方程式の例として、

$$\left(\frac{dy}{dx}\right)^2 = y \quad \text{または} \quad \frac{dy}{dx} = \sqrt{y} \quad (9.42)$$

がある（複号は正のみを取ることにした）。この式を変数分離で解いたのち、初期条件を決めても解が 1 つに決まらない事を示せ。なお、$y = 0$ もこの微分方程式の解であることに注意せよ。

ヒント → p204 へ　解答 → p213 へ

★【演習問題 9-6】
　(9.33) 同様特異解を持つ微分方程式の例として、
→ p140

$$y = x\frac{d}{dx}y + \left(\frac{d}{dx}y\right)^2 \quad (9.43)$$

という微分方程式がある。この式は $\dfrac{d}{dx}y = z$ と置いてから微分すると、変数分離で解ける。解いて、積分定数を含む解と含まない特異解の両方が出てくることを示せ。解のグラフを描いてみよ。

ヒント → p204 へ　解答 → p213 へ

第10章　線形微分方程式

前の章では「変数分離できる」という意味で解きやすい方程式を考えた。この章では、やはり微分方程式の中では解きやすい部類である「線形微分方程式」の解き方について述べる。単に『解きやすい』だけでなく、線形な微分方程式は自然法則の中でも非常によく現れるので、これが解けることは重要である。

10.1　重ねあわせの原理

10.1.1　線形結合と線形従属

線形微分方程式を解くときに助けとなる「重ねあわせの原理」に関連してこの後使うので、「線形結合 (linear combination)」(「1次結合」ということもある)」という用語を説明しよう[†1]。

線形結合

$x, y, \cdots$ という複数個の量がある時、適当な定数 $a, b, \cdots$ を掛けて足した $ax + by + \cdots$ のことを、「$x, y, \cdots$ の線形結合」と呼ぶ。

単純に言えば ○○の線形結合 とは 変数の組○○から、定数倍と足算によって作られる量 になる。x と y を掛けたり割ったりしてはいけない（自乗もダメ）[†2]。

$x, y, \cdots$ の線形結合で表される $z = ax + by + \cdots$ があったとすると、「z は $x, y, \cdots$ と 線形独立 (linearly independent) ではない」[†3] という言い方をする。逆に x, y, z が線形独立である とは x と y をどのように「定数倍して足したり引いたり」しても、z にはならない （x, y, z の組合せを変えたものについても同様）ということである（この表現の方が「独立」の意味がわかりやすい）。

ここで $x, y, \cdots$ は数の組合せ（ベクトル）でもよいし、関数でもよい。関数に対して「線形独立か線形従属か」を考えるとき気をつけておきたいのは、線形従属の場合に成り立つべき式 $z = ax + by + \cdots$ は、「考えている関数の定義域全てに対して成立しなくてはいけない」ことである。たとえば $f_1(x) = x, f_2(x) = x^2$ に対し $f_3(x) = 2x^3$ とすると、$f_3(x) = f_1(x) + f_2(x)$ は、

[†1] 新しい言葉が出てくるとすぐ「それ私の知らない言葉だ〜」と恐がる人がいるが、そんな心配しなくてはいけないほどの難しい概念ではない。難しがるならまず中身を見てから難しがろう。

[†2] -1 倍して足すという計算も含まれるので、引算も含まれていることに注意。

[†3] 「線形独立ではない」ことを「線形従属」と表現することもある。これらの用語も「1次独立」「1次従属」という言い方もある。

$x=0$ と $x=1$ という二つの点においては成立するが、他の場所ではまったく成立しない。定数 a,b をどのように選んでも全ての x の定義域で $f_3(x) = af_1(x) + bf_2(x)$ が成立するようにすることはできないから、$f_3(x)$ は $f_1(x), f_2(x)$ と線形独立である（下左の図参照）。

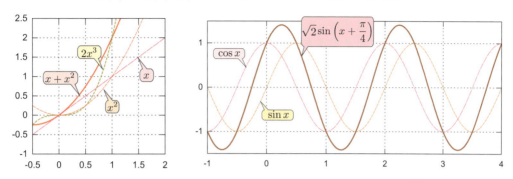

一方、$f_1(x) = \cos x, f_2(x) = \sin x, f_3(x) = \sqrt{2}\sin\left(x + \frac{\pi}{4}\right)$ はどのような x の値についても成立する（上右の図参照。あるいは $f_3(x)$ に対して三角関数の加法定理を使えば示せる）から、$f_3(x)$ は $f_1(x), f_2(x)$ に線形従属である。

10.1.2 線形斉次微分方程式の重ね合わせ

線形斉次微分方程式（求めたい量 y に関して1次の項のみを含む微分方程式）には、以下の非常にありがたい性質がある。

線形斉次微分方程式の解の重ねあわせ

$$\left(A_n(x)\left(\frac{d}{dx}\right)^n + A_{n-1}(x)\left(\frac{d}{dx}\right)^{n-1} + \cdots + A_1(x)\frac{d}{dx} + A_0(x)\right)y = 0 \quad^{\dagger 4} \tag{10.1}$$

（ここで、$A_n(x), A_{n-1}(x), \cdots, A_0(x)$ は x のみの関数である）の解をいくつか互いに線形独立なもの（$y = y_1(x), y = y_2(x), \cdots$ としよう）を見つけたならば、それらの線形結合である $y = a_1 y_1(x) + a_2 y_2(x) + \cdots$ も解である$^{\dagger 5}$。

このように「（線形斉次微分方程式の場合）解の線形結合がやはり解であること」を「**重ねあわせの原理**」と呼ぶ。一言でいえば 解足す解は解だよ ということになる。これは「線型斉次」であるからこそ成り立つありがたい性質である。

証明は簡単で、二つの式

$$\left(A_n(x)\left(\frac{d}{dx}\right)^n + A_{n-1}(x)\left(\frac{d}{dx}\right)^{n-1} + \cdots + A_1(x)\frac{d}{dx} + A_0(x)\right)y_1(x) = 0 \tag{10.2}$$

$^{\dagger 4}$ $\left(a\left(\dfrac{d}{dx}\right)^2 + b\dfrac{d}{dx}\right)f(x)$ は、$a\left(\dfrac{d}{dx}\right)^2 f(x) + b\dfrac{d}{dx}f(x)$ の $f(x)$ を（多項式の同類項の簡約と同様に）まとめて書いた形。$\dfrac{d}{dx}$ は数ではなく演算子だが、同類項の簡約に対応する計算をすることはできる。

$^{\dagger 5}$ ここで、微分方程式の段階では y と書き、解が求まった段階では $y_1(x), y_2(x), \cdots$ と引数 x をつけて書いているが、これは「微分方程式を解くまでは、y と x の関係はまだ見つかっていなかった」を表現してこうしている。

$$\left(A_n(x)\left(\frac{\mathrm{d}}{\mathrm{d}x}\right)^n + A_{n-1}(x)\left(\frac{\mathrm{d}}{\mathrm{d}x}\right)^{n-1} + \cdots + A_1(x)\frac{\mathrm{d}}{\mathrm{d}x} + A_0(x)\right)y_2(x) = 0 \quad (10.3)$$

をそれぞれ a_1 倍、a_2 倍して足せば、以下のような求めるべき式ができる[†6]。

$$\left(A_n(x)\left(\frac{\mathrm{d}}{\mathrm{d}x}\right)^n + A_{n-1}(x)\left(\frac{\mathrm{d}}{\mathrm{d}x}\right)^{n-1} + \cdots + A_1(x)\frac{\mathrm{d}}{\mathrm{d}x} + A_0(x)\right)(a_1y_1(x) + a_2y_2(x)) = 0 \quad (10.4)$$

もちろんこれはこの微分方程式が線形斉次（y の 1 次式しかない）だからこそ成り立つ。たとえば $\frac{\mathrm{d}}{\mathrm{d}x}y + y^2 = 0$ という非線形微分方程式では、あきらかに重ねあわせはできない。

$$\begin{array}{r}\frac{\mathrm{d}}{\mathrm{d}x}y_1(x) \quad\quad +(y_1(x))^2 = \quad\quad 0 \\ +\frac{\mathrm{d}}{\mathrm{d}x}y_2(x) \quad\quad +(y_2(x))^2 = \quad\quad 0 \\ \hline \frac{\mathrm{d}}{\mathrm{d}x}(y_1(x)+y_2(x)) \; +(y_1(x))^2+(y_2(x))^2 = 0 \end{array} \quad (10.5)$$

となって、$\frac{\mathrm{d}}{\mathrm{d}x}y + y^2 = 0$ に $y = y_1(x) + y_2(x)$ を代入した結果である

$$\frac{\mathrm{d}}{\mathrm{d}x}(y_1(x) + y_2(x)) + (y_1(x) + y_2(x))^2 = 0 \quad (10.6)$$

とは違う式になる。

【問い 10-1】 $\frac{\mathrm{d}}{\mathrm{d}x}y + y^2 = 0$ の解を具体的に求め、解と解の重ねあわせができないことを確認しよう。

ヒント → p191 へ　　解答 → p199 へ

こうして線形斉次微分方程式の一般解は複数の解の線形結合（$\alpha_1 y_1(x) + \alpha_2 y_2(x) + \cdots$ の形）で表すことができる。ここで「n 階微分方程式の解は n 個の未定パラメータを持つ」ということを思い出すと、この $\alpha_1, \alpha_2, \cdots$ がまさにその「未定パラメータ」なので、「n 階線形斉次微分方程式の線形独立な解は n 個ある」ということが言える。

10.1.3　非斉次の場合の重ねあわせ

非斉次の場合、つまり y の 1 次のみではなく y の 0 次の項がある線形微分方程式

$$\left(A_n(x)\left(\frac{\mathrm{d}}{\mathrm{d}x}\right)^n + A_{n-1}(x)\left(\frac{\mathrm{d}}{\mathrm{d}x}\right)^{n-1} + \cdots + A_1(x)\frac{\mathrm{d}}{\mathrm{d}x} + A_0(x)\right)y = C(x) \quad (10.7)$$

の解を考えてみる。右辺においた、線形非斉次微分方程式の 0 次の項 $C(x)$（y を含んではいけないが、x の関数であってもよい）のことを「ソースターム (source term)」あるいは単に「源」または「ソース」と呼ぶ[†7]。この式の応用として面白いのは、以下の事実である。

[†6] $y_1(x)$ と $y_2(x)$ は線形独立だとした。線形従属なら、$a_1y_1(x) + a_2y_2(x)$ も $y_1(x)$ に比例するので、定数倍しているのと同じである。確かにその場合でも (10.4) は成り立つが、あまり面白くない。

[†7] 話し言葉では「ソース」と呼ぶことが多い。このように呼ぶ理由は、このような方程式が「$C(x)$ という量が $y(x)$ を作り出

―― 線形非斉次微分方程式の重ね合わせ ――
「$C_1(x)$ を源とする解」と「$C_2(x)$ を源とする解」の和は「$C_1(x) + C_2(x)$ を源とする解」。

これを数式で確認しておこう。

$$\begin{array}{l}
\left(A_n(x)\left(\dfrac{\mathrm{d}}{\mathrm{d}x}\right)^n + \cdots + A_1(x)\dfrac{\mathrm{d}}{\mathrm{d}x} + A_0(x)\right)y_1(x) = C_1(x) \\
\left(A_n(x)\left(\dfrac{\mathrm{d}}{\mathrm{d}x}\right)^n + \cdots + A_1(x)\dfrac{\mathrm{d}}{\mathrm{d}x} + A_0(x)\right)y_2(x) = C_2(x) \\
\hline
\left(A_n(x)\left(\dfrac{\mathrm{d}}{\mathrm{d}x}\right)^n + \cdots + A_1(x)\dfrac{\mathrm{d}}{\mathrm{d}x} + A_0(x)\right)(y_1(x)+y_2(x)) = C_1(x)+C_2(x)
\end{array} \tag{10.8}$$

となる[†8]。次のようなことも言える。

―― 非斉次方程式の解 + 斉次方程式の解 = 非斉次方程式の解 ――

非斉次方程式

$$\left(A_n(x)\left(\dfrac{\mathrm{d}}{\mathrm{d}x}\right)^n + A_{n-1}(x)\left(\dfrac{\mathrm{d}}{\mathrm{d}x}\right)^{n-1} + \cdots + A_1(x)\dfrac{\mathrm{d}}{\mathrm{d}x} + A_0(x)\right)y = C(x) \tag{10.9}$$

と、上の式で $C(x) = 0$ とした斉次方程式

$$\left(A_n(x)\left(\dfrac{\mathrm{d}}{\mathrm{d}x}\right)^n + A_{n-1}(x)\left(\dfrac{\mathrm{d}}{\mathrm{d}x}\right)^{n-1} + \cdots + A_1(x)\dfrac{\mathrm{d}}{\mathrm{d}x} + A_0(x)\right)y = 0 \tag{10.10}$$

を考える。非斉次方程式の解として $y_1(x)$ を1つ、斉次方程式の解として $y_0(x)$ を1つ、それぞれ見つけたとする。$y_0(x) + y_1(x)$ もまた、非斉次方程式 (10.9) の解である。

これは (10.8) で考えたことの $C_2(x) = 0$ の場合にあたるから、証明は不要だろう。わざわざこんな（言わば、「あたりまえ」の）ことをここに書いたのは、この事実は応用範囲が広いからである。というのは、斉次方程式と非斉次方程式では当然斉次方程式の方が解きやすい。非斉次方程式の方の解は一つだけ求めておいて、斉次方程式の解を見つけられる限り見つけておけば、重ねあわせによって非斉次方程式の解をたくさん（見つけられる限り）見つけることができるようになる。

簡単な例をやってみよう。$\dfrac{\mathrm{d}}{\mathrm{d}x}y = x + y$ という線形非斉次微分方程式を解きたい。これは「変数分離できる形」にはなってない。そこで試行錯誤で解を探す。たとえば $y = ax + b$ が解になるだろうか、と考え代入してみると、

$$\overbrace{a}^{\frac{\mathrm{d}}{\mathrm{d}x}y} = x + \overbrace{ax+b}^{y} \tag{10.11}$$
$$0 = (1+a)x + b - a$$

となるから、$a = -1, b = -1$ にすれば解となる。

す」という法則を表現することが多いからである。たとえば「ストーブがあるとまわりは温度が高い」「質量があるとまわりに重力場ができる」「電荷があるとまわりに電場ができる」などの場合「ストーブ」「質量」「電荷」が源である（こういう現象も微分方程式で表現できるのだ）。

[†8] 「$C_1(x)$ を源とする解」と「$C_2(x)$ を源とする解」の線形結合の場合に拡張すれば、「$\alpha_1 C_1(x) + \alpha_2 C_2(x)$ を源とする解」を作ることもできる。上の場合、$\alpha_1 = \alpha_2 = 1$ の場合である。$\alpha_1 = 1, \alpha_2 = -1$ にすれば「差」になる。

ゆえに、$y = -x - 1$ という解が見つかったわけだが、ここで バンザイ、解が見つかった と終わってはいけない。なぜなら関数 $y = -x - 1$ は右のグラフであり、この線の上という（全 x-y 平面から見たらほんとに狭い）範囲の上での「解」を求めたに過ぎない。この解は前に述べた 特解 であり、我々が求めたいのは全 x-y 平面を埋め尽くす、 一般解 である。

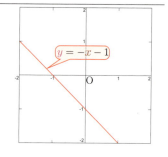

非斉次になっているのは x という項のせいだから、これを消して $\frac{d}{dx}y = y$ という斉次方程式を作る。この方程式の解は、何度も出てきているお馴染みの $y = Ce^x$ である。非斉次方程式の解は 特解 にこの 斉次方程式の一般解 を足せば作ることができる。

すなわち、 一般解 は

$$y = -x - 1 + Ce^x \quad (10.12)$$

となる。C を 0.5 ずつ変えた線を示すグラフが右の図である。描かれている線と線の隙間にも線があり、解の曲線は全平面を埋め尽くし[†9]、どのような初期値 (x_0, y_0) から出発しても、微分方程式に従うその後の変化がわかる。重ねあわせの原理のおかげで以上のような計算ができる。

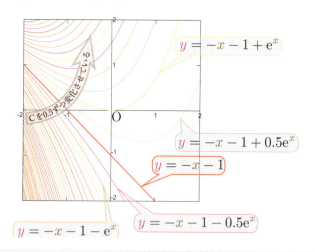

 ここでやったことは以下のように考えてもよい。まず特解 $y = -x - 1$ を見つけたから、「実際の解は特解に近い形をしているだろう」と推測し、「とりあえず特解に未知の関数 Y を足したものが解だろう」とあたりをつけて[†10]、$y = -x - 1 + Y$ と置いてみる。これを元の微分方程式に代入すれば、

$$\frac{d}{dx}\overbrace{(-x - 1 + Y)}^{y} = \overbrace{x - x - 1 + Y}^{+y} \quad (10.13)$$
$$-1 + \frac{d}{dx}Y = -1 + Y$$

となるから、後は $\frac{d}{dx}Y = Y$ という微分方程式を解けばよい。

以上で「線型非斉次微分方程式の一般解を求める」という問題は、

$\begin{cases} \text{「線形斉次微分方程式の一般解」を求める。} \\ \text{「線形非斉次微分方程式の特解」を求める。} \end{cases}$ の二段階に分けられることがわかった。

[†9] 埋め尽くしていることを確認するには、任意の点の座標 $(x, y) = (x_0, y_0)$ を (10.12) に代入すると必ず一つ C が決まることを見る。この場合なら、$C = (y_0 + x_0 + 1)e^{-x_0}$ である。微分方程式の形によっては解の曲線が通らない領域が存在することもあり得る（例えば、$\frac{dy}{dx} = \sqrt{1 - x^2}$ は $|x| > 1$ では解がない）。

[†10] 当然、つけた「あたり」が外れることもある。いろいろ試行錯誤すべし。

10.2 定数係数の線形斉次微分方程式

一般的な線形斉次微分方程式の解き方を考える前に、ここでは(10.1)のように線形斉次で、かつ係数 $A_i(x)$ が定数 A_i である場合、すなわち

$$\left(A_n \left(\frac{d}{dx}\right)^n + A_{n-1}\left(\frac{d}{dx}\right)^{n-1} + \cdots + A_1 \frac{d}{dx} + A_0\right) y = 0 \tag{10.14}$$

の形の微分方程式を解く一般的な方法を示そう。

10.2.1 特性方程式

まず、この微分方程式には、$e^{\lambda x}$ という形で表せる解がある（λ はこの後決める定数である）。これが解になるかどうかを確認するために代入してみると、

$$\frac{d}{dx}e^{\lambda x} = \lambda e^{\lambda x},\ \left(\frac{d}{dx}\right)^2 e^{\lambda x} = \lambda^2 e^{\lambda x}, \cdots, \left(\frac{d}{dx}\right)^n e^{\lambda x} = \lambda^n e^{\lambda x} \tag{10.15}$$

となる。このことを使うと、微分方程式は

$$\left(A_n \lambda^n + A_{n-1}\lambda^{n-1} + \cdots A_1 \lambda + A_0\right) e^{\lambda x} = 0 \tag{10.16}$$

という式に変わる。よって、

$$A_n \lambda^n + A_{n-1}\lambda^{n-1} + \cdots A_1 \lambda + A_0 = 0 \tag{10.17}$$

となるような λ が存在していれば、その λ を代入した $e^{\lambda x}$ が解である。λ が満たすべき方程式(10.17) を「特性方程式」と呼ぶ。

簡単な例として、特性方程式が二次方程式になる場合をやってみよう。

$\left(\left(\frac{d}{dx}\right)^2 - \frac{d}{dx} - 2\right) f(x) = 0$ の解が $e^{\lambda x}$ だと仮定し代入すると、

$\frac{d}{dx}e^{\lambda x} = \lambda e^{\lambda x}, \left(\frac{d}{dx}\right)^2 e^{\lambda x} = \lambda^2 e^{\lambda x}$ を使って、

$$\begin{aligned}\left(\left(\frac{d}{dx}\right)^2 - \frac{d}{dx} - 2\right) e^{\lambda x} &= 0 \\ \left(\ \lambda^2\ -\ \lambda\ -2\right) e^{\lambda x} &= 0\end{aligned} \tag{10.18}$$

という式が導かれ、特性方程式 $\lambda^2 - \lambda - 2 = 0$ が満たされれば $e^{\lambda x}$ が解になることがわかる。特性方程式は $(\lambda - 2)(\lambda + 1) = 0$ と因数分解できるので、$\lambda = 2, \lambda = -1$ の二つの解があり、

$$f(x) = Ce^{2x} + De^{-x} \tag{10.19}$$

のような重ねあわせが微分方程式の一般解であるとわかる。e^{2x} と e^{-x} が線形独立であることにも注意しよう。n 階線型微分方程式は線形独立な解を n 個見つければ、それで「n 個のパラメータを持つ解」を作ることができる。

> 二階微分方程式は二つの未定パラメータを持つ筈なので、これで解は求まっている。確認しておこう。二階微分方程式なので、ある点 $x = x_0$ での関数の値 $f(x_0)$ と一階微分の値 $f'(x_0)$ を決めれば、すべての x に対して関数の値 $f(x)$ が求められる。 $x = 0$ での場合を考えると、 $f(0) = C + D, f'(0) = 2C - D$ である。$f(0), f'(0)$ がどのような値でもそれに応じて C, D を決めてやれば（この場合なら、$C = \frac{f(0)+f'(0)}{3}, D = \frac{2f(0)-f'(0)}{3}$ ）、関数の形は決まる。よってこれで一般解である。

ここでは特性方程式を出してから因数分解し λ を求めたが、もともとの微分方程式(10.18)を、
$$\left(\frac{\mathrm{d}}{\mathrm{d}x} - 2\right)\left(\frac{\mathrm{d}}{\mathrm{d}x} + 1\right) f(x) = 0 \tag{10.20}$$
→ p149

と書き換えてもよい（いわば『微分演算子の因数分解』）[†11]。(10.20)の左辺が0になるためには、
$$\left(\frac{\mathrm{d}}{\mathrm{d}x} - 2\right) f(x) = 0 \quad \text{または} \quad \left(\frac{\mathrm{d}}{\mathrm{d}x} + 1\right) f(x) = 0 \tag{10.21}$$

のどちらかが成り立てばよいと考えても[†12]、$Ce^{2x} + De^{-x}$ という解が出てくる。

さて、これで二つの解が求められたと安心してよいか？？—実は注意が必要な点がある。一般の特性方程式 $A_2 \lambda^2 + A_1 \lambda + A_0 = 0$ が二つの実数解を持つとは限らないので、

(1) $A_2 \lambda^2 + A_1 \lambda + A_0 = 0$ が重解を持つ場合

(2) $A_2 \lambda^2 + A_1 \lambda + A_0 = 0$ が複素数解を保つ場合

を考えていかなくてはいけない（特性方程式が3次以上になる場合も同様である）。

10.2.2　特性方程式が重解を持つ場合

特性方程式が重解になる微分方程式
$$\left(\left(\frac{\mathrm{d}}{\mathrm{d}x}\right)^2 - 2A\frac{\mathrm{d}}{\mathrm{d}x} + A^2\right) f(x) = 0 \quad \text{すなわち} \quad \left(\frac{\mathrm{d}}{\mathrm{d}x} - A\right)^2 f(x) = 0 \tag{10.22}$$

を見て、 $\left(\frac{\mathrm{d}}{\mathrm{d}x} - A\right) f(x) = 0$ になる関数を求めればよい と考えると、 $f(x) = Ce^{Ax}$ という解はすぐに出る。しかしこれで終わりではない[†13]。ではもう一つの解はどうなるのだろう？

[†11] 逆に $\left(\frac{\mathrm{d}}{\mathrm{d}x} - 2\right)\left(\frac{\mathrm{d}}{\mathrm{d}x} + 1\right) f(x) = 0$ が $\left(\left(\frac{\mathrm{d}}{\mathrm{d}x}\right)^2 - \frac{\mathrm{d}}{\mathrm{d}x} - 2\right) f(x) = 0$ に戻ることを確認するのは容易である。

[†12] ただし、こう考えてもよいのは $\left(\frac{\mathrm{d}}{\mathrm{d}x} - 2\right)\left(\frac{\mathrm{d}}{\mathrm{d}x} + 1\right)$ を掛けることと、 $\left(\frac{\mathrm{d}}{\mathrm{d}x} + 1\right)\left(\frac{\mathrm{d}}{\mathrm{d}x} - 2\right)$ を掛けることが同じ効果を産む場合、つまりこの二つの微分演算子が「交換する」場合である。定数係数の場合ならもちろん大丈夫だが、一般にそうとは限らない。

[†13] そもそも二階微分方程式を解いているのだから、解は二つの未定パラメータを含まなくてはならない。つまり線形独立な解がもう1個出る。

困ったときは単純なケースから考えてみよう。もっとも単純な「重解になる二次方程式」は $\lambda^2 = 0$ である。$\left(\dfrac{\mathrm{d}}{\mathrm{d}x}\right)^2 f(x) = 0$ の特性方程式が $\lambda^2 = 0$ だが、この式の解は $\lambda = 0$ しかないから、前節の手順の通りに計算すると $Ce^{0x} = Ce^0 = C$ という「定数解」だけが出て来る。

しかし、前節でやったことをいったん忘れて素直に $\left(\dfrac{\mathrm{d}}{\mathrm{d}x}\right)^2 f(x) = 0$ という式を見れば、解が

$$f(x) = Dx + C \tag{10.23}$$

なのはすぐにわかる（実際代入してみれば二階微分すると0になる）。これは二つのパラメータを含んでいるから、立派な一般解である。ここで「定数以外に1次の項も出る」ことをヒントとしよう。

さて、我々が求めたいのは $\boxed{\left(\dfrac{\mathrm{d}}{\mathrm{d}x} - A\right) \text{を二回掛けると0になる関数}}$ つまり、

$$\left(\dfrac{\mathrm{d}}{\mathrm{d}x} - A\right)\left(\dfrac{\mathrm{d}}{\mathrm{d}x} - A\right) f(x) = 0 \tag{10.24}$$

を満たす $f(x)$ である。$f(x) = Ce^{Ax}$ が上の式を満たすのはもちろんだが、これだけでは解が足りない[†14]。$\boxed{\left(\dfrac{\mathrm{d}}{\mathrm{d}x} - A\right) f(x) = e^{Ax}}$ を満たす関数 $f(x)$ があれば、

$$\left(\dfrac{\mathrm{d}}{\mathrm{d}x} - A\right)\underbrace{\left(\dfrac{\mathrm{d}}{\mathrm{d}x} - A\right) f(x)}_{e^{Ax}} = \left(\dfrac{\mathrm{d}}{\mathrm{d}x} - A\right) e^{Ax} = 0 \tag{10.25}$$

となるので、それも解となる。そうなる関数はすぐに見つかり、xe^{Ax} である。確認しよう。

$$\left(\dfrac{\mathrm{d}}{\mathrm{d}x} - A\right)\left(xe^{Ax}\right) = \dfrac{\mathrm{d}}{\mathrm{d}x}\left(xe^{Ax}\right) - Axe^{Ax} = e^{Ax} + \underbrace{Axe^{Ax} - Axe^{Ax}}_{\text{相殺}} \tag{10.26}$$

こうして、重解である場合はもう一つの解 Dxe^{Ax} が出ることがわかったので、

─── 二階線形微分方程式の特性方程式が重解を持つ場合の解 ───

$$\left(\dfrac{\mathrm{d}}{\mathrm{d}x} - A\right)^2 f(x) = 0 \quad \text{の解は} \quad f(x) = (Dx + C)e^{Ax} \tag{10.27}$$

がわかる。これで未定パラメータを2個含む解になった。なお、$A = 0$ の時は (10.23) に一致する。

この答えを出す方法として、

$$\text{任意の関数 } g(x) \text{ に対し、} \quad \left(\dfrac{\mathrm{d}}{\mathrm{d}x} - A\right)\left(e^{Ax} g(x)\right) = e^{Ax} \dfrac{\mathrm{d}}{\mathrm{d}x} g(x) \tag{10.28}$$

を先に証明しておくのも良い方法である（後で応用が効く）。すなわち、以下の置き換えができる[†15]。

[†14] $f(x) = Ce^{Ax}$ は未定のパラメータを1個 (C) しか含んでいないが、二階微分方程式だから2個含まなくてはいけない。

$\dfrac{\mathrm{d}}{\mathrm{d}x} - A$ という微分演算子の後にあった e^{Ax} という数を微分演算子より前に出すと、

$$\left(\dfrac{\mathrm{d}}{\mathrm{d}x} - A\right)\left(\mathrm{e}^{Ax}\ \text{なんとか}\ \right) \to \mathrm{e}^{Ax}\dfrac{\mathrm{d}}{\mathrm{d}x}\ \text{なんとか} \tag{10.29}$$

のように $\dfrac{\mathrm{d}}{\mathrm{d}x} - A$ の $-A$ が消えて $\dfrac{\mathrm{d}}{\mathrm{d}x}$ になる。

この置き換えを使うと、$\left(\dfrac{\mathrm{d}}{\mathrm{d}x} - A\right)^2 \left(\mathrm{e}^{Ax} g(x)\right) = 0$ という方程式は $\mathrm{e}^{Ax}\left(\dfrac{\mathrm{d}}{\mathrm{d}x}\right)^2 g(x) = 0$ という方程式に変わるから、解き易い後者の式を解けばよい（この答えが $g(x) = Dx + C$ であることはもう知っている）。(10.29)を使う他の例としては、【演習問題10-2】を見よ。

微分の階数が高くなったら多項式の次数をそれに応じて上げて

$$\left(\dfrac{\mathrm{d}}{\mathrm{d}x} - A\right)^k f(x) = 0 \quad \text{の解は} \quad \left(C_{k-1}x^{k-1} + C_{k-2}x^{k-2} + \cdots + C_1 x + C_0\right)\mathrm{e}^{Ax} \tag{10.30}$$

とすればよい（証明するには実際に代入してもよいし、(10.29)の置き換えを使って考えてもよい）。
以上の結果をまとめておこう。定数係数の線形斉次微分方程式

$$\left(A_n\left(\dfrac{\mathrm{d}}{\mathrm{d}x}\right)^n + A_{n-1}\left(\dfrac{\mathrm{d}}{\mathrm{d}x}\right)^{n-1} + \cdots + A_1 \dfrac{\mathrm{d}}{\mathrm{d}x} + A_0\right) y = 0$$

を解くには、微分演算子 $\left(\dfrac{\mathrm{d}}{\mathrm{d}x}\right)^n$ を λ^n という数に置き換えて、

$$A_n \lambda^n + A_{n-1}\lambda^{n-1} + \cdots + A_1 \lambda + A_0 = 0$$

という特性方程式を作る。この方程式が n 個の相異なる解 $\lambda_1, \lambda_2, \cdots, \lambda_n$ を持っていたならば、

$$C_1 \mathrm{e}^{\lambda_1 x} + C_2 \mathrm{e}^{\lambda_2 x} + C_3 \mathrm{e}^{\lambda_3 x} + \cdots + C_n \mathrm{e}^{\lambda_n x} \tag{10.31}$$

が解である。解が m 重解を含んでいた場合、重解である λ_k に対しては上の式の $C_k \mathrm{e}^{\lambda_k x}$ を

$$\left(C_{k,m-1}x^{m-1} + C_{k,m-2}x^{m-2} + \cdots + C_{k,1}x + C_{k,0}\right)\mathrm{e}^{\lambda_k x} \tag{10.32}$$

と置き換える（上は m 重解の場合で、m 個のパラメータを含む）。

【問い10-2】 以下の微分方程式を解け。
(1) $\left(\dfrac{\mathrm{d}}{\mathrm{d}x}\right)^2 f(x) - 3\dfrac{\mathrm{d}}{\mathrm{d}x}f(x) + 2f(x) = 0$ (2) $\left(\dfrac{\mathrm{d}}{\mathrm{d}x}\right)^2 f(x) - 6\dfrac{\mathrm{d}}{\mathrm{d}x}f(x) + 9f(x) = 0$
(3) $2\left(\dfrac{\mathrm{d}}{\mathrm{d}x}\right)^2 f(x) - 3\dfrac{\mathrm{d}}{\mathrm{d}x}f(x) - 2f(x) = 0$ (4) $\left(\dfrac{\mathrm{d}}{\mathrm{d}x}\right)^3 f(x) + 6\left(\dfrac{\mathrm{d}}{\mathrm{d}x}\right)^2 f(x) + 12\dfrac{\mathrm{d}}{\mathrm{d}x}f(x) + 8f(x) = 0$

残るは λ が複素数解を持つ場合だが、その点については次の節で考えよう。

[†15] (10.29)の省略形として $\left(\dfrac{\mathrm{d}}{\mathrm{d}x} - A\right)\mathrm{e}^{Ax} = \mathrm{e}^{Ax}\dfrac{\mathrm{d}}{\mathrm{d}x}$ などと書く場合もあるが、この式はそれだけでは（後に微分される関数がいなくては）意味が無い。こういう式はあくまで「記号」としての式であることに注意しよう。

10.2.3 複素数を使って解く

ここでは、複素数を使うことで微分方程式がどのように解きやすくなるのかを解説しよう[†16]。複素数の微分方程式での利用例として、非常によく出てくる以下の方程式を考えよう。

$$\left(\frac{d}{dx}\right)^2 y = -y \tag{10.33}$$

> 「こうなる関数を探す」という方法でこの微分方程式を解いておこう。要は「二階微分したら元の関数の -1 倍になる関数」である。我々はそういう関数を二つ知っている。$\sin x \to \cos x \to -\sin x$ と $\cos x \to -\sin x \to -\cos x$ である。よって、解は $y = A\cos x + B\sin x$ である。

ここまでやってきた定数係数の線形微分方程式の一般論からすると、$y = e^{\lambda x}$ としたくなるところだが、代入すると

$$\lambda^2 \overbrace{e^{\lambda x}}^{y} = -\overbrace{e^{\lambda x}}^{y} \tag{10.34}$$

となり、$\lambda^2 = -1$ という実数の範囲で考えれば解なしの方程式が出てくる。虚数を知らない人は、ここで ああ、この微分方程式はこの方法では解けない と諦めてしまう。しかしすでに虚数を知っている我々は、$\lambda = \pm i$ という「とりあえずの答え」を出して、

$\left(\dfrac{d}{dx}\right)^2 y = -y$ の解は、e^{ix} と e^{-ix}（およびその線形結合）である と考えて先に進む。

> **FAQ** 答えが実数じゃなくていいんですか？
>
> 「とりあえずの答え」ならよい。実数ではなくてはならないのは最終的に求められる解であって、計算の途中で現れる量は複素数でもよい。最終結果が実数であるように、以下で調節する。

 ここで出てきた二つの解 e^{ix} と e^{-ix} が互いに複素共役であることに注意。実数の係数の方程式（我々が主に扱うのはこのタイプの微分方程式だろう）の解が複素数になる時は、その複素共役も解のペアとして必ず現れる。その理由は以下を見ればわかる。

(実数係数のみを持つ微分演算子)$f(x) = 0$　　例：$\left(\dfrac{d}{dx}\right)^2 y = -y$

↓（複素共役）　　　　　　　　　　　　　　　↓（複素共役）

(実数係数のみを持つ微分演算子)$f^*(x) = 0$　　$\left(\dfrac{d}{dx}\right)^2 y^* = -y^*$

先に進んでみよう。一般解は

$$y = Ae^{ix} + Be^{-ix} \tag{10.35}$$

となる。A と B は今から選ぶ定数（複素数であってよい）である。

[†16] 微積における複素数の使い途という意味では「複素積分」という非常に有効なテクニックがあるのだが、本書ではその部分は解説しない。複素数について不安のある人は付録の「複素数とその演算」を見よ。

この答えは一見複素数に見えるが、実際に欲しいのは実数解である。そこで、以下の二つの考え方のどちらかで実数解を得る。
(1)　この解が実数になるように任意パラメータの A, B を調整する。
(2)　この解のうち実数部分を取り出せばそれが欲しい解である。

まず (1) の方法で考えよう。この解が実数になれということは、(10.35) の複素共役である

$$y^* = A^* \mathrm{e}^{-\mathrm{i}x} + B^* \mathrm{e}^{\mathrm{i}x} \tag{10.36}$$

が元の y と同じであれ、ということである。そうなるためには、$\boxed{A^* = B}$ であればよい。こうすると自動的に $\boxed{B^* = A}$ であることになり、(10.35) と (10.36) が同じ式になる。こうして A と B に関係がついたから、以後は B を A^* と書くことにして、

$$y = A\mathrm{e}^{\mathrm{i}x} + A^* \mathrm{e}^{-\mathrm{i}x} \tag{10.37}$$

を解とすればよい。ここで、複素数である A を極表示[†17]して $\boxed{A = |A|\mathrm{e}^{\mathrm{i}\alpha}\ (\alpha\ は実数)}$ とすると、

$$y = |A| \left(\mathrm{e}^{\mathrm{i}(x+\alpha)} + \mathrm{e}^{-\mathrm{i}(x+\alpha)} \right) \tag{10.38}$$

と答えをまとめることができる（この形の方が実数であることが明白である）。
さらに $\boxed{\dfrac{\mathrm{e}^{\mathrm{i}\theta} + \mathrm{e}^{-\mathrm{i}\theta}}{2} = \cos\theta}$ を使うと、以下のようにまとまる。

$$y = 2|A|\cos(x + \alpha) \tag{10.39}$$

こうしてもよい。$\mathrm{e}^{\mathrm{i}x}$ と $\mathrm{e}^{-\mathrm{i}x}$ を使って実数となる組み合わせを作ると、$\mathrm{e}^{\mathrm{i}x} + \mathrm{e}^{-\mathrm{i}x}$ か $\mathrm{i}(\mathrm{e}^{\mathrm{i}x} - \mathrm{e}^{-\mathrm{i}x})$ か、どちらか（もしくはこの二つの線形結合）である。つまり、上の式を

$$y = C\underbrace{\left(\mathrm{e}^{\mathrm{i}x} + \mathrm{e}^{-\mathrm{i}x}\right)}_{2\cos x} + \mathrm{i}D\underbrace{\left(\mathrm{e}^{\mathrm{i}x} - \mathrm{e}^{-\mathrm{i}x}\right)}_{2\mathrm{i}\sin x} = 2C\cos x - 2D\sin x \tag{10.40}$$

と書きなおす。C, D は実数であり、(10.35) の A, B とは $A = C + \mathrm{i}D, B = C - \mathrm{i}D$ という関係がある。

(2) の方法を取る時は、まず $\boxed{A = |A|\mathrm{e}^{\mathrm{i}\alpha}, B = |B|\mathrm{e}^{\mathrm{i}\beta}}$ と極表示して、

$$y = |A|\mathrm{e}^{\mathrm{i}(x+\alpha)} + |B|\mathrm{e}^{-\mathrm{i}(x-\beta)} \tag{10.41}$$

としてからこの実数部分を取り出せば、

$$y = |A|\cos(x + \alpha) + |B|\cos(x - \beta) \tag{10.42}$$

となる。ここで、実数を取った結果であるこの式を見ると、実は第 1 項だけで十分であったことがわかる。というのはこの式は cos と cos の足し算だから、やはり cos で表される 1 つの関数となる

[†17] 複素数を $R\mathrm{e}^{\mathrm{i}\theta}$ のように表示するのを「極表示」と言う。

($C\cos(x+\gamma)$ のように)[18]。つまり、(10.42) は一見 $|A|, |B|, \alpha, \beta$ という4個のパラメータを含んでいるように見えて、C, γ という二つのパラメータしか持っていないのである。

よって、(2) の方法を取るとき、つまり「後で実数部分だけを取り出そう」と計算するときは、

$$y = |A|\cos(x+\alpha) \tag{10.43}$$

を解として考えれば十分なのだ。複素数導入の意義については、付録のB.3節を参照しよう。
→ p181

> ここでは生真面目に e^{ix} と e^{-ix} の二つを解としたのだが、よく考えてみると、元々の方程式は実数係数のものであったから、e^{ix} が解であったなら、その複素共役である e^{-ix} が解であることは「計算するまでもなくあたりまえ」である。よって「微分方程式に現れる数が全て実数である場合」には、複素共役の両方を解にする必要はなく、どちらか一方のみを解として考えればよい(もちろん「これの複素共役も解だぞ」と覚えておく)。もちろん、元々の微分方程式が i を含んでいる場合はこうはいかない。
> → p175

10.3　定数係数の二階線形方程式の例

10.3.1　空気抵抗を受ける質点

質量 m の物体が F という力を受けるとき、運動方程式 $m\left(\dfrac{d}{dt}\right)^2 x = F$ という物体の位置座標 x に関する微分方程式が成り立つことが力学で知られている。この F が $-K\dfrac{d}{dt}x$(K は比例定数)のように x の時間微分に比例する場合[19]、すなわち、

$$m\left(\frac{d}{dt}\right)^2 x = -K\frac{d}{dt}x \tag{10.44}$$

という微分方程式[20]が成り立つ場合を考えよう。この微分方程式は、物体を床にすべらせたときの運動を表わす[21]。定数係数の線形斉次方程式であるから、$x = e^{\lambda t}$ を代入すると、

$$m\lambda^2 e^{\lambda t} = -K\lambda e^{\lambda t} \tag{10.45}$$

となり、特性方程式は $m\lambda^2 = -K\lambda$ となる。この方程式の解は $\lambda = 0, -\dfrac{K}{m}$ なので、

$$x(t) = C_1 + C_2 e^{-\frac{K}{m}t} \tag{10.46}$$

が解である。グラフは右に描いたようになり、積分定数は、C_1 が $t \to \infty$ での x の値、$C_1 + C_2$ が $t = 0$ での x の値という意味を持つ。

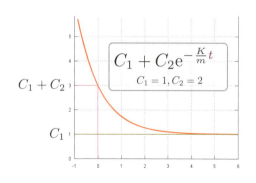

---

[18] $|A|\cos(x+\alpha) + |B|\cos(x-\beta) = C\cos(x+\gamma)$ と置いて両辺を比較すれば、C, γ をいくらにすればこの等式が成り立つかが計算できる。

[19] 実際、速度が遅い場合の空気抵抗はだいたいこの式であっている。

[20] この式は実は(9.19)とほぼ同じである。結果を比べてみよ。
→ p134

[21] 物体は水平に動くので、重力は運動とは関係ない。

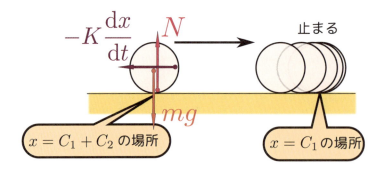

最初に $x=0$ にあるとして、いろいろな初速度を与えた場合の運動の様子が右のグラフである。グラフでは、$C_1 = v_0 \frac{m}{K}, C_2 = -v_0 \frac{m}{K}$ と選んである。

$$\frac{\mathrm{d}}{\mathrm{d}t}x(t) = -\frac{K}{m}C_2 e^{-\frac{K}{m}t} \tag{10.47}$$

であるから、$C_1 = v_0 \frac{m}{K}, C_2 = -v_0 \frac{m}{K}$ のとき $x(0) = 0, \frac{\mathrm{d}}{\mathrm{d}t}x(0) = v_0$ になる。初速度に比例した距離だけ移動できることがわかる。「止まるまでの時間」は ∞ である！[22]

10.3.2 空気抵抗を受けて落下する質点

運動方程式に重力 $F = -mg$ を加えて[23]、線形非斉次な方程式

$$m\left(\frac{\mathrm{d}}{\mathrm{d}t}\right)^2 x = -K\frac{\mathrm{d}}{\mathrm{d}t}x - mg \tag{10.48}$$

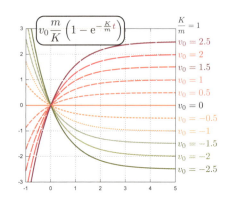

にしてみよう。方程式を非斉次にしている $-mg$ を消せばさっきの(10.44)になるが、その解はすでにわかっている。つまり斉次方程式の一般解は既に知っているから、非斉次方程式である(10.48)の特解を一つ見つけて足せばよい。

特解を見つける方法はいろいろあるが、ここでは簡単な関数を代入して合うかどうかをやってみるという方法をとってみよう[24]。まず $x = (定数)$ だと $\frac{\mathrm{d}}{\mathrm{d}t}x$ も $\left(\frac{\mathrm{d}}{\mathrm{d}t}\right)^2 x$ も 0 になってしまうから、$0 = 0 - mg$ となって成立しない。そこで次に簡単な、$x = vt$ を試すと、$0 = -Kv - mg$ となるから $v = -\frac{mg}{K}$ として $x = -\frac{mg}{K}t$ という特解を得る[25]。

---

[22] とはいえ、速度は指数関数で急速に 0 に近づくので、見た目は止まったように見えるだろう。厳密に式の通りの運動が起こるのなら、「無限に遅い速度で永遠に動き続ける」ということになる。しかしここで扱っているのは理想化した状態で、実際には式に表した以外の力も働いている。

[23] $-mg$ とマイナス符号をつけるのは、図に書いたように上向きに x 軸を取ったから。

[24] 特解を考える方法として、物理的に「極端な状況」を考えるという手もある。たとえばこの場合、「等速運動になるのはどんなときだろう？」と考えてみる。それはつまり $\frac{\mathrm{d}}{\mathrm{d}t}x = 0$ になるということ。

[25] $x = -\frac{mg}{K}t + C$ でも特解になるが、斉次方程式の一般解にも積分定数があるので特解の方の $+C$ は省略して構わない。

こうして一般解は以下の式とグラフのようになる。

$$x = \underbrace{C_1 + C_2 e^{-\frac{K}{m}t}}_{\text{斉次方程式の一般解}} \underbrace{- \frac{mg}{K}t}_{\text{非斉次方程式の特解}} \tag{10.49}$$

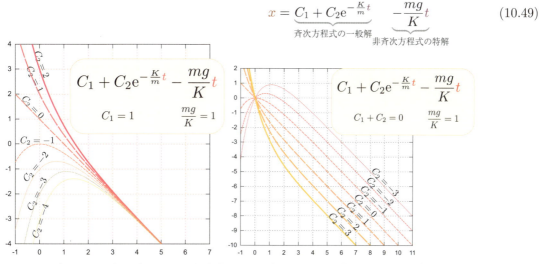

グラフの左は、C_1 を固定して C_2 を変化させた時のグラフ、右は $C_1 + C_2$（すなわち、$t=0$ での値）を固定して C_2 を変化させた時のグラフである。

C_2 は $t=\infty$ において消える項の係数なので、他を変えずに C_2 だけを変えると、最終的状態は同じになる（左側のグラフからもそれが読み取れる）。$C_1 + C_2$ を一定にすることは $t=0$ での位置を同じにすることになる（右側のグラフからもそれが読み取れる）。

> ⚠ 二階微分方程式だから未定のパラメータ二つでちょうどよい。そのため、x-t のグラフで一点を指定しても曲線は決まらない。一点と、「その点での傾き（微係数）」を指定すると、曲線が一つ決まる。

10.3.3 空気抵抗を受ける振動子

次に、運動方程式に 復元力 $F = -kx$（$x=0$ に向けて戻そうとする力[†26]）を加えた、

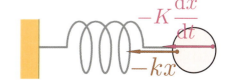

$$m \left(\frac{d}{dt}\right)^2 x = -K \frac{d}{dt} x - kx \tag{10.50}$$

を解いてみよう（重力は考えないことにする）。例によって特性方程式を作ると、$m\lambda^2 + K\lambda + k = 0$ となる。これの解は（二次方程式の解の公式を用いて）

$$\lambda_\pm = \frac{-K \pm \sqrt{K^2 - 4mk}}{2m} = -\frac{K}{2m} \pm \frac{\sqrt{K^2 - 4mk}}{2m} \tag{10.51}$$

となる。ここから、$K^2 - 4mk$ が負の場合、0 の場合、正の場合の三つに分けて考える。

$K^2 - 4mk < 0$ の場合　この場合は λ は複素数になる。$\omega = \dfrac{\sqrt{4mk - K^2}}{2m}$ という定数（ω は実数

[†26] $x > 0$ なら負の向きの力、$x < 0$ なら正の向きの力が加わる。つまりどっちにしても、$x=0$ に向かうような力である。よってこれを「復元力」と呼ぶ。

である）を定義し、$\lambda_\pm = -\dfrac{K}{2m} \pm \mathrm{i}\omega$ と書くことにする。

こうして解を

$$x = C_+ \mathrm{e}^{-\frac{K}{2m}t+\mathrm{i}\omega t} + C_- \mathrm{e}^{-\frac{K}{2m}t-\mathrm{i}\omega t} \tag{10.52}$$

と表すことができる。一見複素数であるが例によって係数を操作して、$C_+ = C, C_- = C^*$ とすることで

$$x = \mathrm{e}^{-\frac{K}{2m}t}\left(C\mathrm{e}^{\mathrm{i}\omega t} + C^*\mathrm{e}^{-\mathrm{i}\omega t}\right) \tag{10.53}$$

が実数解となる。三角関数で表現すると以下のようになる（A, B, D, α は実数の定数）。

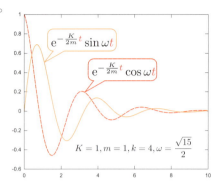

$$x = \mathrm{e}^{-\frac{K}{2m}t}(A\cos\omega t + B\sin\omega t) = D\mathrm{e}^{-\frac{K}{2m}t}\cos(\omega t + \alpha) \tag{10.54}$$

$\boxed{K^2 - 4mk = 0 \text{の場合}}$ この場合、$\lambda_+ = \lambda_-$ となる。よって添字は取って、$\lambda = -\dfrac{K}{2m}$ と書こう。重解が出る場合であるから、解は以下の通り。

$$x = (C_1 t + C_0)\mathrm{e}^{\lambda t} \tag{10.55}$$

この解「臨界振動」は、$K^2 - 4mk < 0$ と $K^2 - 4mk > 0$ のちょうど境目にあたる。

$\boxed{K^2 - 4mk > 0 \text{の場合}}$ この場合は単純に、

$$x = C_+ \mathrm{e}^{\lambda_+ t} + C_- \mathrm{e}^{\lambda_- t} \tag{10.56}$$

が解である。$\lambda_\pm$ はどちらも負の数になるから、この二つの解のどちらも「指数関数的に減衰する解」である。右の図は $\lambda_\pm = -(2 \pm \sqrt{2})$ となる場合で二つの解 $\mathrm{e}^{\lambda_+ t}, \mathrm{e}^{\lambda_- t}$ と、和 $\mathrm{e}^{\lambda_+ t} + \mathrm{e}^{\lambda_- t}$ と差 $-\mathrm{e}^{\lambda_+ t} + \mathrm{e}^{\lambda_- t}$ のグラフである。

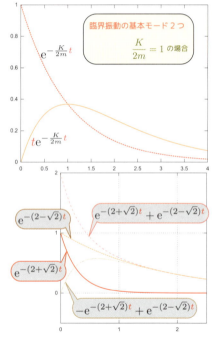

C_+ と C_- を選ぶことでいろんな解ができる。たとえば上と同様の m, K, k を選んだ上で、$-C_+ = C_- = 1, 2, 3$ にして描いたのが右のグラフである。どの場合も $C_+ + C_- = 0$ になるが、これは $x(0) = 0$ になるように揃えていることである。運動としては出発点を原点に揃えた、ということになる。

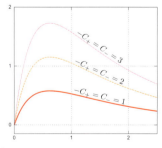

ニュートン力学における運動は「最初の位置」（今の場合 $x(0)$）と「初速度」（今の場合 $\dfrac{\mathrm{d}}{\mathrm{d}t}x(0)$）を決めると後の運動が全て決まるようになっている。

今の場合最初の位置は $C_+ + C_-$ であり、初速度は $\lambda_+ C_+ + \lambda_- C_-$ になっている。

逆に初速度の方を $\boxed{\lambda_+ C_+ + \lambda_- C_- = 0}$ と固定して最初の位置を $\boxed{x(0) = 0.5, 1, 1.5, 2}$ と変えたのが右のグラフである。

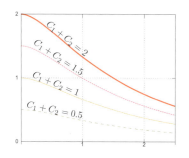

今解いているのは二階微分方程式なので、後で選ぶことができる未定のパラメーは常に二つある。物理的な運動として見ると、これは「最初の位置」と「初速度」が（運動方程式からは）未定だということである。逆に言えば、この二つを決めればその後の運動は全て決まる。

【問い 10-3】 (10.50)の右辺にさらに外力 $F_0 \cos\omega_0 t$ $\left(\omega_0 = \sqrt{\frac{k}{m}}\right)$ を加えた微分方程式（線形非斉次微分方程式となる）の解を求めよ。　　　　　　　　　　　　　　　　　　　　　ヒント→p191へ　解答→p199へ

【問い 10-4】 同じように外力が働くが、空気抵抗がない場合はどうなるか。外力の角振動数が ω_0 に等しい場合と等しくない場合に分けて考えよ。　　　　　　　　　　　　　　　ヒント→p192へ　解答→p200へ

10.4　一般的な一階線形微分方程式

次に「定数係数」という条件を外して考えることにする。

10.4.1　一階線形微分方程式を書き直す

一般的な一階線形非斉次微分方程式は、$p(x)$ と $q(x)$ を既知の x の関数として、

$$\frac{\mathrm{d}}{\mathrm{d}x}f(x) + p(x)f(x) = q(x) \tag{10.57}$$

と書くことができる。$f(x)$ が今から求めようとしている「未知の関数」である。より一般的には

$$\ell(x)\frac{\mathrm{d}}{\mathrm{d}x}f(x) + m(x)f(x) = n(x) \tag{10.58}$$

という形も考えられるが、この式の両辺を $\ell(x)$ で割って整理したものが(10.57)だと思えばよい（もちろんこの計算は $\ell(x) \neq 0$ の領域でのみ可）。(10.57)は

$$\left(\frac{\mathrm{d}}{\mathrm{d}x} + p(x)\right)f(x) = q(x) \tag{10.59}$$

とも書ける。ここで $\boxed{\left(\frac{\mathrm{d}}{\mathrm{d}x} - A\right)\left(\mathrm{e}^{Ax}g(x)\right) = \mathrm{e}^{Ax}\frac{\mathrm{d}}{\mathrm{d}x}g(x)\quad(10.28)}_{\to p151}$ を思い出す[27]。ここでは $\frac{\mathrm{d}}{\mathrm{d}x}$ の後には数 $-A$ ではなく関数 $p(x)$ がついているわけだが、その場合でも(10.28)の真似をして、$\boxed{f(x) = \mathrm{e}^{-P(x)}g(x)}$ と置き直すことで

$$\left(\frac{\mathrm{d}}{\mathrm{d}x} + p(x)\right)\left(\mathrm{e}^{-P(x)}g(x)\right) = \mathrm{e}^{-P(x)}\frac{\mathrm{d}}{\mathrm{d}x}g(x) \tag{10.60}$$

---

[27] (1階微分) + (0階微分) という式の 0 階微分の部分を「消す」方法を我々は知っていた。ただし(10.28)は 0 階微分の項の係数が定数だったから、定数じゃない場合に使えるよう、式を作り直す。

とできないか（微分演算子と $e^{-P(x)}$ を交換することで $p(x)$ を「消去」できないか）と考える。

ここで $\int dx\, p(x) = P(x) + C$ すなわち $P(x)$ が $p(x)$ の原始関数の一つであるとすれば、微分 $\dfrac{d}{dx}$ の結果が $\boxed{\dfrac{d}{dx}e^{-P(x)} = -p(x)e^{-P(x)}}$ となって、ちょうど $p(x)$ の項を打ち消す項が出てきて、

$$\underbrace{-p(x)e^{-P(x)}g(x)}_{\left(\frac{d}{dx}e^{-P(x)}\right)g(x)} + e^{-P(x)}\frac{d}{dx}g(x) + p(x)e^{-P(x)}g(x) = q(x) \tag{10.61}$$

$$e^{-P(x)}\frac{d}{dx}g(x) = q(x)$$

が解くべき方程式となる。

> **FAQ** $p(x)$ の不定積分は $P(x) + C$ なので、$f(x) = e^{-P(x)-C}g(x)$ とするべきでは？
>
> と思う人もいるかもしれないが、まだ $g(x)$ は決まってない量だから、e^{-C} も含めて $g(x)$ に入れてあると思えばよい。$\boxed{\dfrac{d}{dx}P(x) = p(x)}$ になる関数を（いわば代表として）一つ見つければ十分である。

こうして、$p(x)$ の原始関数 $P(x)$ を使うことで

$$\left(\frac{d}{dx} + p(x)\right)f(x) = q(x) \quad \to \quad \frac{d}{dx}g(x) = q(x)e^{P(x)} \tag{10.62}$$

と式を書き直せたので、後はこれを積分して $\boxed{g(x) = \int dx\, \left(q(x)e^{P(x)}\right)}$ となり、

$$f(x) = e^{-P(x)}\overbrace{\int dx\, \left(q(x)e^{P(x)}\right)}^{g(x)} \tag{10.63}$$

が一般解である[28]。この不定積分 $\int dx\, \left(q(x)e^{P(x)}\right)$ の結果を $h(x) + C$（C は積分定数）とすれば、

$$f(x) = \underbrace{e^{-P(x)}h(x)}_{\substack{f'(x)+p(x)f(x)=q(x) \\ \text{の特解}}} + \underbrace{Ce^{-P(x)}}_{\substack{f'(x)+p(x)f(x)=0 \\ \text{の一般解}}} \tag{10.64}$$

となる。第2項が斉次方程式の一般解になっていることに注意しよう。

$$\frac{dy}{dx} + 2xy = x \tag{10.65}$$

を解いてみる。$p(x) = 2x$ だから、$P(x) = x^2$ とすればよい。$f(x) = e^{-x^2}g(x)$ と置くことで、

---

[28] この式を見ても、$P(x)$ に積分定数をつけてもつけなくても結果は同じだったことがわかる。積分の外の $e^{-P(x)-C}$ と積分の中の $e^{P(x)+C}$ で C が消し合う。

$$\left(\frac{\mathrm{d}}{\mathrm{d}x}+2x\right)\mathrm{e}^{-x^2}g(x)=x \tag{10.66}$$
$$\mathrm{e}^{-x^2}\frac{\mathrm{d}}{\mathrm{d}x}g(x)=x$$

となるが、この式を $\dfrac{\mathrm{d}}{\mathrm{d}x}g(x)=x\mathrm{e}^{x^2}$ としてから積分すれば $g(x)=\dfrac{1}{2}\mathrm{e}^{x^2}+C$ となり、

$$f(x)=\frac{1}{2}+C\mathrm{e}^{-x^2} \tag{10.67}$$

が一般解である。結果を見ると、$\dfrac{1}{2}$ は非斉次方程式 $\dfrac{\mathrm{d}}{\mathrm{d}x}f(x)+2xf(x)=x$ の特解 であり（代入してみよう）、$C\mathrm{e}^{-x^2}$ のは 斉次方程式 $\dfrac{\mathrm{d}}{\mathrm{d}x}f(x)+2xf(x)=0$ の一般解 である（これも実際に解いてみればわかる）。つまりこの場合は「斉次方程式の一般解と非斉次方程式の特解を足す」解き方でも解けた。

【問い 10-5】 上に示した方法を使って、以下の微分方程式を解け。
(1) $\left(\dfrac{\mathrm{d}}{\mathrm{d}x}+\dfrac{1}{x}\right)f(x)=x^2$ (2) $\left(\dfrac{\mathrm{d}}{\mathrm{d}x}+\tan x\right)f(x)=\sin x$

解答 → p200 へ

10.4.2 定数変化法

ここで、前節での微分方程式の解き方を見直してみる。解の(10.64)を $y(x)=(h(x)+C)\mathrm{e}^{-P(x)}$ と同類項でくくって考えてみると、$\dfrac{\mathrm{d}y}{\mathrm{d}x}+p(x)y=0$ の一般解である $y(x)=C\mathrm{e}^{-P(x)}$ のパラメータである定数 C が、$C\to h(x)+C$ のように置き換えられた形になっている。従ってこの方程式は、以下の手順で解くこともできる。

── 定数変化法 ──

まず $\dfrac{\mathrm{d}y}{\mathrm{d}x}+p(x)y=q(x)$ (10.57) の右辺を 0 に置き換えた $\dfrac{\mathrm{d}y}{\mathrm{d}x}+p(x)y=0$ を解いて $y=C\mathrm{e}^{-P(x)}$ という解をみつけたのち、定数 C を $C(x)$ のように変数に換えると、

$$\left(\frac{\mathrm{d}}{\mathrm{d}x}+p(x)\right)\left(C(x)\mathrm{e}^{-P(x)}\right)=q(x) \tag{10.68}$$
$$\mathrm{e}^{-P(x)}\frac{\mathrm{d}}{\mathrm{d}x}C(x)=q(x)$$

という式が出るから、後はこれを解いて $C(x)$ を求める。

定数なのに変化させるとはおかしな名前であるが、ここで説明した計算法は、
(1)　非斉次方程式→斉次方程式　と方程式を置き換えて解いて定数 C を含む解を求める。

(2) 逆に 斉次方程式→非斉次方程式 と置き換え戻す。

(3) それに応じて答えも 定数C→変化する数$C(x)$ と置き換える。

というものだった。方程式が置き換えられたのだから定数が変数に置き換えられても不思議ではない。理屈を無視して とにかくこうやりゃ解けるんだよ！ と覚えてしまう人もいるが、上に書いたような泥臭い計算を小綺麗にまとめているだけで、特にすごい事をしてるわけではない。また、この方法は当然ながら線形な微分方程式でしか通用しない。定数変化法は決して微分方程式が解ける万能の手段ではないことは注意すべきだが、手順がパターン化されている点は便利なのでよく使われている。二階線形微分方程式の定数変化法については付録のB.4節を見よ。
→ p182

【問い 10-6】 以下の微分方程式を定数変化法を使って解け。

(1) $\dfrac{d}{dx}y + 2y = e^{-x}$ (2) $\dfrac{d}{dx}y = \dfrac{y}{x} + 1$ (3) $\dfrac{d}{dx}y = -y\sin x + \sin x$

解答 → p200 へ

【問い 10-7】 (10.65)は、定数変化法でも解ける。解いてみよ。
→ p160

解答 → p200 へ

章末演習問題

★【演習問題 10-1】

以下の微分方程式の特解を見つけた上で、一般解を求めよ。

(1) $\left(\dfrac{d}{dx} - 3\right)f(x) = 5$

(2) $\left(\dfrac{d}{dx} + 2\right)f(x) = x$

(3) $\left(\left(\dfrac{d}{dx}\right)^2 + 4\right)f(x) = x$

(4) $\left(\left(\dfrac{d}{dx}\right)^2 + 1\right)f(x) = x^2$

ヒント → p204 へ 解答 → p214 へ

★【演習問題 10-2】

(10.29)による置き換えを使って、微分方程式
→ p152

$$\left(\dfrac{d}{dx} - A\right)\left(\dfrac{d}{dx} - B\right)f(x) = 0 \quad (10.69)$$

を解く過程を示せ。 ヒント → p205 へ 解答 → p214 へ

★【演習問題 10-3】

【問い 10-3】では、固有角振動数（$\omega_0 = \sqrt{\dfrac{k}{m}}$）と同
→ p159
じ角振動数の外力を与えた。ω_0 とは異なる角振動数 ω を持つ外力 $F_0\cos\omega t$ を与えた場合はどうなるか。

ヒント → p205 へ 解答 → p214 へ

★【演習問題 10-4】

$$\left(x^2\left(\dfrac{d}{dx}\right)^2 + ax\dfrac{d}{dx} + b\right)f(x) = p(x) \quad (10.70)$$

の形の微分方程式は、$x = e^t$ として t に関する微分方程式に直すと、定数係数の方程式になることを確認せよ。

ヒント → p205 へ 解答 → p215 へ

★【演習問題 10-5】

線形同次一階微分方程式 $\dfrac{d}{dx}f(x) = p(x)f(x)$ （ただし $p(x)$ は与えられた関数）の解が $f(x) = g(x)$ と $f(x) = h(x)$ と二つ見つかったとする。この場合 $g(x)$ は実は $h(x)$ の定数倍であることを証明せよ。

ヒント → p205 へ 解答 → p215 へ

★【演習問題 10-6】

二階線形微分方程式の一般形を

$$f''(x) + p(x)f'(x) + q(x)f(x) = r(x) \quad (10.71)$$

とする。$f(x) = a(x)g(x)$ と置いて、$a(x)$ を適切に選ぶと、この $g(x)$ の微分方程式が一階微分 $g'(x)$ を含まないようにできることを示せ。 ヒント → p205 へ 解答 → p215 へ

第11章　常微分方程式の応用例

ここまでで独立変数が一つの場合の微分方程式（「常微分方程式」と呼ぶ）の話がだいたい終わったので、常微分方程式を使って解ける問題（それも、ある程度歯ごたえのある問題）をいくつか解説しておく。

11.1　パラボラアンテナ

衛星放送などの受信アンテナは遠方からやってきたほぼ平行な電波を反射させ、一点（焦点）に集める。y軸正方向からきた平行光線を原点に集めるようにするためには、鏡をどのような形（曲面）にすればよいか？——これを求めようとすると、微分方程式の手助けが必要になってくる。

下の図のようにy軸の正の方向から電波もしくは光が入射してきて、曲面の鏡に反射した後O点に集まる、という状況を考えよう。点Bで反射した光がOに向かうためには、鏡の反射の性質（入射光と反射光の鏡面に対する角度が等しい）から、図の∠BAOと∠ABO（ここで、AはBにおける接線がy軸と交わる点である）が等しくならなくてはいけない。よって図の三角形ABOは二等辺三角形であり、$\boxed{\text{AO=BO}=\sqrt{x^2+y^2}}$と書くことができる。以上から図に描き込んだように各部の長さを求めていく。「AからBに行くには、右にx、上に$y+\sqrt{x^2+y^2}$だけ移動すればよい」と考えると、点Bにおける接線の傾き$\left(\dfrac{dy}{dx}\right)$が

$$\frac{dy}{dx} = \frac{y+\sqrt{x^2+y^2}}{x} \quad (11.1)$$

であることがわかり、これが曲線を求めるための微分方程式となる。この式は同次方程式 →p142 だから

$$\frac{dy}{dx} = \frac{y}{x} + \sqrt{\left(\frac{y}{x}\right)^2 + 1} \quad (11.2)$$

と直し、$\boxed{z=\dfrac{y}{x}}$を変数とした方がよい。

$\boxed{y=zx}$としてから微分すると $\boxed{dy = dz\,x + z\,dx}$ という関係式が出るので、

$$x\frac{dz}{dx} + z = z + \sqrt{z^2+1} \quad (11.3)$$

となって後はこれを変数分離した $\boxed{\dfrac{dz}{\sqrt{z^2+1}} = \dfrac{dx}{x}}$ を積分すればよい。

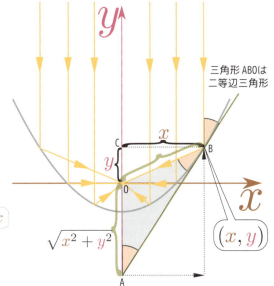

三角形ABOは二等辺三角形

$\sqrt{z^2+1}$ が出てきた時の定番[†1]として、$z = \sinh t$ と置く（sinh を忘れた人は8.3.2節を読み直そう）。こうして $\sqrt{z^2+1} = \sqrt{1+\sinh^2 t} = \cosh t$、$dz = \cosh t\, dt$ と置き換えられて、

$$\int dt = \int \frac{dx}{x}$$
$$t = \log x + C \tag{11.4}$$

と積分ができる。$z = \sinh t = \dfrac{e^t - e^{-t}}{2}$ に上で求めた式からわかる $e^t = e^C x$ を代入し、

$$z = \frac{e^C x - \frac{1}{e^C x}}{2}$$
（両辺に x を掛けて）
$$\underbrace{zx}_{y} = \frac{e^C x^2 - \frac{1}{e^C}}{2} \tag{11.5}$$

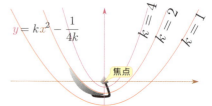

と答えを出す。未定のパラメータである e^C を $e^C = 2k$（k は正の定数）と書きなおして

$$y = kx^2 - \frac{1}{4k} \tag{11.6}$$

というのが答である。途中の積分が面倒な割には、答は放物線である。ちなみに「パラボラアンテナ」の「パラボラ」とは放物線のことである[†2]。

11.2 懸垂線

紐を2点を固定してつりさげた時の形を考えてみる（たとえば鉄塔に導線を張るときに必要な線の長さを知るために、この形を知ることは重要である）。一番下の部分を原点として、右の図のように座標系を張る。紐にかかる張力は垂直に垂らした時と同様に、上の方ほど大きくなるはずだから、図のように微小部分を考えた時、その部分の下端には T、上端には $T + dT$ の力が働く。紐は直線状ではないからこの張力の向きも（微小に）違う。働く力はこの他に重力がある。微小部分の紐の長さは $\sqrt{dx^2 + dy^2}$ だから、これに単位長さあたりの質量 ρ と重力加速度 g を掛けた分の重力が下向きに働く。

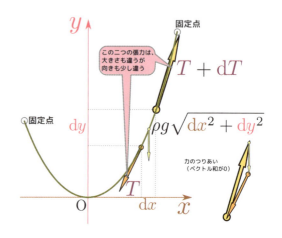

[†1] $\sqrt{z^2+1}$ が簡単になるような z は何か？—と考えていけば、$\sqrt{\sinh^2 t + 1} = \cosh t$ というのがあったな、と思いつく。「こんなの、思いつけない」と思っても悲観する必要はない。別に天才的ひらめきで見つけたりするものではなく、「これはどうかな？」という 試行錯誤（当然何度か失敗する）と「前にも似たようなの出てきたな」という 慣れ で見つけるものである。慣れてない最初はとにかくいろいろ試して、うまくいく方法を探そう。

[†2] 実際に衛星放送のアンテナなどに使われている曲面は放物線を回転させた面の一部であり、図に描き込んであるようにアンテナの中心と放物線の軸はずらしてある。

下の図を参考に、T を鉛直成分と水平成分に分ける（その比は $dy : dx$）。この微小部分に働く張力の水平成分は等しいはずである。よって、

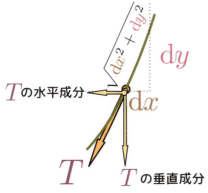

$$d\left(\overbrace{T\frac{dx}{\sqrt{dx^2 + dy^2}}}^{T\text{の水平成分}}\right) = 0 \tag{11.7}$$

あるいは

$$T\frac{dx}{\sqrt{dx^2 + dy^2}} = T_0 \quad (T_0 \text{は定数}) \tag{11.8}$$

が成り立つ。ここで T_0 は、$\boxed{dy = 0}$ の時の張力だと思えばよい（図を見ると、それは最下点すなわち原点である）。

次に鉛直成分を考えると、T の鉛直成分の増加がちょうど重力によって打ち消されればつりあいが保たれるから、「T の鉛直成分の微小変化」が、その微小部分にかかる重力に等しくなり、

$$d\left(\overbrace{T\frac{dy}{\sqrt{dx^2 + dy^2}}}^{T\text{の鉛直成分}}\right) = \rho g \sqrt{dx^2 + dy^2} \tag{11.9}$$

が成り立つ。

(11.8) から、$\boxed{T = T_0 \dfrac{\sqrt{dx^2 + dy^2}}{dx}}$ となるからこれを代入すれば

$$d\left(T_0 \frac{dy}{dx}\right) = \rho g \sqrt{dx^2 + dy^2} \tag{11.10}$$

となる。T_0 は定数だから微分の外に出して、右辺は dx をルートの外に出し、

$$T_0 d\left(\frac{dy}{dx}\right) = \rho g \sqrt{1 + \left(\frac{dy}{dx}\right)^2} dx \tag{11.11}$$

とした上で、$\dfrac{dy}{dx} = V$ と考えれば

$$T_0 \, dV = \rho g \sqrt{1 + V^2} \, dx \tag{11.12}$$

という変数分離可能な微分方程式になる。$\sqrt{1 + V^2}$ という形が出てきたので、前節同様、$\boxed{V = \sinh t}$ という置換積分（$\boxed{dV = \cosh t \, dt}$ となる）を使って計算して、

$$\begin{aligned}
\frac{dV}{\sqrt{1+V^2}} &= \frac{\rho g}{T_0} dx & \text{($V = \sinh t$ として)} \\
\frac{\cosh t \, dt}{\cosh t} &= \frac{\rho g}{T_0} dx & \text{(積分して)} \\
t &= \frac{\rho g}{T_0} x + C & \text{(C は積分定数)}
\end{aligned} \tag{11.13}$$

であるから、

$$V = \frac{dy}{dx} = \sinh\left(\frac{\rho g}{T_0} x + C\right) \tag{11.14}$$

となる。これをさらに積分して、

$$y = \frac{T_0}{\rho g}\cosh\left(\frac{\rho g}{T_0}x + C\right) + D \quad (D は積分定数) \tag{11.15}$$

が解となる。最初に図で設定したように $x=0$ で $y=0, \dfrac{dy}{dx}=0$ とすれば、$C=0, D=-\dfrac{T_0}{\rho g}$ となり（C, D を変えると最下点が移動することになる）、最終的な答えは

$$y = \frac{T_0}{\rho g}\left(\cosh\left(\frac{\rho g}{T_0}x\right) - 1\right) \tag{11.16}$$

となる。

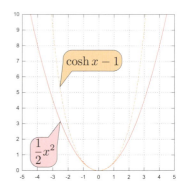

このような曲線（coshで表される）を「懸垂線」と呼ぶ。この節の最初にあげたグラフを見て「放物線？」と思った人がいるかもしれないが、計算結果はcoshである。しかし

$$\cosh x = 1 + \frac{1}{2}x^2 + \frac{1}{24}x^4 + \cdots \tag{11.17}$$

という展開式があることを考えると、x が小さい範囲では(11.16)は $y = ax^2$ とほぼ同じである。右のグラフに示したように、$\dfrac{1}{2}x^2$ と $\cosh x - 1$ は x が小さい範囲ではほぼ等しい。

> 📖 【問い 11-1】
> (11.12)において「x が小さい時は V が微小だから、右辺の V^2 は無視していいだろう」と考えてから微分方程式を解け。結果が(11.16)に(11.17)を使って x の2次までを考えた式に一致することを示せ。
> → p165　　　　　　　　　　　　　　　　　　　　　　　　　　　　解答 → p201 へ

11.3　肉食動物と草食動物の連立微分方程式

ある森の中で 草食動物（兎）の数 X と 肉食動物（狐）の数 Y がどう増減するかを考える（簡単のため、この森にはこの2種類の動物しかいないものとする）。

餌が豊富にあり、かつ狐がいないと考えた場合、兎は今いる量に比例して増えると同時に寿命が来て死ぬ分減る（減る量も今いる量に比例する）。この二つの効果のみを考えるならば、

$$\frac{dX}{dt} = AX \tag{11.18}$$

という微分方程式で兎の数 X の変化が記述できそうである。ただし A は比例定数で兎は自然には増えるということを反映して、正の定数となる。

ところが兎が減る原因はもう一つある。狐は兎を食べるので、兎は狐と出会うと死ぬと考えよう。森の中に X 匹の兎と Y 匹の狐がそれぞれ動きまわっている状況を考えると、両者が出会う確率は X と Y の積に比例するだろう。そして出会った後でやはりある確率で「狐が兎を食べる」というイベントが発生し、兎が減る。このように考えると、兎の減少量として XY という積に比例する部分が出てくる。よって、兎の数は

$$\frac{dX}{dt} = AX - BXY \tag{11.19}$$

という式で増減するとする（B は A とは別の比例定数）。

　一方狐は、兎を食べないと生きていけないのだから、その増加はどれだけ兎を食べられるかによって決まり、それは XY に比例するのだったから、狐は XY に比例して増える。兎がいなかったら狐は「繁殖しつつ寿命が来て死ぬ」という現象の結果として現在いる量に比例して減っていくだろう。それを $-CY$ という形（C は正の定数、ほっておくと増える兎とは符号が逆になる）で式の右辺に入れて、

$$\frac{dY}{dt} = -CY + DXY \tag{11.20}$$

という微分方程式に従う（C, D は A, B とは別の比例定数である）。これらの方程式(11.19)と(11.20)はこの式を出した二人の数学者の名前を取って「**ロトカ・ヴォルテラの方程式**」と呼ばれる。

　時間変化を考えるには、$\dfrac{dX}{dt}, \dfrac{dY}{dt}$ に関する二つの微分方程式を連立させて解けばよい。

　いきなり解けと言われても、どうしていいのか悩んでしまうかもしれない（この式は非線形だし）。そこでまず、$\boxed{\dfrac{dX}{dt} = \dfrac{dY}{dt} = 0 \text{となるのはどんなときか？}}$ から考える。$\boxed{\dfrac{dX}{dt} = \dfrac{dY}{dt} = 0}$ となる点を「**固定点**」と呼ぶ。

　固定点を求める方程式は上の微分方程式(11.19)と(11.20)の右辺が0になる、という式で、因数分解すれば

$$X(A - BY) = 0 \tag{11.21}$$
$$Y(-C + DX) = 0 \tag{11.22}$$

である。$\boxed{X = Y = 0}$ もこの方程式の解だが、「兎も狐もいない」という「つまらない解」[†3] なので無視する。

　意味のある固定点は $\boxed{X = \dfrac{C}{D}, Y = \dfrac{A}{B}}$ である。

　固定点からずれた時の $\dfrac{dX}{dt}, \dfrac{dY}{dt}$ の様子をグラフに表示すると右のグラフのようになる。これから X-Y 平面内で反時計周りにぐるぐる回るような時間発展を行うということが予想される。

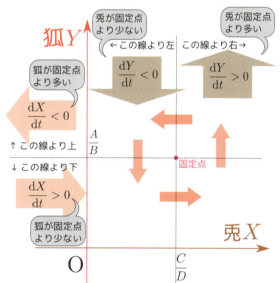

　固定点からのずれを x, y とする。つまり、

$$X = \frac{C}{D} + x, \quad Y = \frac{A}{B} + y \tag{11.23}$$

とする。こうして x, y の微分方程式を作ると、

$$\frac{dx}{dt} = -B\left(\frac{C}{D} + x\right)y, \quad \frac{dy}{dt} = D\left(\frac{A}{B} + y\right)x \tag{11.24}$$

[†3] 最初から兎も狐もいないのだから、未来永劫いないままである。

となる。ここで x, y は $\dfrac{C}{D}, \dfrac{A}{B}$ に比べて小さいと考えて、括弧内の x, y は無視して、

$$\frac{dx}{dt} = -\frac{BC}{D}y, \quad \frac{dy}{dt} = \frac{AD}{B}x \tag{11.25}$$

と近似する。第一式を微分して

$$\frac{d^2 x}{dt^2} = -\frac{BC}{D}\frac{dy}{dt} \tag{11.26}$$

にしてから第二式を代入すると

$$\frac{d^2 x}{dt^2} = -\frac{BC}{D} \times \frac{AD}{B}x = -ACx \tag{11.27}$$

という、係数は違うが単振動と同じ式が出てくる。解はすでに知っていて、
→ p153

$$x(t) = x_0 \cos\left(\sqrt{AC}\,t + \alpha\right) \tag{11.28}$$

と書ける。cos の中の t の前に $\sqrt{AC}$ がついているのは、この微分方程式が「二階微分すると元の $-AC$ 倍になる」という式だからである。x_0, α は微分方程式からは決まらないパラメータである（二階微分方程式だからこれでちょうどよい）。

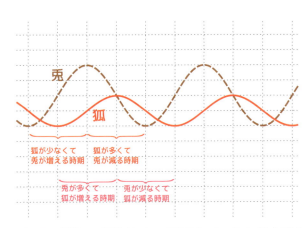

$\boxed{\dfrac{dx}{dt} = -\dfrac{BC}{D}y}$ なので、$\boxed{\sqrt{AC} = \omega}$ として

$$-\omega x_0 \sin(\omega t + \alpha) = -\frac{BC}{D}y(t)$$
$$\frac{D}{BC} \times \omega x_0 \sin(\omega t + \alpha) = y(t) \tag{11.29}$$

で y も求まる。

X, Y の時間変化を表すのが左のグラフである。x, y と X, Y は定数を足しただけの違いなので、X（兎）の変化は cos で、Y（狐）の変化は sin で表されていると思えばよい。

グラフに示したように、狐のグラフが「山」である間は兎のグラフは右下がり、狐のグラフが「谷」である間は兎のグラフが右上がりとなる。もちろんこれは「狐が多くて兎が食われる時期は兎が減り、狐が少なくなると兎が増える」を示している。逆に「兎が多いと狐が増える（およびこの逆）」もわかる。グラフを見ながらそれを確認してみよう。

ここで、時間変化が周期的になること、つまりある程度の時間がたつと（正確に言えば t が $\dfrac{2\pi}{\sqrt{AC}}$ だけ増加すると）X と Y は元の値に戻るということに注意しよう。このことは以下の厳密な計算からも確認できる。

ここまでで求めたのは近似解なので、X-Y 平面に描かれる図形は単純な楕円であるが、実際に微分方程式を解いてみると少々複雑な図形を描く（以下ではコンピュータで数値的に計算させた）。

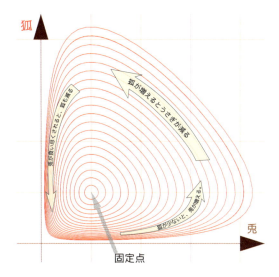

上のグラフでは $\boxed{A=B=C=D=1}$ にして、X,Y の初期値を変えてグラフにしている。この場合は $(X,Y)=(1,1)$ が固定点であり、その周りをめぐる軌跡を描く。固定点からの外れが小さい領域では軌跡は円に近い（円なのは今の場合は $\boxed{\dfrac{D}{BC}=1}$ だから）。

(11.19),(11.20)は X,Y という二つの従属変数に対する連立微分方程式になっている（以下では連立方程式として解く）が、割算することで、

$$\frac{\mathrm{d}X}{\mathrm{d}Y} = \frac{AX-BXY}{-CY+DXY} = \frac{X-\frac{B}{A}XY}{-\frac{C}{A}Y+\frac{D}{A}XY} = \frac{X-bXY}{-cY+dXY} \tag{11.30}$$

という Y を独立変数、X を従属変数とした微分方程式にすることもできる（独立変数と従属変数は逆でもよい）。以下では、$\dfrac{B}{A}=b, \dfrac{C}{A}=c, \dfrac{D}{A}=d$ と書くことにしよう。この式を

$$\frac{\mathrm{d}X}{X}(-c+dX) = \frac{\mathrm{d}Y}{Y}(1-bY) \tag{11.31}$$

のように変数分離してから積分することで、

$$-c\log X + dX = \log Y - bY + E \quad (E\text{ は積分定数}) \tag{11.32}$$

となり、両辺を exp の肩に上げることで、

$$\frac{\exp(dX)}{X^c} = FY\exp(-bY) \quad (F=\mathrm{e}^E\text{ で比例定数}) \tag{11.33}$$

すなわち、

$$X^c \exp(-dX) Y \exp(-bY) = 一定 \tag{11.34}$$

という式になる。X-Y 平面の軌跡はこの式で表される。上の図に示したようにこの式で表される軌跡は閉曲線になり、この式が成立した状況で X と Y が変化していけばいつかはまた元の状態に戻ることになる。

章末演習問題

★【演習問題 11-1】
円筒形の湯呑みにお湯を入れかき混ぜ、一定角速度で回転させたとしよう。水面は中心が凹んだ曲面になる。

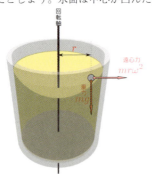

図に示したように、水の微小な部分に働く回転の遠心力と重力の合力が水面と垂直になるという条件を微分方程式として立て、解け。　ヒント → p205 へ　解答 → p215 へ

★【演習問題 11-2】
半径 r の球形をした水中生物の成長を考える。この生物はその表面から餌となる栄養を吸収する。単位時間に吸収される栄養は表面積 $4\pi r^2$ に比例する。一方、この生物が生きるためには、現在の体重に比例したエネルギーが必要（細胞一個を維持するエネルギーが定数で、全エネルギーは細胞数に比例すると考える）なので、消費されるエネルギーは体積 $\dfrac{4\pi r^3}{3}$ に比例する。

(1) 以上から、この生物の成長を表す微分方程式（r の微分方程式）を作れ。比例定数は適当に置いてよい。
(2) この生物の大きさが時間変化しない条件を求めよ。
(3) 微分方程式を解け。

ヒント → p205 へ　解答 → p215 へ

★【演習問題 11-3】
ある島に住んでいるある生物の数を $A(t)$ とする。この生物は微小時間 Δt 経過するごとに、

- 別の島から入ってくるため、比例定数を I として、$I\Delta t$ だけ増加する。
- 人間が狩りをするため、比例定数を H として、$H\Delta t$ だけ減少する。
- 生殖により、今いる数に比例定数 B と時間 Δt を掛けた分だけ増加する。
- 病気などにより、今いる数に比例定数 D と時間 Δt を掛けた分だけ減少する。

という変化を起こすものとする。$A(t)$ の微分方程式を立てて解け。初期条件は $t=0$ で $A(t)=A_0$ とする。
ヒント → p205 へ　解答 → p215 へ

★【演習問題 11-4】
10.3.1 節では $m\left(\dfrac{\mathrm{d}}{\mathrm{d}t}\right)^2 x = -K\dfrac{\mathrm{d}}{\mathrm{d}t}x$ (10.44) という式を考えたが、空気抵抗が速度の自乗に比例する場合なら、以下の式となる。

$$m\left(\dfrac{\mathrm{d}}{\mathrm{d}t}\right)^2 x = -K\left(\dfrac{\mathrm{d}}{\mathrm{d}t}x\right)^2 \qquad (11.35)$$

この微分方程式を、初期条件 $x(0)=0$, $\dfrac{\mathrm{d}}{\mathrm{d}t}x(0)=v_0$ のもとで解け。
ヒント → p205 へ　解答 → p215 へ

おわりに

本書は

> 大学などで自然科学の勉強を始めたばかりの人が、数学の部分でつまづくことなく、基礎的な常微分方程式を立てて解くことができるようになること

を目標に書いた。その目標を達成するために、説明はできるかぎり丁寧に、かつ図版を用いて起っている自然現象をイメージしつつ数式を解いていけるように書いてきたし、初学者が疑問を持ちそうなところを「FAQ」として解説を加えるようにした。 とにかくこの式に代入したら答えが出るからやってみればいい という数学の使い方をする人もいるが、本書は この式はなぜ使えるのか？ の部分に重点を置いて解説した[†1]。この点を曖昧にしたまま勉強していると、いざ使うという段になったとき、うっかり「いつもは使えるけどここでは使えない式」を堂々と使ってしまう（しかも何が悪いのかわからない）という失敗をしそうだからである[†2]。著者の本は「書き方がくどい」と評されることもあるのだが、このいささか「くどい」書き方が、他の本や大学の授業を聞いて「どうしてそうやると答えが出るのか、よくわからない」という状況に陥ってしまった人の助けになればと思っている。

本書ではグラフや図版だけではなく、数式の中でも色を多用した。常々、巷にあるカラフルな解説書を見て、せっかくカラーを使って本を書いているのに「大事なところを赤で書く」程度ではなく、もっと色を有効に使えないだろうかと考えていたので、本書では新しい試みとして変数や微分演算子は各々特定の色で表示するなどの工夫も加えた。

「何が変数なのか」「何が演算子なのか」ということを曖昧に理解したまま数学を勉強している人が時折見られ、数学の理解につまづく原因の一つになっているように思う。そういう人への注意喚起として本書では色を活用してみた。

自然という敵は強大で難物であり、数学はそれに立ち向かう武器である。そのための準備を始めた学習者たちに、本書が少しでも役立ってくれることを心より願っている。

著者

[†1] ただ、本当に厳密に「この式はなぜ使えるか」を証明して進めようとすると本の厚さが2倍になってしまうので、少々の省略はさせていただいている。

[†2] もちろん、学生時代の著者もやってしまったことがあるからこう書いている。

さらに勉強したい人のために

物理/化学/生物などへの応用例についてより詳しく知りたいという人には、

- 「数学：物理を学び楽しむために」田崎晴明（http://www.gakushuin.ac.jp/~881791/mathbook/にて公開中）
- 「現場で出会う微積分・線型代数」小林幸夫（現代数学社）
- 「力学と微分方程式」山本義隆（数学書房）
- 「微分方程式で数学モデルを作ろう」デビッド・バージェス／モラグ・ボリー（日本評論社）

など、他にもたくさんの本があるので勉強してみよう。これに限らず力学に関する多くの本で本書で扱った微分方程式が登場するはずである。

本書はあくまで入門用ということで、数学的に厳格な証明は行っていない部分もある（特に関数の連続性などについては「自然で出てくる関数はたいてい連続だから」ということで厳密さを欠くことを許してもらっている）。そのあたりが気になる人は、以下の本などを参考に勉強していくといいだろう。

- 「微積分学講義＜上・中・下＞」Howard Anton,Irl Bivens,Stephen Davis（京都大学学術出版会）
- 「dxとdyの解析学——オイラーに学ぶ」高瀬正仁（日本評論社）
- 「対話・微分積分学」笠原晧司（現代数学社）
- 「微分方程式入門」高橋陽一郎（東京大学出版会）

微積分や微分方程式に関する本もたくさんあるので、ここに挙げたものに限らず、自分にあったものを探してみよう。

謝辞

著者が本書を書くことができたのは何より、授業中に私に向かって素直に何でも質問してくれた、琉球大学理学部の学生さんたちのおかげである。何よりも彼ら彼女らに感謝を捧げたい。

また、本書の執筆中において、以下の方々から、内容について様々なる有益な御助言を頂けた。ここに記すとともに感謝の意を表明する。

関根良紹様、高井隼人様、梵天ゆとり（メダカカレッジ）様、増田忠昭様

付録A　基礎知識の補足

A.1　弧度法

「弧度法」という角度の単位は、一周を $360°$ ではなく 2π ラジアンとする。

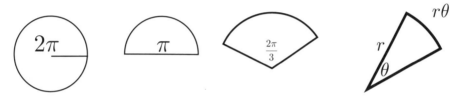

一周を 2π ラジアンとすると何が都合がいいかというと、半径 r、頂角 θ の扇形（一番右の図）の弧の長さが $r\theta$ となり、計算が楽になる（円は頂角 2π の扇形と考えれば、その弧すなわち円周は $2\pi r$ になる）。特に運動を考えているときは物体の移動する距離（長さ）の計算ができる限り簡単な方がよいので、角度はラジアンを使うことが多い。θ が小さい時に $\sin\theta \simeq \theta$ になる、などの近似式もラジアンを使って角度 θ を表してないと使えない。

A.2　有効数字

自然科学で測定値として出てくる数字は、必然的に「曖昧さ」を含む。たとえばミリまでの目盛のついた定規で測った長さは、せいぜい（かなり贔屓目に見ても）0.1 ミリの単位までしか信用できないだろう。だからその定規で測った長さが 5.3 ミリでした、と言われても、それは文字通り 5.3 ミリではなく、5.25 ミリより以上、5.35 ミリよりは小さい という程度の信頼性を持った数値であるはずだ。これに対して顕微鏡などを併用して $\frac{1}{100}$ ミリの目盛のついた定規で測った結果が 5.3 ミリだったとすると、その数値は 5.2995 ミリ以上で、5.3005 ミリよりは小さい 程度の信頼性を持った数値になる。この二つを同じ「5.3」と表現したのではその「信頼性の差」を表現できないから、前者を「5.3」、後者を「5.300」と表現しよう、というのが有効数字の考え方である。「5.3」と書いた場合、「有効数字が2桁である」と表現する（「5.300」は有効数字4桁）。単純な数字としては 5.3 = 5.300 であるが、有効数字が違うという点を考えると、5.3 と 5.300 は違う意味を持つことに注意しよう。

 ただし、「半径 r の円の円周は $2\pi r$ である」などという時の「2」は有効数字一桁という意味ではなく、厳密に「2」である。

測定値どうしで演算を行う時は、有効数字に注意しなくてはいけない。たとえば 1.52（有効数字3桁）と 0.0425

（有効数字3桁[†1]）を足して1.5625という答えを出すことには意味がない（「1.56」ぐらいしか言えない）。そもそも有効数字3桁で1.52というのは 1.515以上で1.525より小さい 程度の信頼性の数値だから、0.0425の「25」の部分は1.52の信頼されない数字の中に隠れてしまう。

引算の時も注意が必要で、たとえば1.3152から1.3133を引いた答えは0.0019である（ここより下の桁は信頼がおけない）。有効数字が5桁あったのに2桁になってしまう（この現象を「桁落ち」と呼ぶ）点に注意しよう。

掛算、割算については、計算結果の有効数字は少ない方の有効数字になる。たとえば「地球が半径6378.137kmの球だとすると、赤道の長さはどれだけか」と問われて、

$$2 \times 3.14 \times 6378.137 = 40054.70036 \tag{A.1}$$

などと答えるのは全く意味がない。πは3.14とすることが多いが、こうしたのでは実は有効数字が3桁しかない[†2]から、結果も3桁分しか信用できない（つまり最初の「400」までしか信用できない）。このような場合は

$$2 \times 3.141593 \times 6378.137 = 40075.02 \tag{A.2}$$

のようにπの方も有効数字7桁分使う（答えも有効数字7桁）か、逆に全部有効数字3桁で考えて、

$$2 \times 3.14 \times 6378.137 = 4.01 \times 10^4 \tag{A.3}$$

と答えるのが正しい（40100と書いてしまうと有効数字5桁と誤解されるので、4.01にして後に$\times 10^4$をつける）。なお、気づいた人もいると思うが、どうせ最後は4.01までしか残さないのだから、6378.137も最初から6380ぐらいで計算してよい。

A.3 複素数とその演算

A.3.1 虚数単位

虚数単位iとは $x^2 = -1$ の解のうち片方である[†3]。 $x^2 = -1$ という2次方程式は実数の範囲には解がない（自乗して負の数になる実数はないので）。 $x^2 = -1$ を満たす数 が1つ見つかったとしてそれをiと書くことにすると、$-i$すなわち$i \times (-1)$も自乗すると-1になる[†4]ので、 $x^2 = -1$ の解は $x = i$ と $x = -i$ の二つがある。

複素数とは、二つの実数a, bと虚数単位iを用いて$a + bi$のように表される「数」である。これ以上に、たとえばi^2の項は入れる必要がない（-1になるだけのことなので）。i^3以上も同様である[†5]。$a + bi$のaを「実部」、bを「虚部」と言う[†6]。実部の記号としてはReまたは$\Re$、虚部の記号としてはImまたは$\Im$を使う（$z = x + iy$のとき、$\mathrm{Re}(z) = \Re(z) = x, \mathrm{Im}(z) = \Im(z) = y$のように）[†7]。

上の虚数単位の定義のところで

 $x^2 = -1$ を満たす数が1つ見つかったとしてそれをiと書くことにする

という書き方をした。これを見て「最初に見つかった解というのがiなのか$-i$なのかわからないのではないか」という疑問を持った人もいるかもしれない。実は「最初の解」をiとしようが$-i$としようが、後の議論には全く関係ない。$x^2 = -1$の解として$x = i$と$x = -i$の二つがあること（そして$\pm$二つあるのは必然であること）が大事である。

[†1] 0.0425だから5桁では、と考えてはいけない。最初についている0二つは数字の正確さに寄与しない。

[†2] より詳細なπの値は$3.14159265358979\cdots$である。3.14と書いたときは「3.135以上で3.145未満」という情報しか与えてない。有効数字7桁が欲しいなら、3.141593（その次の桁で四捨五入した結果）まで使って計算する。

[†3] 本書では虚数単位にiという色付きでアルファベットのiの小文字（立体）を用いた。斜体のiや分野によっては（その分野ではiが別の意味でよく使われるため）jを使ったり、$\sqrt{-1}$を使う場合もある。どう表記するかは本質とは全く関係ないので、その場の流儀に従えばよいと思う。

[†4] iという「変な、新しい数」に対しても、$(ab)^2 = a^2 b^2$が成立すると考える。

[†5] 虚数単位iは自乗すると実数（-1）になるから、i^nでnが整数の場合は、$1, -1, i, -i$のどれかになる。

[†6] 「虚部」というときはbiではなくbを指すことに注意。

[†7] $\Re$はRの、$\Im$はIの飾りつき文字（花文字とも言う）。

以上で述べたように、iと−iは立場上同等であるから、$a+bi$と$a-bi$（a,bは実数）は、「iを−iに変えただけ」の違いだから立場上は同等である。そこでこの二つを、互いに「**複素共役 (complex conjugate)**」であると言う（共通の役目を果たす、と思えばよい[†8]）。$z=a+bi$とした時、その複素共役は$*$をつけて表して、$z^*=a-bi$と書く[†9]。zからz^*を作ることを「複素共役を取る」と表現する。当然であるが、「複素共役を二回取る」と元に戻る（$(z^*)^*=z$）。

A.3.2　複素数の演算

複素数の足算、引算は実数と全く同様に行う。

$$a+bi+c+di=(a+c)+(b+d)i, \quad a+bi-(c+di)=(a-c)+(b-d)i \tag{A.4}$$

掛算は（i^2が出てきたら-1に置き換えることにして）

$$(a+bi)(c+di)=ac+adi+bci+bdi^2=(ac-bd)+(ad+bc)i \tag{A.5}$$

という計算になる。割算は少しややこしいが、

$$\frac{a+bi}{c+di}=\frac{(a+bi)(c-di)}{(c+di)(c-di)}=\frac{(ac+bd)+(bc-ad)i}{c^2+d^2}=\frac{ac+bd}{c^2+d^2}+\frac{bc-ad}{c^2+d^2}i \tag{A.6}$$

のように、(実部)+(虚部)iの形にまとめるためには分母分子に$c-di$を掛けてから整理するという計算が必要になる[†10]。

複素数$z=a+ib$とその複素共役$z^*=a-ib$との積は

$$zz^*=(a+ib)(a-ib)=a^2+b^2 \tag{A.7}$$

となるがこれを「絶対値の自乗」と表現する[†11]。つまり複素数$z=a+ib$の絶対値は$|z|=\sqrt{a^2+b^2}$である。

この他、実数の演算における交換法則・結合法則・分配法則などは実数同様に成立する。

複素数を$z=x+iy$のように表すと、「二つの数x,yを決めると複素数が1つ決まる」という意味で、「複素数は2次元の量である」と考えることもできる。そこで、この二つの数を2次元平面にプロットしよう、というのが「**複素平面**」である。複素平面上に複素数をプロットしたとき、その点の原点からの距離をr、原点からその点へと引いた線がx軸（実軸）となす角をθとすると、$x=r\cos\theta, y=r\sin\theta$という極座標と直交座標の関係と同じ式が成立する。

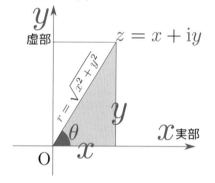

A.4　極限と級数

A.4.1　極限

本書では、微分や積分の計算で何度か、「極限を取る」という操作を行う。たとえば(3.8)で$\lim_{\Delta x\to 0}$という計算を行った。この計算の意味について説明しておこう。

たとえば$\lim_{\Delta x\to 0}\frac{(x+\Delta x)^2-x^2}{\Delta x}=2x$は $\boxed{\Delta x を 0 に近づけたとき、\frac{(x+\Delta x)^2-x^2}{\Delta x} が 2x に収束する}$ という意味である。「極限が収束する」とは「ある値に近づく」という意味だが、その意味をもう少し説明しておこう。

[†8] 一方、英語の「conjugate」は「対をなす」という意味。
[†9] $*$は「スター」と読む。z^*は「ぜっどすたー」。
[†10] もちろん、(実部)+(虚部)iの形にまとめる気がないときは、そのままほっておいても問題ない。
[†11] $z=a+ib$の第1項、第2項であるa, biをそれぞれ自乗して足してa^2-b^2を「絶対値」と思ってしまう人がたまにいるが、a^2-b^2は負にもなるので「絶対値」として全く適当ではない。

なぜ単純に「0のとき」と言わずに「0に近づけたとき」と言うかというと、そもそも $\dfrac{(x+\Delta x)^2 - x^2}{\Delta x}$ という量は $\Delta x = 0$ を代入することができない量だからである。

上の場合は、少し計算することで、$\dfrac{(x+\Delta x)^2 - x^2}{\Delta x} = 2x + \Delta x$ になるから、計算した後であれば単に代入してもいい。しかしたとえば4.1.1節(→p56)で考えた $\dfrac{\sin \Delta x}{\Delta x}$ の $\Delta x \to 0$ などは、そういう計算ができない例になる。

「ある関数 $f(x)$ の $x \to x_0$ の極限が a である（a という値に近づく）」ということを厳密に定義するには、極限の値である a と $f(x)$ の差 $f(x) - a$ に着目し、これが「必要な精度において0とみなせる数になる」ということを示せばよい。その「必要な精度」として、ある任意の値を ϵ という文字[†12]を使って表し、$|f(x) - a| < \epsilon$ と書く（$a - \epsilon < f(x) < a + \epsilon$ と書いてもよい）。

たとえば $\dfrac{\sin \theta}{\theta}$ という量を考える。この量の $\boxed{\theta = 0 \text{ での値}}$ は計算不可能である。しかし、θ に「小さいけど0ではない数字」を代入して計算してみると、以下の表のようになる。

θ	$\sin \theta$	$\dfrac{\sin \theta}{\theta}$
1	$0.8414709848\cdots$	$0.8414709848\cdots$
0.1	$0.09983341665\cdots$	$0.9983341665\cdots$
0.01	$0.009999833334\cdots$	$0.9999833334\cdots$
0.001	$0.0009999998333\cdots$	$0.9999998333\cdots$
$\vdots$	$\vdots$	$\vdots$

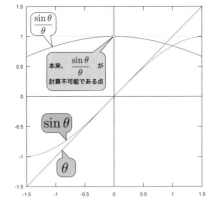

$\dfrac{\sin \theta}{\theta}$ が1に近づくことはすぐ確認できる。また、グラフを描くと右のようになる。ここで、「$\dfrac{\sin \theta}{\theta}$ と1の差をもっと小さくしてくれ」と要求されたならば、θ をどんどん小さくすればよい。たとえば上の $\dfrac{\sin \theta}{\theta}$ については、$1 - \dfrac{\sin \theta}{\theta}$ を0.001以下にするには、θ を0.01以下にすればよい（0.000001以下なら0.001）。

 数学的証明においてはよく、この $\dfrac{\sin \theta}{\theta} - 1$ に対応する 従属変数の極限値との差 を ϵ という文字で、θ に対応する 独立変数の極限値との差 を δ という記号で表現し、「任意の小さい正の数 ϵ に対して、$|x - x_0| \leq \delta$ となるすべての x について $|f(x) - a| \leq \epsilon$ となるような δ が存在する」と表現する（これを示せば $\lim\limits_{x \to x_0} f(x_0) = a$ を示したことになる）。

$\boxed{\text{我々はいかなる小さい } \epsilon \text{ に対しても、それに応じた } \delta \text{ を持ってこれる}}$ と宣言できるなら、極限を求めることができたということである。

収束しないときを「発散する」と表現する。発散する場合には、

上限なしに大きくなる場合　$\lim\limits_{x \to 0} \dfrac{1}{x^2}$ のような場合。この場合 $\boxed{\infty \text{ に発散する}}$ と表現する（$\lim\limits_{x \to x_0} f(x) = \infty$ と書くこともある）。

下限なしに小さくなる場合　$\lim\limits_{x \to 0} \dfrac{-1}{x^2}$ のような場合。この場合 $\boxed{-\infty \text{ に発散する}}$ と表現する（$\lim\limits_{x \to x_0} f(x) = -\infty$）。

[†12] ϵ は「いぷしろん」と読む。「小さい値」を表現するときにこの文字を使うことが多い。

振動する場合 たとえば $\lim_{n\to\infty}(-1)^n$ は 1 と -1 という値を取り続ける。

の 3 種類がある（最後の「振動する」場合も「発散する」のうちであることに注意）[13]。

 記号 ∞ は「無限大」を表すが、これは数ではない（「どんどん大きくなる」を表現する記号でしかない）から「∞ に収束する」などと言ってはいけない。

極限を計算する時には $\lim_{x\to x_0}f(x)=a$ と $\lim_{x\to x_0}g(x)=b$ が示されているという条件のもとで、

線形性 $\quad \lim_{x\to x_0}(\alpha f(x)+\beta g(x))=\alpha a+\beta b \quad (\alpha,\beta \text{ は定数})$

積 $\quad \lim_{x\to x_0}(f(x)\cdot g(x))=ab$

商 $\quad \lim_{x\to x_0}\left(\dfrac{f(x)}{g(x)}\right)=\dfrac{a}{b}$ （ただし、$b\neq 0$ である場合のみ）

などの式が使える。

ただし、極限が存在しない（発散する）時にはこんなことは言えないことに注意しよう[14]。特に積において一方が発散する場合[15]には注意が必要である。

商の極限については、「ロピタルの定理」と呼ばれる

$$\begin{cases}\lim_{x\to x_0}f(x)=0 \text{ で } \lim_{x\to x_0}g(x)=0 \\ \text{または}\\ \lim_{x\to x_0}f(x)=\pm\infty \text{ で } \lim_{x\to x_0}g(x)=\pm\infty\end{cases} \text{ である場合、} \quad \lim_{x\to x_0}\frac{f(x)}{g(x)}=\lim_{x\to x_0}\frac{f'(x)}{g'(x)} \tag{A.8}$$

が成り立つ（もちろん、$f(x)$ と $g(x)$ が $x=x_0$ において微分可能である場合に限る）。この定理を使うときは、上の条件（$\dfrac{0}{0}$ か $\dfrac{\pm\infty}{\pm\infty}$ の形になっていること）が満たされていなくてはいけないことに注意すること。注意を怠ると

$\lim_{\theta\to 0}\dfrac{\sin\theta}{\theta^2}=\lim_{\theta\to 0}\dfrac{\cos\theta}{2\theta}=\lim_{\theta\to 0}\dfrac{-\sin\theta}{2}=0$ のような間違いが起こる（2 番めの式は $\dfrac{1}{0}$ の形であるからロピタルの定理は使えない）。

$\lim_{x\to x_0}f(x)=\lim_{x\to x_0}g(x)=0$ の場合について[16]は、$f(x)=f(x_0)+f'(x_0)(x-x_0)+\mathcal{O}((x-x_0)^2)$ となることを考えれば、

$$\lim_{x\to x_0}\frac{f(x)}{g(x)}=\lim_{x\to x_0}\frac{\overbrace{f(x_0)}^{0}+f'(x_0)(x-x_0)+\overbrace{\mathcal{O}((x-x_0)^2)}^{\text{無視できる}}}{\underbrace{g(x_0)}_{0}+g'(x_0)(x-x_0)+\underbrace{\mathcal{O}((x-x_0)^2)}_{\text{無視できる}}} \tag{A.9}$$

のようにしてこの式の成立は理解できる。

---

[13] $\lim_{x\to 0}\dfrac{1}{x}$ は $x>0$ の範囲で考えると ∞ に発散し、$x<0$ の範囲で考えると $-\infty$ に発散する。極限の取り方により結果が異なる例もあるので注意。

[14] たとえば、$\lim_{x\to 0}\dfrac{x+1}{x}$ と $\lim_{x\to 0}\dfrac{x-1}{x}$ はどちらも存在しない（$\pm\infty$ に発散する）が、$\lim_{x\to 0}\left(\dfrac{x+1}{x}+\dfrac{x-1}{x}\right)=2$ である。この例は簡単すぎると思うだろうが、同様のことはもっと複雑な関数でも起こりえる。

[15] $\dfrac{1}{n}$ と n の積の $n\to\infty$ の極限など。掛算を先にすれば $\dfrac{1}{n}\times n=1$ で極限を取っても 1。極限を先にとると $\lim_{n\to\infty}\dfrac{1}{n}=0$, $\lim_{n\to\infty}n=\infty$ であるから掛算の結果は不定。極限を先に取るべきなのか後で取るべきなのか、状況に応じて判断すべきである。

[16] $\lim_{x\to x_0}f(x)=\pm\infty$ で $\lim_{x\to x_0}g(x)=\pm\infty$ の場合については省略。

A.4.2　級数の収束

$S_n = \sum_{k=1}^{n} a_k = a_1 + a_2 + \cdots + a_n$ のような和を「級数」と呼ぶ。S_n が $n \to \infty$ で収束するとき、「級数が収束する」と表現する（収束しないときは「発散する」と表現する）。級数の各項の絶対値を取っても級数が収束するとき（すなわち、$\sum_{k=1}^{\infty} |a_k|$ が存在するとき）、級数は「絶対収束する」と言う。絶対収束する級数はかならず収束するが、逆は成り立つとは限らない。収束するが絶対収束しない級数の例は $\sum_{n=1}^{\infty} \frac{(-1)^n}{n}$ がある（この級数は収束するが、絶対値を取った級数 $\sum_{n=1}^{\infty} \frac{1}{n}$ は収束しない）[†17]。

「収束」と「絶対収束」を区別する理由は、

- 絶対収束するならば、級数の順番を入れ替えてもよい。
- $\sum_{n=0}^{\infty} a_n$ と $\sum_{n=0}^{\infty} b_n$ が絶対収束するならば、$c_n = \sum_{k=0}^{n} a_k b_{n-k}$ とした時、$\sum_{n=0}^{\infty} c_n = \sum_{n=0}^{\infty} a_n \times \sum_{n=0}^{\infty} b_n$ が成り立つ。

などの便利な定理があるからである（逆に言うと、絶対収束してないときは上のような計算はやっていいかどうかわからない）。$|a_n| \leq Mc^n$ を満たす定数 $0 < c < 1$ と $M > 0$ が存在する場合は級数は絶対収束することが証明されている。

A.5　よく使う関数の近似

以下はすべて x が 1 に比べ十分小さいときに使える式である。

$(1+x)^2 \simeq 1 + 2x$	$\log(1+x) \simeq x - \frac{1}{2}x^2$	$e^x \simeq 1 + x + \frac{1}{2}x^2$
$\frac{1}{1+x} \simeq 1 - x$	$\sin x \simeq x - \frac{1}{6}x^3$	$\arcsin x \simeq x + \frac{1}{6}x^3$
$\sqrt{1+x} \simeq 1 + \frac{1}{2}x$	$\cos x \simeq 1 - \frac{x^2}{2}$	$\arccos x \simeq \frac{\pi}{2} - x - \frac{1}{6}x^3$
$(1+x)^\alpha \simeq 1 + \alpha x$	$\tan x \simeq x + \frac{1}{3}x^3$	$\arctan x \simeq x - \frac{1}{3}x^3$

これらの式はテイラー展開を使えば簡単に示せる。

実際に使うときは、必要な次数のところまでを取りだせばよい。

[†17] これらの級数は $\log(1+x)$ のテイラー展開で $x = \pm 1$ を代入したときに現れる。
→ p90

付録B 発展

B.1 等間隔でない分割

定積分の分割の方法を変え、等分割ではなく「等比数列で分割する」ことで面積を計算する方法（「ジャクソン積分」と呼ばれている）を示す。例として、$\int_a^b x^\alpha \, dx$ の積分を行ってみよう。

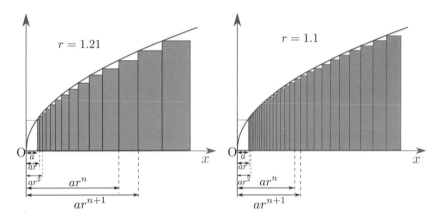

まず $x=a$ から $x=b$ までの区間を分割するのだが、はじめの分割を a から ar まで（これを「0番めの分割」とする）としたら、次の分割は ar から ar^2 まで（これが「1番めの分割」）、その次を ar^2 から ar^3（「2番めの分割」）というふうに、a を r^n 倍にした点を区間の区切りにする。ここでは n が 位置を表す変数 、つまり座標の役割（x 座標の替り）を果たしている。

n 番めの分割の区間は $x=ar^n$ から $x=ar^{n+1}$ までである。r は1より大きい数で後で1に近づけることで、区間の長さ $ar^{n+1} - ar^n$ が0に近づく。$N-1$ 番めの分割で区間の上端が $x=ar^N$ に達するから、 $b=ar^N$ としておこう。最後に、 $r\to 1$ にするが、このとき $b=ar^N$ という関係を保ったまま $r\to 1$ にする。つまり $N = \log_r\left(\dfrac{b}{a}\right)$ であり、この式から、 $r\to 1$ で $N\to\infty$ となる。

上のグラフは $f(x)=\sqrt{x}$ の場合で描いた。r を1に近づけていくことで長方形の面積の和が計算したい部分の面積に近づく。もちろん確認のためには本来は図に示したような「下からの極限」だけではなく「上からの極限」も考えて挟み撃ちにすべきである（ここでは省略する）。

n 番めの分割の区間で作られる長方形の高さは $(ar^n)^\alpha$ である。一方長方形の幅は、ar^{n+1} から ar^n を引けばよいので、$ar^n(r-1)$ となる。0番めから $N-1$ 番めまでを足算して全長方形の面積の和を求めると

$$\sum_{n=0}^{N-1} ar^n(r-1)\times (ar^n)^\alpha = a^{\alpha+1}(r-1)\sum_{n=0}^{N-1} r^{n(\alpha+1)} \tag{B.1}$$

となるが、等比級数の和の公式から、$\displaystyle\sum_{n=0}^{N-1} r^{n(\alpha+1)} = \dfrac{1-r^{N(\alpha+1)}}{1-r^{\alpha+1}}$ であるから、求めるべき量は

$$a^{\alpha+1}(r-1) \times \frac{1-r^{N(\alpha+1)}}{1-r^{\alpha+1}} \quad \text{(B.2)}$$
$$= \left(a^{\alpha+1} - (ar^N)^{\alpha+1}\right) \times \frac{r-1}{1-r^{\alpha+1}}$$

である。ここで $b = ar^N$ だったから、この量は

$$\left(b^{\alpha+1} - a^{\alpha+1}\right) \times \frac{1-r}{1-r^{\alpha+1}} \quad \text{(B.3)}$$

である。後半部を考えよう。r は 1 に近づく量だから、$r = 1 + h$ とおくと、h が 0 に近づく量である。微分の時に冪を展開した時の考え方を使って

$$r^{\alpha+1} = (1+h)^{\alpha+1} = 1 + (\alpha+1)h + \mathcal{O}(h^2) \quad \text{(B.4)}$$

と書き換えられるので、

$$\lim_{h \to 0} \frac{1 - \overbrace{(1+h)}^{r}}{1 - (1+h)^{\alpha+1}} \quad \text{(B.5)}$$
$$= \lim_{h \to 0} \frac{-h}{1 - (1 + (\alpha+1)h)}$$
$$= \lim_{h \to 0} \frac{-h}{-(\alpha+1)h} = \frac{1}{\alpha+1}$$

のように極限値が求められる。

結論は、

$$\int_a^b x^\alpha \, dx = \frac{b^{\alpha+1}}{\alpha+1} - \frac{a^{\alpha+1}}{\alpha+1} = \left[\frac{x^{\alpha+1}}{\alpha+1}\right]_a^b \quad \text{(B.6)}$$

である。たいへんありがたいことに、この式の α は -1 以外ならどんな実数でもよい。$\alpha = 1, 2$ の時には x の積分(7.5)と x^2 の積分(7.13)に一致する。
→ p96　　→ p99

B.2　微分方程式の線形化

線形でない微分方程式を線形微分方程式に直す方法について紹介する。

B.2.1　ベルヌーイ型微分方程式

$$\frac{dy}{dx} + p(x)y = q(x)y^n \quad \text{(B.7)}$$

という一階微分方程式は、y^n を含むから非線形であるが、変数を変えることで線形な方程式に直すことができる。まず両辺を y^n で割ると、

$$y^{-n}\frac{dy}{dx} + p(x)y^{1-n} = q(x) \quad \text{(B.8)}$$

となる。これを見て、$\boxed{z = y^{1-n}}$ を新しい変数にすればいいのでは、と気づく。というのは、z を x で微分してみると、

$$\frac{dz}{dx} = \frac{d}{dx}y^{1-n} = (1-n)y^{-n}\frac{dy}{dx} \quad \text{(B.9)}$$

となることから (B.7) の第1項は $\frac{dz}{dx}$ に比例している。こうして (B.7) を

$$\frac{1}{1-n}\frac{dz}{dx} + p(x)z = q(x) \quad \text{(B.10)}$$

と書き換えることができて[†1]、z を従属変数として解けばよい。

前に考えた

$$\frac{dy}{dt} = ky(1-y) \quad \text{(B.11)}$$

という式は $\boxed{p(x) = -k}$, $\boxed{q(x) = -k}$ で $\boxed{n = 2}$ の場合のベルヌーイ型微分方程式なので、$\boxed{z = \dfrac{1}{y}}$ とすることで、

$$-\frac{dz}{dt} - kz = -k \quad \text{(B.12)}$$

という式に直すことができる（逆にこの式に $\boxed{z = \dfrac{1}{y}}$ を代入すれば元に戻る）。この式はさらに、

$$\frac{dz}{dt} = -k(z-1) \quad \text{(B.13)}$$

とすれば、$z - 1 = Ce^{-kt}$ とすぐにわかる。

もちろんこの方法は (B.7) という特定の形の微分方程式（あるいは整理してこの形に直せる式）の時にだけしか使えない。

【問い B-1】　以下の微分方程式を解け。

(1) $\dfrac{dy}{dx} + y = e^x y^2$

(2) $\dfrac{dy}{dx} = \dfrac{y}{x} + xy^3$

(3) $\dfrac{dy}{dx} + 2x^2 y = \dfrac{3x^2}{y^2}$

ヒント → p192 へ　　解答 → p201 へ

[†1] この計算は $n = 1$ ではできないが、その場合は線形微分方程式なのだからこんなことをしなくてもよい。

B.2.2 線形近似による方法

どうしても線形に直すことができないような微分方程式は、近似を使って解く場合もある。

一般的に、
$$\left(\frac{d}{dt}\right)^2 x = F(x) \tag{B.14}$$

のような式で、$F(x)$ がある点 x_0 で 0 を取っているとすると、$F(x)$ を

$$\underbrace{F(x_0)}_{0} + F'(x_0)(x-x_0) + \underbrace{\frac{1}{2}F''(x_0)(x-x_0)^2 + \cdots}_{無視する部分} \tag{B.15}$$

のようにテイラー展開を使って線形な式に直してしまうことができる（もちろん、$F''(x_0)$ 以降の項が無視できるほど小さいかどうかは吟味する必要がある）。

$F'(x_0)$ が正か負か、も重要である。

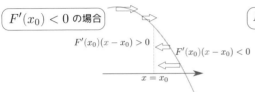

もし負であれば $x=x_0$ 付近で $x=x_0$ に戻そうとする力（復元力）が働いている。正であれば $x=x_0$ から離れようとする力になる。今近似の条件として $x は x_0 に近い$、と考えているのだから、$F'(x_0)$ が正の場合はこういう近似に向かない状況だ。

例として、振り子の運動方程式は

$$mL\left(\frac{d}{dt}\right)^2 \theta = mg\sin\theta \tag{B.16}$$

である。右辺の $\sin\theta$ はもちろん非線形であり、このまま解くのはたいへん難しい。そこで、$\theta - \frac{\theta^3}{3!} + \cdots$ のようにテイラー展開して考えて 1 次の項のみを取る。

$$mL\left(\frac{d}{dt}\right)^2 \theta = mg\theta \tag{B.17}$$

として解けば、後は θ に関する線形微分方程式である。もちろん、振幅が大きい場合にはこの近似は使えない。

B.3 複素数導入の意義

10.2.3 節では、複素数を導入したことによって微分方程式が解けるようになった。複素数が微分方程式を解く助けになる理由についてここで、解説しておこう。

たとえば 2 倍する という操作に対応する「微小変化」として 1.000001 倍する という操作を考えることができる。1.000001 倍を約 693148 回行えば 2 倍である（$1.000001^{693148} \fallingdotseq 2$）。ところが -1 倍についてはこれができない。

微分とは「微小な変化を考える」という計算であり、積分はその逆に「微小な変化を積み重ねる」という計算であった。しかし -1 倍する （数直線の上で考えると 反転する ）という計算は「微小変化を考える」のには不向きなのだ（複素数が無ければ）。

複素数の範囲でなら「数直線上での反転」を「微小な回転」として考えられる。たとえば、「$e^{0.0001 i\pi}$ を掛ける」という計算を 10000 回行えば

$$\left(e^{0.0001 i\pi}\right)^{10000} = e^{i\pi} = -1 \tag{B.18}$$

となる。

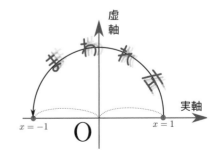

これをもう少し細かく見ておこう。複素平面において i を掛けるというのは、実は「90°（$\frac{\pi}{2}$）回転させる」

のと同じ計算である。(a,b) というベクトルは複素平面上では複素数 $a+bi$ で表現されるが、これに i を掛けた結果は $ai-b$ であり、ベクトルで表現すると $(-b,a)$ となり、これはまさに直角回転なのだ。

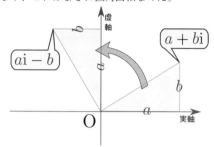

ということは、$1+\mathrm{i}d\theta$ を掛けるという計算は、図に示したように、元のベクトル（1を掛けた部分）に元のベクトルを $\frac{\pi}{2}$ だけ倒して長さを $d\theta$ 倍したベクトル（$\mathrm{i}d\theta$ を掛けた部分）を足せ、という計算となる。これはつまり「微小角度の回転」なのだ。この微小回転を何回も（どころか、無限回）繰り返すことで有限角度の回転ができる。たとえば角度 θ の回転を行いたいならば、$\frac{\theta}{N}$ という微小な角度の回転を N 回繰り返す。

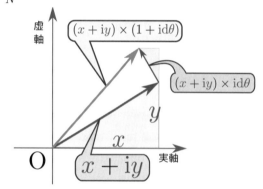

それを表現する式は

$$\left(1+\mathrm{i}\frac{\theta}{N}\right)^N \tag{B.19}$$

である。これを $N\to\infty$ 極限を取れば正しい有限角度の回転が出る。ここで指数関数の定義の一つである、

$$\lim_{N\to\infty}\left(1+\frac{x}{N}\right)^N = \exp x \tag{B.20}$$

を思い出せば、

$$\lim_{N\to\infty}\left(1+\mathrm{i}\frac{\theta}{N}\right)^N = \exp(\mathrm{i}\theta) \tag{B.21}$$

となる。複素数を使うことで「回転」を表現できた。

FAQ 回転するからには、元の方向の成分は短くならなくてはいけないのでは？

....

微小角度の回転を考えるときは、$\mathcal{O}(d\theta)$ の話をしている（$\mathcal{O}(d\theta^2)$ は無視している）ので元の方向の成分が短くならないように見える。たとえば $N=2$ にして $\mathcal{O}\left(\left(\frac{\theta}{2}\right)^2\right)$ を考えれば、

$$\left(1+\mathrm{i}\frac{\theta}{2}\right)^2 = 1+2\mathrm{i}\frac{\theta}{2}-\left(\frac{\theta}{2}\right)^2 = 1+\mathrm{i}\theta-\frac{\theta^2}{4} \tag{B.22}$$

となって元の方向の成分は $1-\frac{\theta^2}{4}$ 倍（$N\to\infty$ では $\cos\theta$ 倍）に短くなっている。

B.4 二階線形微分方程式の定数変化法

二階線形微分方程式の場合、定数変化法は使えるだろうか？——一般的な形として、

$$f''(x)+p(x)f'(x)+q(x)f(x) = r(x) \tag{B.23}$$

のような形の微分方程式を考えよう（この節では式が長くなりがちなので、微分の表現として ′ をつける記法を多用することにする）。

これを斉次方程式にした（$r(x)=0$ と置いた）式 $f''(x)+p(x)f'(x)+q(x)f(x)=0$ の解が、$f_1(x), f_2(x)$ と二つ求まったとしよう（線形二階微分方程式だから独立な解が二つある）。非斉次方程式の一般解を $C(x)f_1(x)+D(x)f_2(x)$ と置くのだが、ここで $C(x), D(x)$ は任意ではなく

$$C'(x)f_1(x)+D'(x)f_2(x) = 0 \tag{B.24}$$

を満たしているとしよう[†2]。

元の微分方程式に $f(x) = C(x)f_1(x)+D(x)f_2(x)$ を代入すると、

[†2]「勝手にこんな条件を置いてよいのか？」という点が心配になるところだが、これで解が求められることが確認できれば、問題ない。

B.4 二階線形微分方程式の定数変化法

$$\left(\frac{d}{dx}\right)^2 (C(x)f_1(x) + D(x)f_2(x)) + p(x)\frac{d}{dx}(C(x)f_1(x) + D(x)f_2(x)) \\ + q(x)(C(x)f_1(x) + D(x)f_2(x)) = r(x) \tag{B.25}$$

となるが、ここで大事なのは、(B.24)という条件のおかげで、

$$\frac{d}{dx}(C(x)f_1(x) + D(x)f_2(x)) = \overbrace{C'(x)f_1(x)}^{\text{足して } 0 \rightarrow} + C(x)f_1'(x) + \overbrace{D'(x)f_2(x)}^{\leftarrow \text{足して } 0} + D(x)f_2'(x) \tag{B.26}$$
$$= C(x)f_1'(x) + D(x)f_2'(x)$$

となることである。二階微分はこの結果をもう一度微分して

$$\left(\frac{d}{dx}\right)^2 (C(x)f_1(x) + D(x)f_2(x)) = C(x)f_1''(x) + D(x)f_2''(x) + C'(x)f_1'(x) + D'(x)f_2'(x) \tag{B.27}$$

となる。以上を微分方程式に代入すると、

$$C'(x)f_1'(x) + D'(x)f_2'(x) + C(x)f_1''(x) + D(x)f_2''(x) \\ + p(x)(C(x)f_1'(x) + D(x)f_2'(x)) + q(x)(C(x)f_1(x) + D(x)f_2(x)) = r(x) \tag{B.28}$$

となり、さらに $f_1(x), f_2(x)$ が斉次方程式の解であることから、

$$f_1''(x) + p(x)f_1'(x) + q(x)f_1(x) = 0 \tag{B.29}$$
$$f_2''(x) + p(x)f_2'(x) + q(x)f_2(x) = 0 \tag{B.30}$$

が成り立ち、

$$C'(x)f_1'(x) + D'(x)f_2'(x) = r(x) \tag{B.31}$$

だけしか残らない。

これと条件 $\boxed{C'(x)f_1(x) + D'(x)f_2(x) = 0}$ を連立方程式として解く。

たとえば $C'(x) = -\dfrac{D'(x)f_2(x)}{f_1(x)}$ として代入してもよいし、

$$\begin{pmatrix} f_1(x) & f_2(x) \\ f_1'(x) & f_2'(x) \end{pmatrix} \begin{pmatrix} C'(x) \\ D'(x) \end{pmatrix} = \begin{pmatrix} 0 \\ r(x) \end{pmatrix} \tag{B.32}$$

のように行列で書いて逆行列を掛けたってよい[†3]。計算の結果、

$$C'(x) = -\frac{r(x)f_2(x)}{f_1(x)f_2'(x) - f_1'(x)f_2(x)}, \\ D'(x) = \frac{r(x)f_1(x)}{f_1(x)f_2'(x) - f_1'(x)f_2(x)} \tag{B.33}$$

という微分方程式が出る。右辺は既知関数であるから積分すればよい（積分定数として未定パラメータが一個ずつ出る）。

FAQ 分母の $f_1(x)f_2'(x) - f_1'(x)f_2(x)$ は **0** になることはないですか？

この式は「ロンスキアン」という名前がついた式で、要は (B.32) の行列の行列式なのだが、$f_1(x)$ と $f_2(x)$ が線形独立な関数なら、0 にはならない（下の問い参照）。

【問い B-2】 $f_1(x)f_2'(x) - f_1'(x)f_2(x) = 0$ ならば $f_1(x)$ は $f_2(x)$ の定数倍であることを示せ。

解答 → p201 へ

具体例として、【問い 10-4】で考えた振動子に外力 $F_0 \cos \omega_0 t$ を加えた運動方程式

$$m\left(\frac{d}{dt}\right)^2 x = -kx + F_0 \cos \omega_0 t \tag{B.34}$$

をこの方法で解こう。ただし、$\boxed{\omega_0 = \sqrt{\dfrac{k}{m}}}$ である。

$\boxed{\text{斉次方程式 } m\left(\dfrac{d}{dt}\right)^2 x = -kx}$ の解は

$$x = A\cos \omega_0 t + B\sin \omega_0 t \tag{B.35}$$

である。

定数変化法の手順に従い、(B.35) の係数 A, B をそれぞれ $A(t), B(t)$ と時間の関数にすれば、(B.24) と同様に、

$$\frac{d}{dt}A(t)\cos\omega_0 t + \frac{d}{dt}B(t)\sin\omega_0 t = 0 \tag{B.36}$$

[†3] 行列はこういう時にこそ使うものである。しかし、行列を使う話は（やりだすといくらでも話が拡がってしまうので）この本では触れないことにする。

という条件をつける。すると、

$$\frac{d}{dt}x = -\omega_0 A(t)\sin\omega_0 t + \omega_0 B(t)\cos\omega_0 t \quad \text{(B.37)}$$

となる（微分 $\frac{d}{dt}$ が $A(t), B(t)$ に掛かった項は条件により消える）。もう一度微分して、

$$\left(\frac{d}{dt}\right)^2 x = -\omega_0 \frac{d}{dt}A(t)\sin\omega_0 t + \omega_0 \frac{d}{dt}B(t)\cos\omega_0 t$$
$$-\omega_0^2 A(t)\cos\omega_0 t - \omega_0^2 B(t)\sin\omega_0 t$$
(B.38)

がわかり、元の方程式に代入すると A, B が微分されない項は全て消えるので、

$$-m\omega_0 \frac{d}{dt}A(t)\sin\omega_0 t + m\omega_0 \frac{d}{dt}B(t)\cos\omega_0 t = F_0\cos\omega_0 t \quad \text{(B.39)}$$

を条件(B.36)と連立させて解く[†4] と、
→ p183

$$\frac{d}{dt}A(t) = -\frac{F_0}{m\omega_0}\sin\omega_0 t\cos\omega_0 t = -\frac{F_0}{2m\omega_0}\sin 2\omega_0 t,$$
$$\frac{d}{dt}B(t) = \frac{F_0}{m\omega_0}\cos^2\omega_0 t = \frac{F_0}{2m\omega_0}(1+\cos 2\omega_0 t) \quad \text{(B.40)}$$

という解が出るから、後はこれを積分して

$$A(t) = \frac{F_0}{4m\omega_0^2}\cos 2\omega_0 t + A_0,$$
$$B(t) = \frac{F_0}{2m\omega_0}\left(t + \frac{1}{2\omega_0}\sin 2\omega_0 t\right) + B_0$$
(B.41)

が解である（A_0, B_0 は積分定数）。最終的な解は

$$x(t) = \left(\frac{F_0}{4m\omega_0^2}\cos 2\omega_0 t + A_0\right)\cos\omega_0 t$$
$$+ \left(\frac{F_0}{2m\omega_0}\left(t + \frac{1}{2\omega_0}\sin 2\omega_0 t\right) + B_0\right)\sin\omega_0 t$$
$$= \frac{F_0}{4m\omega_0^2}\underbrace{(\cos 2\omega_0 t\cos\omega_0 t + \sin 2\omega_0 t\sin\omega_0 t)}_{\cos\omega_0 t}$$
$$+ \frac{F_0}{2m\omega_0}t\sin\omega_0 t + A_0\cos\omega_0 t + B_0\sin\omega_0 t$$
$$= \frac{F_0}{2m\omega_0}t\sin\omega_0 t + \underbrace{\tilde{A}_0}_{A_0 + \frac{F_0}{4m\omega_0^2}}\cos\omega_0 t + B_0\sin\omega_0 t$$
(B.42)

となる（$\cos\omega_0 t$ の係数を一つにまとめて $\tilde{A}_0$ と書いた）。第1項の振幅は $\frac{F_0}{2m\omega_0}t$ となって、時間が経過するに従ってどんどん増加する関数になっている。つまり単振動の周期と同じ周期で外力を加えると、単振動の振幅がどんどん増加する（共振または共鳴と呼ばれる現象である）。

B.5 全微分による常微分方程式の解法

「全微分」を使って微分方程式を解くという方法がある。この話をするためには偏微分の説明が必要なので、付録としてここに載せておく。元気のある人、あるいは偏微分をある程度知っている人は読んでみよう。

B.5.1 全微分と偏微分

二つの変数 x と y の両方を含むある量 $f(x,y)$ の微小変化（微分）を考えることにする。ここで、x と y は互いに独立な変数であってもよいし、一方がもう一方の従属変数でもよい[†5] のだが、ここではまず独立な場合で説明する。

単純な例として $f(x,y) = xy$ の場合を考えると、

$$d(xy) = (x+dx)(y+dy) - xy = dx\,y + x\,dy \quad \text{(B.43)}$$

である。この量を見ると、「x が dx 変化したことによる変化」である $dx\,y$ と、「y が dy 変化したことによる変

化」である $x\,dy$ の和になっている。

xy は長方形の面積 S と解釈できるから、

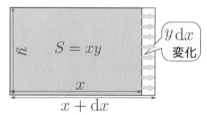

と

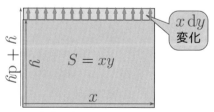

の二つの変化の和が $dx\,y + x\,dy$ だと思えばよい。

変数を1個だけ含む量 $f(x)$ の微分が

[†4] たとえば、行列と逆行列を使うという方法もあるのだが、ここでは紹介しない。
[†5] 常微分方程式の解法として使う全微分の場合はもちろん、どちらかが独立変数でもう一方は従属変数である。

B.5 全微分による常微分方程式の解法

$$d(f(x)) = f'(x)\,dx \tag{B.44}$$

のように表せたのと違って、変数を2個含む量 $f(x,y)$ の微分は

$$d(f(x,y)) = \underbrace{\left(\frac{\partial f(x,y)}{\partial x}\right)_y dx}_{\substack{x\ \text{が}\ dx\ \text{変化した} \\ \text{ことによる変化}}} + \underbrace{\left(\frac{\partial f(x,y)}{\partial y}\right)_x dy}_{\substack{y\ \text{が}\ dy\ \text{変化した} \\ \text{ことによる変化}}} \tag{B.45}$$

と表せる。ここで、$\left(\dfrac{\partial f(x,y)}{\partial x}\right)_y$ などは、

$$\left(\frac{\partial f(x,y)}{\partial x}\right)_y = \lim_{\Delta x \to 0} \frac{f(x+\Delta x, y) - f(x,y)}{\Delta x} \tag{B.46}$$

$$\left(\frac{\partial f(x,y)}{\partial y}\right)_x = \lim_{\Delta y \to 0} \frac{f(x, y+\Delta y) - f(x,y)}{\Delta y} \tag{B.47}$$

のように定義された「**偏導関数 (partial derivative)**」または「偏微係数（偏微分係数）」と呼ばれる量である。偏導関数の計算方法は（上の定義からわかるように）「複数の変数のうち、注目している変数以外は定数だとみなして微分する」というものである[†6]。

変数を勝手に定数にしていいの？ と心配になるかもしれないが、今の場合、二つの変数の x, y のそれぞれが変化することによる変化量を別個に計算している。(B.45) において x による偏微分 $\dfrac{\partial}{\partial x}$ をするときは「変数である y を定数のように扱う」ことになるが、y が変化することによる影響は、$\dfrac{\partial}{\partial y}$ の方（(B.45) の第2項）で計算するので心配はいらない。けっして変数を勝手に定数にしているわけではなく、「どっちも変数だが、それぞれの変化を別個に考えている」だけのことである。

(B.45) のように表現された微分を「**全微分 (exact differential)**」[†7] と呼ぶ。$f(x,y)$ に起こり得る変化全ての情報が入っているので 全 微分である。これに対し、$\dfrac{\partial f(x,y)}{\partial x} dx$ の部分は「y は変化せず、x だけが変化した」という「偏った微分」なので「偏微分」となり、その dx の前についている係数が「偏微係数（偏微分係数）」である。

上の例の逆を考えよう。我々は

$$dx\,y + x\,dy = 0 \tag{B.48}$$

という微分方程式を見たら、これを $d(xy) = 0$ と書きなおして

$$xy = C\ (C\ \text{は積分定数}) \tag{B.49}$$

を導ける。もちろんこの結果は他の方法（たとえば変数分離）でも出せる。

以上のように、 何を微分するとこうなるのか？ という視点から微分方程式を解くことができそうだ。一般的に考えると、ある常微分方程式 $\dfrac{dy}{dx} = f(x,y)$ を $P(x,y)\,dx + Q(x,y)\,dy = 0$ と変形して、なんらかの計算の後に $d(\text{なんとか}) = 0$ の形にまとめ直すことができれば（すなわち、 全微分 $= 0$ の形に書き直すことができれば）、 なんとか $=$ 定数 と積分ができる。

たとえば、$\dfrac{dy}{dx} = \dfrac{x^2 + 2xy}{-x^2 + y}$ は、

$$(x^2 + 2xy)\,dx + (x^2 - y)\,dy = 0 \tag{B.50}$$

と直した後に、

$$d\left(\frac{1}{3}x^3 + x^2 y - \frac{1}{2}y^2\right) = 0 \tag{B.51}$$

とまとめられる[†8] ので、

$$\frac{1}{3}x^3 + x^2 y - \frac{1}{2}y^2 = C\ (\text{一定}) \tag{B.52}$$

が解である。このような手順も一つの常微分方程式の解き方である。こうして、全微分形なら[†9] その常微分方程式は簡単に解けることがわかる。

【問い B-3】 以下の式の左辺を全微分形にすることで微分方程式を解け。

(1) $2xe^{x^2+y}\,dx + e^{x^2+y}\,dy = 0$

(2) $\dfrac{y}{x}\,dx + (\log x)\,dy = 0$

(3) $y\sin x\,dx - \cos x\,dy = 0$

ヒント → p192 へ　解答 → p201 へ

[†6] 「定数だとみなす変数」は、$\big)_x$ のように括弧の後の下付き添字で表現する。

[†7] あるいは「完全微分」、「total differential」という呼び方もある。

[†8] このまとめ方をさっと思いつくのは難しいが、逆に微分を計算すると上の式に戻ることを確かめるのは易しい。

[†9] 「全微分じゃない場合ってあるの？」という疑問が湧くかもしれないが、その点は後で説明しよう。

B.5.2 積分可能条件

少し一般的に、以下のような問題を考えよう。

> 式 $P(x,y)\,dx + Q(x,y)\,dy$ は、何かの式の全微分だろうか？

たとえば我々はすでに $y\,dx + x\,dy$ は xy の全微分であることを知っている。では今ここで dx, dy を含む式を見せられて、「これは○○の全微分である」とわかるだろうか？—たとえば $xy\,dx + x^2\,dy$ という式は、何かの全微分になっているだろうか？

ある関数 $U(x,y)$ があったとすると、その全微分は

$$\underbrace{\left(\frac{\partial U(x,y)}{\partial x}\right)_y}_{P(x,y)?}dx + \underbrace{\left(\frac{\partial U(x,y)}{\partial y}\right)_x}_{Q(x,y)?}dy = 0 \quad (B.53)$$

だから、

$$\left(\frac{\partial U(x,y)}{\partial x}\right)_y = P(x,y), \quad (B.54)$$

$$\left(\frac{\partial U(x,y)}{\partial y}\right)_x = Q(x,y) \quad (B.55)$$

となるような $U(x,y)$ は見つけることができればよい。ここで、さらに
$\begin{cases} (B.54) \text{ を } y \text{ で偏微分} \\ (B.55) \text{ を } x \text{ で偏微分} \end{cases}$ してみると、

$$\left(\frac{\partial}{\partial y}\left(\frac{\partial U(x,y)}{\partial x}\right)_y\right)_x = \left(\frac{\partial P(x,y)}{\partial y}\right)_x, \quad (B.56)$$

$$\left(\frac{\partial}{\partial x}\left(\frac{\partial U(x,y)}{\partial y}\right)_x\right)_y = \left(\frac{\partial Q(x,y)}{\partial x}\right)_y \quad (B.57)$$

となる。この二つの式の左辺は U という関数を
$\begin{cases} x \text{ で偏微分してから } y \text{ で偏微分} \\ y \text{ で偏微分してから } x \text{ で偏微分} \end{cases}$ したものである。
「偏微分は順番を変えても結果は同じ」が成り立っている（この証明は【問い B-4】を参照）ので、(B.56) と (B.57) の右辺が一致しなくてはいけない。その条件が

―――― 積分可能条件 ――――
$$\begin{cases} \left(\frac{\partial P(x,y)}{\partial y}\right)_x = \left(\frac{\partial Q(x,y)}{\partial x}\right)_y \\ \text{または} \\ \left(\frac{\partial Q(x,y)}{\partial x}\right)_y - \left(\frac{\partial P(x,y)}{\partial y}\right)_x = 0 \end{cases} \quad (B.58)$$

で「積分可能条件 (integrability condition)」と呼ばれる。$xy\,dx + x^2\,dy$ の場合 $P(x,y) = xy$, $Q(x,y) = x^2$ より $\underbrace{\frac{\partial P(x,y)}{\partial y}}_{x} - \underbrace{\frac{\partial Q(x,y)}{\partial x}}_{2x} \neq 0$ となり、積分可能条件は満たされない（つまりこの式は全微分ではない）。

> 【問い B-4】 (B.56) と (B.57) の左辺が等しいことを、偏微分係数の定義(B.46) と (B.47)を用いて示せ。ただし、二つの極限 $\Delta x \to 0$ と $\Delta y \to 0$ の順番はどちらが先でもよいことにせよ。
> ヒント → p192 へ 　解答 → p201 へ

ここで示したのは、

U が存在 $\Rightarrow$ 積分可能条件が満たされる である。

この逆 積分可能条件が満たされる $\Rightarrow$ U が存在する も成り立つことを示そう。そのためには実際に U を作ってみせればよい。ここで通常の微分で成立していた $f(x) - f(x_0) = \int_{x_0}^{x} dt\,\frac{d}{dt}f(t)$ が偏微分でも

$U(x,y) - U(x_0, y) = \int_{x_0}^{x} dt\,\frac{\partial U(t,y)}{\partial t}$ のような形で成立することを使う。これから、

$$U(x,y) - U(x_0, y) = \int_{x_0}^{x} dt\,\underbrace{\frac{\partial U(t,y)}{\partial t}}_{P(t,y)} \quad (B.59)$$

という式をまず作る。これと、同様にして作った

$$U(x_0, y) - U(x_0, y_0) = \int_{y_0}^{y} dt\,\underbrace{\frac{\partial U(x_0, t)}{\partial t}}_{Q(x_0, t)} \quad (B.60)$$

を足して整理することで、

$$U(x,y) = U(x_0, y_0) + \int_{x_0}^{x} dt\,P(t,y) + \int_{y_0}^{y} dt\,Q(x_0, t) \quad (B.61)$$

が出る。逆にこの $U(x,y)$ が $\left(\frac{\partial U(x,y)}{\partial x}\right)_y = P(x,y)$

と $\left(\frac{\partial U(x,y)}{\partial y}\right)_x = Q(x,y)$ を満たすことは確認できる（下の問い参照）ので、積分可能条件が満たされていれば $U(x,y)$ が見つかることがわかる[10]。

---

[10] ここでやった計算で x と y の役割を逆転させた式 $U(x,y) = U(x_0, y_0) + \int_{y_0}^{y} dt\,Q(x,t) + \int_{x_0}^{x} dt\,P(t, y_0)$ も同様に示すことができる。

【問い B-5】

(B.61) を $\begin{cases} x で偏微分すると P(x,y) \\ y で偏微分すると Q(x,y) \end{cases}$ になる

ことを示せ。ただし、積分可能条件は満たされているとする。

ヒント → p192 へ　解答 → p202 へ

→ p186

(B.58) は「y に関係する量である Q を x で微分したものと、x に関係する量である P を y で微分したものを引算する」という計算になっている。これは、ベクトル解析で「rot」という名前で登場するもの（y 成分を x で微分したもの引く x 成分を y で微分したものを含んでいる）と似た形をしている（まだ知らない人は今後のお楽しみに置いておこう）。同様の式が出てきて、それが 0 になった時は「積分可能になった（U が求められる！）」とピンと来て欲しい。

B.5.3　積分因子

積分可能条件が満たされてなかったら全微分形ではない。しかし、両辺にある関数 $\lambda(x,y)$ を掛けて

$$\lambda(x,y)P(x,y)\,\mathrm{d}x + \lambda(x,y)Q(x,y)\,\mathrm{d}y = 0 \quad \text{(B.62)}$$

として、

$$\begin{aligned}\left(\frac{\partial U(x,y)}{\partial x}\right)_y &= \lambda(x,y)P(x,y), \\ \left(\frac{\partial U(x,y)}{\partial y}\right)_x &= \lambda(x,y)Q(x,y)\end{aligned} \quad \text{(B.63)}$$

を満たすことができれば全微分形ではなかった微分方程式を全微分形に直せる。この掛算した $\lambda(x,y)$ のことを「積分因子 (**integrating factor**)」と呼ぶ。積分因子は

$$\left(\frac{\partial(\lambda(x,y)Q(x,y))}{\partial x}\right)_y - \left(\frac{\partial(\lambda(x,y)P(x,y))}{\partial y}\right)_x = 0 \quad \text{(B.64)}$$

すなわち

$$\left(\frac{\partial \lambda(x,y)}{\partial x}\right)_y Q(x,y) - \left(\frac{\partial \lambda(x,y)}{\partial y}\right)_x P(x,y)$$
$$= -\lambda(x,y)\left(\left(\frac{\partial Q(x,y)}{\partial x}\right)_y - \left(\frac{\partial P(x,y)}{\partial y}\right)_x\right) \quad \text{(B.65)}$$

という方程式を満たせばよい。しかし、この式から $\lambda(x,y)$ の形を求めるのは一般には簡単ではない（また、この方程式の解 $\lambda(x,y)$ は一意ではない）。たまたま、λ が x のみの関数になるような場合はこの式が

$$\frac{\mathrm{d}\lambda(x)}{\mathrm{d}x}Q(x,y) = -\lambda(x)\left(\frac{\partial Q(x,y)}{\partial x} - \frac{\partial P(x,y)}{\partial y}\right) \quad \text{(B.66)}$$

という形になるので、少し解きやすくなる。実際に解くときには、いろいろな場合を想定して試行錯誤を行う。

FAQ なぜ偏微分 ∂ が常微分 d に変わった？？

上の式 (B.65) では $\frac{\partial \lambda(x,y)}{\partial x}$ と偏微分 ∂ だったのに、下の式 (B.66) では $\frac{\mathrm{d}\lambda(x)}{\mathrm{d}x}$ と常微分 d になっていることを不思議に思う人もいるかもしれないが、そもそも偏微分は「変数がたくさんあるが、そのうち一つだけが変化していると仮定する」という点で常微分と違っていた、ということを今一度思い出そう。今は λ が y に最初っから依存していないという場合を考えているのだから、「変数である y が変化しないとして」ということを考える必要はない。というわけで y 依存性がなくなった時点で偏微分と常微分の区別はない（というよりこれを「偏微分」と呼ぶ意味がなくなった）。

【問い B-6】　以下の微分方程式を積分因子を両辺に掛けて全微分に直し、解け。

(1)　$y\,\mathrm{d}x + 2x\,\mathrm{d}y = 0$

(2)　$\mathrm{d}x + \dfrac{x}{2y}\,\mathrm{d}y = 0$

(3)　$y\,\mathrm{d}x + \tan x\,\mathrm{d}y = 0$

(4)　$y\,\mathrm{d}x + x\log x\,\mathrm{d}y = 0$

ヒント → p192 へ　解答 → p202 へ

B.6 微分方程式の解の一意性

解の一意性、すなわち 初期条件を満たす微分方程式の解は一つしかないのか？ という問題について解説しておく。本書でとりあげた問題のほとんどについては一意性の条件は満たされているし、自然現象を相手にする場合はたいてい問題は起きないので、この節の内容はあまり気にする必要はない。

関数 $f(x)$ にたいし、
$$|f(x_2) - f(x_1)| < L|x_2 - x_1| \quad \text{(B.67)}$$
を「リプシッツ条件」と言う。L はある（∞ ではない）正の定数である。

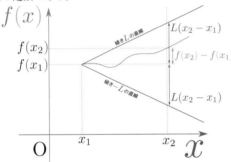

これは $f(x)$ のグラフが $x_1 < x < x_2$ の範囲では図に示した傾き $-L$ の直線と傾き L の直線の間に収まるという条件になっており、グラフが垂直に立ってしまうようなことがない限りは満たされている。たとえば $f(x) = x^\alpha$ の $x = 0$ の点は、$\alpha \geq 1$ に対してはリプシッツ条件を満たすが、$0 < \alpha < 1$ では満たさない（満たさない例としては p89 にある $\sqrt{x}$ のグラフを見よ）。

微分方程式
$$\frac{d}{dx}y = f(x, y) \quad \text{(B.68)}$$
の右辺が y の関数としてリプシッツ条件を満たすとき、すなわち、
$$|f(x, y_2) - f(x, y_1)| < L|y_2 - y_1| \quad \text{(B.69)}$$
が考えている範囲内で成り立っていれば、その範囲内には境界条件 $y(x_0) = y_0$ を満たすこの方程式の解は一つしかない（言い換えれば、出発点 (x_0, y_0) を決めれば解の曲線は1本だけ決まる）。

証明を簡易に示そう。もし (B.68) に解が二つ（$y_A(x)$ と $y_B(x)$）存在したとしよう。二つの解の差 $y_差(x)$ は
$$\frac{d}{dx}y_差(x) = f(x, y_A(x)) - f(x, y_B(x)) \quad \text{(B.70)}$$
を満たす。関数 f がリプシッツ条件を満たすなら
$$\frac{d}{dx}y_差(x) < L\underbrace{|y_A(x) - y_B(x)|}_{y_差(x)} \quad \text{(B.71)}$$
となる。ここでこの式の両辺を $x = x_0$ から $x = x_1$ まで積分すると、
$$y_差(x_1) < L\int_{x_0}^{x_1} dx\, |y_差(x)| \quad \text{(B.72)}$$

となる（$y_差(x_0) = 0$ であることに注意）。x_1 を変数 x と置きなおせば、
$$y_差(x) < L\int_{x_0}^{x} dt\, |y_差(t)| \quad \text{(B.73)}$$
のように、$y_差(x)$ という関数が満たすべき条件がわかる。

ここで $x_0 < x < x_1$ の間の $|y_差(x)|$ の最大値を M（もちろん正の数）とすると、
$$y_差(x) < L\int_{x_0}^{x} dx\, |y_差(x)| < ML(x - x_0) \quad \text{(B.74)}$$
がわかる。この式を $y_差(t) < ML(t - x_0)$ に直してから積分することで、
$$\int_{x_0}^{x} dx\, |y_差(x)| < \int_{x_0}^{x} dt\, ML(t - x_0) \quad \text{(B.75)}$$
となるが右辺の積分の結果は $ML\frac{(x-x_0)^2}{2}$ だから、
$$y_差(x) < M\frac{L^2(x-x_0)^2}{2} \quad \text{(B.76)}$$
がわかる。次にこれをまた (B.72) に戻すことで、
$$y_差(x) < M\frac{L^n(x-x_0)^n}{n!} \quad \text{(B.77)}$$
がわかる。分子は n が1増えるごとに $L(x-x_0)$ 倍になるが分母は n 倍となる。n をどんどん大きくしていくと分母の大きくなる割合が勝つので、$n \to \infty$ の極限で $y_差(x) \to 0$ が言えてしまう。よって、解が二つ存在することはない。

本書にあるリプシッツ条件を満たさない例は【演習問題9-5】と【演習問題9-6】である。どちらも一階微分方程式だが解は同じ点から2本以上の線が出る。

> 📖 【問い B-7】【演習問題9-5】と【演習問題9-6】
> → p143　　　　　→ p143
> の微分方程式を $\dfrac{dy}{dx} = f(x, y)$ の形に直すと、右辺が y の関数としてリプシッツ条件を満たしていないことを確認せよ。
> 解答 → p202 へ

付録C　問題のヒントと解答

―― 解答を見る前に、やることはないか？ ――

　練習問題をやってみた時、答えが出たらすぐに「合っているかな？」と解答を見ている人はいないだろうか――そうしたくなる気持ちはわからないでもない。だが本書を読む人はきっと、「自然科学を究めたい」という気持ちを持って勉強をしているはずだ。そして究めるべき「自然」は「解答」を用意してくれない。そもそも「研究」というのは「誰も答えを知らないこと」の答えを見つけるものだ。だから自然科学を勉強する人は「解答がなくても自分の答えを確かめる（検算する）」能力も磨かなくてはいけない。ヒントや解答を見る前に「この答えは大丈夫か？」を考えてみよう。たとえば以下のような点に気をつけるとよい。

- 不合理な式になってないか（分母が0にならないか、$\sqrt{\ }$の中身がマイナスにならないか、など）？
- 次元は合っているか（正しい単位を持つ量になっているか）？
- 極限を取ると正しいか（たとえばある物体の運動を考えているなら、その物体の質量を∞にしたらその物体は動かないという答えになるのがもっともらしいが、そうなっているか）？

　計算の練習も大事だが「答えを検証する」ことも大事。そのためには安易な「答えを見て答え合わせ」をやってはいけない。

C.1　【問い】のヒント

【問い1-1】のヒント .... (問題はp9、解答はp193)

　7次の多項式$=C$の解の数は、Cを変えることによって変化するが、一番多い場合で7である（7次方程式が7を超える数の解を持つことはない）。右の図のようにCを変えながら探して、7次の多項式$=C$の解の数が最大になる場合を探したとする（右の図の場合では7である）。同じ水平線$y=C$を7回通過するということは、「山」や「谷」が何個なくてはいけないか。

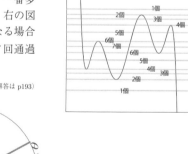

【問い1-4】と【問い1-5】のヒント .... (問題はp14、解答はp193)

右の図参照。

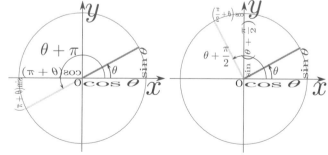

【問い 1-6】と【問い 1-7】のヒント..(問題は p14、解答は p193)
16 桁の精度の電卓で計算した結果は以下の通り（何に気づく？）。

$$\sin 0.1 \fallingdotseq 0.099833416646828 \quad \cos 0.1 \fallingdotseq 0.995004165278026$$
$$\sin 0.01 \fallingdotseq 0.009999833334167 \quad \cos 0.01 \fallingdotseq 0.999950000416665$$
$$\sin 0.001 \fallingdotseq 0.000999999833333 \quad \cos 0.001 \fallingdotseq 0.999999500000042$$
$$\sin 0.0001 \fallingdotseq 0.000099999999833 \quad \cos 0.0001 \fallingdotseq 0.999999995$$

【問い 2-1】のヒント...............(問題は p23、解答は p193)
2^{100} を計算する必要があるが、$\boxed{2^{10} \simeq 10^3}$ なので、$\boxed{2^{100} \simeq 10^{30}}$ として計算してもよい。

【問い 4-1】のヒント...............(問題は p59、解答は p194)
θ を $\boxed{\frac{\pi}{2} < \theta < \pi}$ にして、次のような図を描く。

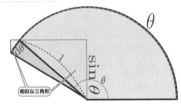

この場合、図に示した「相似な三角形」の辺の比は $\boxed{1 : \sin\theta : |\cos\theta|}$ であること（この範囲では $\boxed{\cos\theta < 0}$ なので、絶対値をつけることによって正の値になること）に注意せよ。

【問い 4-3】のヒント...............(問題は p61、解答は p194)
計算で行うときは、まず $\boxed{y = \operatorname{cosec}\theta}$ を、$\boxed{\sin\theta\, y = 1}$ に直してから微分を行う（分数関数の微分の式を使ってもよい）。図で考えるには、$\boxed{\operatorname{cosec}\theta = \dfrac{1}{\sin\theta}}$ が出てくる図として、次のような絵を描く。

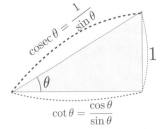

そして、この三角形の高さ（= 1）を変化させずに角度 θ を変化させたときの斜辺（= $\operatorname{cosec}\theta$）の変化を考える。

【問い 5-4】のヒント...............(問題は p74、解答は p195)
周の長さを L とし、三辺の長さを $a, a, L - 2a$ としよう。底辺を $L - 2a$ の辺と考えると、高さは
$$\sqrt{a^2 - \left(\frac{L-2a}{2}\right)^2} = \sqrt{aL - \frac{L^2}{4}}$$
である。よって面積は以下の通り。

$$S = \frac{1}{2}(L - 2a)\sqrt{aL - \frac{L^2}{4}} \quad (C.1)$$

【別解】 3 辺の長さが a, b, c である三角形の面積は $\boxed{S = \sqrt{s(s-a)(s-b)(s-c)}}$（ただし、$\boxed{s = \dfrac{a+b+c}{2}}$）というヘロンの公式を使っても上の式は出せる。

【問い 6-1】のヒント...............(問題は p86、解答は p195)

(1) $\boxed{\left(\dfrac{\mathrm{d}}{\mathrm{d}x}\right)^n \left(\dfrac{1}{1-x}\right) = n! \left(\dfrac{1}{1-x}\right)^{n+1}}$ に $\boxed{x = -1}$ を代入すると、
$$\boxed{\left.\left(\dfrac{\mathrm{d}}{\mathrm{d}x}\right)^n \left(\dfrac{1}{1-x}\right)\right|_{x=-1} = n!\left(\dfrac{1}{2}\right)^{n+1}}.$$

(2) $\displaystyle\lim_{n\to\infty}\left|\dfrac{a_n}{a_{n+1}}\right|$ を計算してみる。

(3) 収束する範囲を書き出してみよう。

【問い 6-2】のヒント...............(問題は p88、解答は p196)

(1) 3 次までのテイラー展開を行うためには三階までの導関数が必要。
$$(\tan x)' = \frac{1}{\cos^2 x},$$
$$\left(\frac{1}{\cos^2 x}\right)' = \frac{2\sin x}{\cos^3 x},$$
$$\left(\frac{2\sin x}{\cos^3 x}\right)' = \frac{2\cos x}{\cos x^3} + \frac{2\sin x(-3\sin x)}{\cos^4 x}$$
$$= \frac{2}{\cos^2 x} + 6\frac{\sin^2 x}{\cos^4 x} \quad (C.2)$$

と計算していく。

(2) $\tan x \cos x = \boxed{(1)\text{ の答}} \times \boxed{\left(1 - \dfrac{1}{2}x^2 + \cdots\right)}$ を計算し、$\mathcal{O}(x^3)$ は無視する。

【問い 7-1】のヒント...............(問題は p105、解答は p196)
関数の定義域に注意する。$\log x$ の定義域は正の実数と負の実数になったが、さて？

【問い 7-2】のヒント...............(問題は p105、解答は p196)
α を -1 に近づけていくのだから、$\alpha + 1$ を「小さい数」だと思って展開する。$\boxed{x^{\alpha+1} = e^{(\alpha+1)\log x}}$ として、$\boxed{\alpha = -1}$ の周りでの α を変数とみたテイラー展開をして（あるいは、$\boxed{e^X = 1 + X + \dfrac{1}{2}X^2 + \cdots}$ で

$\boxed{X=(\alpha+1)\log x}$ として)、

$$x^{\alpha+1}=1+(\alpha+1)\log x+\frac{(\alpha+1)^2}{2}(\log x)^2+\cdots. \quad (C.3)$$

となるから、これを使って計算。

【問い 7-4】のヒント .... (問題は p106、解答は p197)

$\frac{1}{x^2}$ も $\boxed{x=0}$ で不連続だから、一回目の積分ですでに積分定数は二つ必要であることに注意。

【問い 8-1】のヒント .... (問題は p110、解答は p197)

すべて、$\int \mathrm{d}x\, f(x) = \int \mathrm{d}x\, \overbrace{\left(\frac{\mathrm{d}}{\mathrm{d}x}(x)\right)}^{1} f(x)$ として部分積分することで計算できる。

【問い 8-2】のヒント .... (問題は p111、解答は p197)

$\boxed{\mathrm{e}^{-x} = \frac{\mathrm{d}}{\mathrm{d}x}\left(-\mathrm{e}^{-x}\right)}$ だから、これを使って部分積分

$$\begin{aligned}&\int_0^\infty x^n \frac{\mathrm{d}}{\mathrm{d}x}\left(-\mathrm{e}^{-x}\right) \mathrm{d}x \\ &= \left[-x^n \mathrm{e}^{-x}\right]_0^\infty + \int_0^\infty n x^{n-1} \mathrm{e}^{-x}\, \mathrm{d}x\end{aligned} \quad (C.4)$$

【問い 8-4】のヒント .... (問題は p116、解答は p197)

$\boxed{x=\sin\theta}$ とおくということは、p115 とは違うところの角度を θ と取っているということ。

【問い 8-5】のヒント .... (問題は p120、解答は p198)

$$\boxed{\cosh(\alpha+\beta)=\frac{\mathrm{e}^{\alpha+\beta}+\mathrm{e}^{-\alpha-\beta}}{2}},$$

$$\sinh(\alpha+\beta)=\frac{\mathrm{e}^{\alpha+\beta}-\mathrm{e}^{-\alpha-\beta}}{2} \text{ を、たとえば}$$

$$\cosh\alpha\cosh\beta=\left(\frac{\mathrm{e}^\alpha+\mathrm{e}^{-\alpha}}{2}\right)\left(\frac{\mathrm{e}^\beta+\mathrm{e}^{-\beta}}{2}\right) \text{ など}$$

を使って表す。

【問い 8-6】のヒント .... (問題は p121、解答は p198)

$\boxed{\mathrm{d}x=\cosh\theta\, \mathrm{d}\theta}$ と $\boxed{\sqrt{1+x^2}=\cosh\theta}$ を代入すると、

$$\int \sqrt{1+x^2}\, \mathrm{d}x = \int \cosh^2\theta\, \mathrm{d}\theta \quad (C.5)$$

あとは、$\boxed{\cosh^2\theta=\left(\frac{\mathrm{e}^\theta+\mathrm{e}^{-\theta}}{2}\right)^2=\frac{\mathrm{e}^{2\theta}+2+\mathrm{e}^{-2\theta}}{4}}$ とすれば積分できる。

【問い 8-7】のヒント .... (問題は p121、解答は p198)

前問同様、$\boxed{\mathrm{d}x=\sinh\theta\, \mathrm{d}\theta}$ と $\boxed{\sqrt{x^2-1}=\sinh\theta}$ を代入すると、

$$\int \sqrt{x^2-1}\, \mathrm{d}x = \int \sinh^2\theta\, \mathrm{d}\theta \quad (C.6)$$

となる。

【問い 8-8】のヒント .... (問題は p122、解答は p198)

半径 r の球と半径 $r+\mathrm{d}r$ の差にあたる部分の体積を考えてみる。

【問い 8-9】のヒント .... (問題は p123、解答は p198)

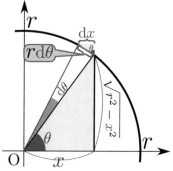

【問い 9-1】のヒント .... (問題は p131、解答は p198)

微分方程式は $\boxed{\mathrm{d}N = -\frac{\log 2}{T} N\, \mathrm{d}t + A\, \mathrm{d}t}$

または $\boxed{\frac{\mathrm{d}N}{\mathrm{d}t} = -\frac{\log 2}{T} N + A}$ となる。

右辺を $\boxed{-\frac{\log 2}{T}\left(N - \frac{T}{\log 2} A\right)}$ とし、

$\boxed{M = N - \frac{T}{\log 2} A}$ として M に関する方程式にする。

【問い 9-3】のヒント .... (問題は p135、解答は p199)

(1) 一階微分した式から C を求めて代入する。
(2) パラメータが二つあるから結果は二階微分方程式。というわけで、$\frac{\mathrm{d}}{\mathrm{d}x} y, \left(\frac{\mathrm{d}}{\mathrm{d}x}\right)^2 y$ を計算する。

【問い 9-5】のヒント .... (問題は p142、解答は p199)

y の部分を定数 A に変えればよい。

【問い 10-1】のヒント .... (問題は p146、解答は p199)

$\boxed{\frac{\mathrm{d}}{\mathrm{d}x} y + y^2 = 0}$ は変数分離すると $\boxed{\frac{\mathrm{d}y}{y^2} = -\mathrm{d}x}$ となり、これを積分すると $\boxed{-\frac{1}{y} = -x + C}$ となる。

【問い 10-2】のヒント .... (問題は p152、解答は p199)

$\boxed{f(x) = \mathrm{e}^{\lambda x}}$ とする。特性方程式は

(1) $\lambda^2 - 3\lambda + 2 = 0$ (2) $\lambda^2 - 6\lambda + 9 = 0$
(3) $2\lambda^2 - 3\lambda - 2 = 0$ (4) $\lambda^3 + 6\lambda^2 + 12\lambda + 8 = 0$

【問い 10-3】のヒント .... (問題は p159、解答は p199)

運動方程式は

$$m\left(\frac{\mathrm{d}}{\mathrm{d}t}\right)^2 x = -K\frac{\mathrm{d}}{\mathrm{d}t} x - kx + F_0 \cos\omega_0 t \quad (C.7)$$

となる。この式は線形非斉次微分方程式であり、かつ斉次にした方程式である(10.50)は既に解けているから、特解を求めればよい。特解として、

$x = A\cos\omega_0 t + B\sin\omega_0 t$ を代入してみよう。なお、この特解は $m\left(\dfrac{\mathrm{d}}{\mathrm{d}t}\right)^2 x = -kx$ の解であることを使えば計算は簡単。

【問い 10-4】のヒント .... (問題は p159、解答は p200)

運動方程式は
$$m\left(\dfrac{\mathrm{d}}{\mathrm{d}t}\right)^2 x = -kx + F_0\cos\omega t \tag{C.8}$$

である。最後の項の ω が $\omega_0 = \sqrt{\dfrac{k}{m}}$ に等しい場合と等しくない場合で考える。どちらの場合でも一般解は既に出ている $x(t) = A\cos\omega_0 t + B\sin\omega_0 t$ から、特解だけ考えて足せばよい。答えには $\cos\omega t$ が含まれそうだから、とりあえず $C\cos\omega t$ と置いて運動方程式 (C.8) に代入すると、
$$m(-C\omega^2\cos\omega t) = -kC\cos\omega t + F_0\cos\omega t$$
$$(k - m\omega^2)C\cos\omega t = F_0\cos\omega t \tag{C.9}$$

である。$k - m\omega^2 \neq 0$ ならこれで C が決まり特解がでる。$k - m\omega^2 = 0$ の場合はこれではダメ。そこでその場合は $x(t) = C(t)\cos\omega t + D(t)\sin\omega t$ としてみる。

【問い B-1】のヒント .... (問題は p180、解答は p201)

(1) 両辺を y^2 で割り、$\dfrac{1}{y^2}\dfrac{\mathrm{d}y}{\mathrm{d}x} + \dfrac{1}{y} = \mathrm{e}^x$。

$z = \dfrac{1}{y}$ と置くことで $\mathrm{d}y = -y^2\,\mathrm{d}z$ となって、$-\dfrac{\mathrm{d}z}{\mathrm{d}x} + z = \mathrm{e}^x$。この特解は $z = -x\mathrm{e}^x$ である ((10.26) で $A = 1$ の場合)。

(2) 両辺を y^3 で割ると、$\dfrac{1}{y^3}\dfrac{\mathrm{d}y}{\mathrm{d}x} = \dfrac{1}{xy^2} + x$ となり、$z = \dfrac{1}{y^2}$ と置くことで $(\mathrm{d}y = -\dfrac{1}{2}y^3\,\mathrm{d}z)$、$-\dfrac{1}{2}\dfrac{\mathrm{d}z}{\mathrm{d}x} = \dfrac{z}{x} + x$ となる。

斉次にした方程式 $\dfrac{\mathrm{d}z}{\mathrm{d}x} = -2\dfrac{z}{x}$ は $\dfrac{\mathrm{d}z}{z} = -2\dfrac{\mathrm{d}x}{x}$ と変数分離できるので、後は定数変化法を使う。

(3) 両辺に y^2 を掛けると、$y^2\dfrac{\mathrm{d}y}{\mathrm{d}x} + 2x^2 y^3 = 3x^2$ となり、$z = y^3$ とおくことで $\dfrac{1}{3}\dfrac{\mathrm{d}z}{\mathrm{d}x} + 2x^2 z = 3x^2$ となる。これの特解は $z = \dfrac{3}{2}$ である。

【問い B-3】のヒント .... (問題は p185、解答は p201)

全て $f'(x)g(y)\,\mathrm{d}x + f(x)g'(y)\,\mathrm{d}y = 0$ の形になっているので、$\mathrm{d}(f(x)g(y)) = 0$ にできる。

【問い B-4】のヒント .... (問題は p186、解答は p201)

$$\left(\dfrac{\partial}{\partial y}\left(\dfrac{\partial f(x,y)}{\partial x}\right)_y\right)_x = \lim_{\substack{\Delta x \to 0 \\ \Delta y \to 0}} \dfrac{f(x+\Delta x, y+\Delta y) - f(x, y+\Delta y) - f(x+\Delta x, y) + f(x,y)}{\Delta x \Delta y} \tag{C.10}$$

である。x と y の微分の順番を変えたものと比べよう。

【問い B-5】のヒント .... (問題は p187、解答は p202)

(B.61) を x で偏微分する。$\dfrac{\mathrm{d}}{\mathrm{d}x}\int_{x_0}^x \mathrm{d}t\, f(t) = f(x)$ を使うと、
$$\left(\dfrac{\partial U(x,y)}{\partial x}\right)_y = P(x,y) \tag{C.11}$$

になり、すぐに示せる。y で偏微分するときは、(B.61) が 2 箇所 y を含んでいることに注意して、
$$\left(\dfrac{\partial U(x,y)}{\partial y}\right)_x = \int_{x_0}^x \mathrm{d}t\left(\dfrac{\partial P(t,y)}{\partial y}\right)_t + Q(x_0, y) \tag{C.12}$$

としたのち、積分可能条件を使う。

【問い B-6】のヒント .... (問題は p187、解答は p202)

(1) (B.65) を使って λ を求めてもよいが、$\mathrm{d}x$ と $\mathrm{d}y$ の係数の比が 1:2 になっていることを考えると「x と y^2 を微分した結果なのでは？」という推測ができる。そうなるように調整する。

(2) 前問同様に、「x と $\sqrt{y}$ を微分した結果なのでは？」と推測する。

(3) (B.65) に P, Q を代入すると、$P = y, Q = \tan x$ より

$$\dfrac{\partial \lambda}{\partial x}\tan x - \dfrac{\partial \lambda}{\partial y} y = -\lambda\left(\dfrac{1}{\cos^2 x} - 1\right) = -\lambda\tan^2 x$$

(4) (B.65) に P, Q を代入すると、$\boxed{P = y, Q = x \log x}$

より

$$\frac{\partial \lambda}{\partial x} x \log x - \frac{\partial \lambda}{\partial y} y = -\lambda (\log x + 1 - 1) = -\lambda \log x$$

となるので、これを解いて λ を探す。

C.2 【問い】の解答

【問い 1-1】の解答 .... (問題は p9、ヒントは p189)

ヒントは 7 次の場合で考えたが一般的にして「n 次の多項式 $= C$」という方程式を考えよう。n 次方程式は最大で n 個の解を持つから、C を変えて最大になるところを探す。そのとき、「$y = n$ 次の多項式」のグラフと「$y = C$」のグラフは最大で n 回交わる（もっと少ない場合もあるが、今は最大のときを考える）。

多項式は連続な関数だ（飛びがない）から、そのグラフが同じ水平線 $y = C$ を n 回通過するためには最低でも $n-1$ 回は方向転換（増加→減少、または減少→増加に転じる）をしなくてはいけない。よって n 次多項式のグラフは最大で $n-1$ 個の山もしくは谷を持つ。

【問い 1-2】の解答 .... (問題は p12)

$\sin 0 = 0, \cos 0 = 1$

【問い 1-3】の解答 .... (問題は p12)

$\sin \pi = 0, \cos \pi = -1$

【問い 1-4】の解答 .... (問題は p14、ヒントは p189)

ヒントの図より、

$$\sin(\theta + \pi) = -\sin\theta, \cos(\theta + \pi) = -\cos\theta$$

【問い 1-5】の解答 .... (問題は p14、ヒントは p189)

ヒントの図より、

$$\sin\left(\theta + \frac{\pi}{2}\right) = \cos\theta, \cos\left(\theta + \frac{\pi}{2}\right) = -\sin\theta$$

【問い 1-6】の解答 .... (問題は p14、ヒントは p190)

気づいて欲しいことは、まず $\sin\theta$ がだいたい θ に等しい（$\sin 0.1$ は 0.099833416646828 と、θ より少しだけ小さい）ということ。

もう一つ、θ と $\sin\theta$ の違いの割合は、θ が小さいほど小さい。つまり、

$$\frac{\sin 0.1}{0.1} \fallingdotseq 0.99833416646828 \quad \text{(C.13)}$$

に比べ、

$$\frac{\sin 0.0001}{0.0001} \fallingdotseq 0.99999999833 \quad \text{(C.14)}$$

はずっと 1 に近い。電卓は近似計算をしているので、どんどん小さくしていけば $\sin\theta$ と θ は同じ値になってしまうだろう。

以上のことは、θ と $\sin\theta$ の関係が次の図であることを考えるとわかるだろう。

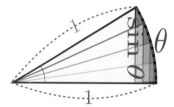

この極限については、4.1.1 節でも考える。
→ p56

【問い 1-7】の解答 .... (問題は p14、ヒントは p190)

ヒントの数列は $\boxed{\cos\theta \fallingdotseq 1 - \dfrac{\theta^2}{2}}$ を示している。

補足として、$\sin^2\theta + \cos^2\theta = 1$ という式が成り立っているかを検算してみると、

$$\overbrace{\theta^2}^{\sin^2\theta} + \overbrace{\left(1 - \frac{\theta^2}{2}\right)^2}^{\cos^2\theta} = \theta^2 + 1 - \theta^2 + \frac{\theta^4}{4} = 1 + \frac{\theta^4}{4} \quad \text{(C.15)}$$

となり、θ が小さい範囲を考えているから θ^4 の項は無視できると考えればこれは 1 である（逆に、これが 1 になるべきということから $\cos\theta \fallingdotseq 1 - \dfrac{\theta^2}{2}$ を導くこともできたのである）。

後でこの式の意味するところが「$\cos\theta$ のテイラー展開（の 2 次までの項）」だとわかる。
→ p88

【問い 2-1】の解答 .... (問題は p23、ヒントは p190)

$\boxed{0.01 \text{ mm} \times 2^{100} \simeq 10^{28} \text{ mm} = 10^{25} \text{ m}}$ である。

$\boxed{1 \text{ 光年} \simeq 10^{16} \text{m}}$ なので、だいたい 10^9 光年（10 億光年）。

【問い 3-1】の解答 .... (問題は p35)

Δx	$x+\Delta x$	$(x+\Delta x)^2$	$2x\Delta x$	$(\Delta x)^2$	$\dfrac{\Delta y}{\Delta x}=2x+\Delta x$
1	3	9	4	1	5
0.1	2.1	4.41	0.4	0.01	4.1
0.01	2.01	4.0401	0.04	0.0001	4.01
0.001	2.001	4.004001	0.004	0.000001	4.001
0.0001	2.0001	4.00040001	0.0004	0.00000001	4.0001
⋮	⋮	⋮	⋮	⋮	⋮

【問い 3-2】の解答 .... (問題は p53)

(1) $5x^4 - 8x + 3$ (2) $\dfrac{1}{2\sqrt{x}}$

(3) $\dfrac{1}{3} \times 3x^2(x^3+1)^{-\frac{2}{3}} = x^2(x^3+1)^{-\frac{2}{3}}$

(4) $(4x^3+1)(5x^2+2x) + (x^4+x)(10x+2) = 30x^5 + 10x^4 + 15x^2 + 4x$

(5) $\dfrac{1}{2}\dfrac{-2x}{\sqrt{1-x^2}} = -\dfrac{x}{\sqrt{1-x^2}}$

【問い 3-3】の解答 .... (問題は p54)

(1) $-\dfrac{2x-1}{(x^2-x)^2}$

(2) 分数の微分の式をそのまま使うと、
$$-\dfrac{x-1+x-3}{((x-1)(x-3))^2} = -\dfrac{2x-4}{(x-1)^2(x-3)^2}$$
$\dfrac{1}{x-1}$ と $\dfrac{1}{x-3}$ の積と考えれば、
$$-\dfrac{1}{(x-1)^2(x-3)} - \dfrac{1}{(x-1)(x-3)^2}$$
答はどちらも同じ。

(3) $\dfrac{2x^3(6x+5) - 6x^2(3x^2+5x)}{(2x^3)^2}$
$= \dfrac{x(6x+5) - 3(3x^2+5x)}{2x^4} = -\dfrac{3x+10}{2x^3}$

【問い 3-4】の解答 .... (問題は p55)

(1) $\dfrac{dy}{dx} = -\dfrac{2}{x^2}$、逆関数は $x = \dfrac{2}{y}$ だから
$\dfrac{dx}{dy} = -\dfrac{2}{y^2}$。$y = \dfrac{2}{x}$ を代入すると、
$\dfrac{dx}{dy} = -\dfrac{2}{\frac{4}{x^2}} = -\dfrac{x^2}{2}$ となって、$\dfrac{dx}{dy} = \dfrac{1}{\frac{dy}{dx}}$。

(2) $\dfrac{dy}{dx} = \dfrac{1}{2\sqrt{x}}$、逆関数は $x = y^2$ だから
$\dfrac{dx}{dy} = 2y$。$y = \sqrt{x}$ を代入すると

$\dfrac{dx}{dy} = 2\sqrt{x}$ となって、$\dfrac{dx}{dy} = \dfrac{1}{\frac{dy}{dx}}$。

(3) $\dfrac{dy}{dx} = 2x$、逆関数は $x = \pm\sqrt{y-1}$ だから
$\dfrac{dx}{dy} = \pm\dfrac{1}{2\sqrt{y-1}}$。$y = x^2 + 1$ を代入すると
$\dfrac{dx}{dy} = \pm\dfrac{1}{2\sqrt{x^2}} = \pm\dfrac{1}{2|x|}$。ここで、± は x の正負で決まったから、$\pm|x| = x$ としてよく
$\dfrac{dx}{dy} = \dfrac{1}{2x}$ であり $\dfrac{dx}{dy} = \dfrac{1}{\frac{dy}{dx}}$。

【問い 4-1】の解答 .... (問題は p59、ヒントは p190)

ヒントの図から高さである $\sin\theta$ が $d\theta \times |\cos\theta|$ だけ減っている。つまり $d(\sin\theta) = -|\cos\theta|d\theta$。この角度では $\cos\theta < 0$ なので $|\cos\theta| = -\cos\theta$ と書き直すと $d(\sin\theta) = \cos\theta$ となる。

【問い 4-2】の解答 .... (問題は p60)

$\cos^2\theta + \sin^2\theta = 1$ を微分すると

$$2\cos\theta\, d(\cos\theta) + 2\sin\theta\, d(\sin\theta) = 0$$
$$2\cos\theta\, d(\cos\theta) + 2\sin\theta\cos\theta\, d\theta = 0 \quad \text{(C.16)}$$
$$d(\cos\theta) = -\sin\theta\, d\theta$$

この出し方を見ると、$\sin\theta$ と $\cos\theta$ の微分のどちらかにはマイナス符号が必要だったことがわかる。

【問い 4-3】の解答 .... (問題は p61、ヒントは p190)

$\sin\theta \times y = 1$ の両辺を微分して、
$$\cos\theta\, d\theta\, y + \sin\theta\, dy = 0$$
$$\sin\theta\, dy = -\cos\theta\, d\theta\, \underbrace{\operatorname{cosec}\theta}_{y} \quad \text{(C.17)}$$
$$\dfrac{dy}{d\theta} = -\dfrac{\cos\theta}{\sin^2\theta}$$

図で考える場合は、次の図のように高さを 1 に固定して、θ が変化させる。この時の斜辺の長さは

$\boxed{\operatorname{cosec}\theta = \dfrac{1}{\sin\theta}}$ である。

図から斜辺が $\dfrac{\mathrm{d}\theta}{\sin\theta}\cot\theta$ だけ縮んでいることがわかるから、$\boxed{\mathrm{d}(\operatorname{cosec}\theta) = -\dfrac{\mathrm{d}\theta}{\sin\theta}\cot\theta}$ となる。

【問い 4-4】の解答 .... (問題は p66)

まず (4.37) を使って、
→ p65

$$\frac{\mathrm{d}}{\mathrm{d}x}(\log x^n) = \frac{(x^n)'}{x^n} = \frac{nx^{n-1}}{x^n} = \frac{n}{x} \quad (C.18)$$

一方、$n\log x$ にしてから微分すると、

$\boxed{\dfrac{\mathrm{d}}{\mathrm{d}x}(n\log x) = n\dfrac{\mathrm{d}}{\mathrm{d}x}\log x = \dfrac{n}{x}}$ となり、結果は同じ。

【問い 4-5】の解答 .... (問題は p66)

(1) $\boxed{\log y = (x+1)\log x}$ を微分して

$\boxed{\dfrac{\mathrm{d}y}{y} = \left(\log x + \dfrac{x+1}{x}\right)}$。

整理して $\boxed{\dfrac{\mathrm{d}y}{\mathrm{d}x} = x^{x+1}\left(\log x + \dfrac{x+1}{x}\right)}$。

(2) $\boxed{\log y = \cos x \log x}$ を微分して

$\boxed{\dfrac{\mathrm{d}y}{y} = \left(-\sin x \log x + \dfrac{\cos x}{x}\right)\mathrm{d}x}$。

整理して $\boxed{\dfrac{\mathrm{d}y}{\mathrm{d}x} = x^{\cos x}\left(-\sin x \log x + \dfrac{\cos x}{x}\right)}$。

(3) $\boxed{\log y = \alpha \log x}$ を微分して $\boxed{\dfrac{\mathrm{d}y}{y} = \alpha \dfrac{\mathrm{d}x}{x}}$。

整理して $\boxed{\dfrac{\mathrm{d}y}{\mathrm{d}x} = \alpha\dfrac{y}{x} = \alpha x^{\alpha-1}}$ となる。こうすると、極限を使わずに任意の実数 α に対して x^α の微分がわかる。

【問い 5-1】の解答 .... (問題は p71)

まず、$\boxed{x \neq 0}$ での微分は

$$f'(x) = 2x\sin\frac{1}{x} + x^2 \times \overbrace{\left(-\frac{1}{x^2}\cos\frac{1}{x}\right)}^{(\sin\frac{1}{x})'} \quad (C.19)$$
$$= 2x\sin\frac{1}{x} - \cos\frac{1}{x}$$

となる。$\boxed{x = 0}$ での微分は定義に戻って、

$$\lim_{\Delta x \to 0}\frac{(\Delta x)^2 \sin\frac{1}{\Delta x}}{\Delta x} = \lim_{\Delta x \to 0}\Delta x \sin\frac{1}{\Delta x} = 0 \quad (C.20)$$

であって、$\boxed{f'(0) = 0}$ だとわかる。一方、(C.19) で $\boxed{x \to 0}$ とすると $\cos\dfrac{1}{x}$ の部分が振動してしまって値が決まらない。つまり $\boxed{x \neq 0}$ での $f'(x)$ の $x \to 0$ 極限と $f'(0)$ は一致しない。

【問い 5-2】の解答 .... (問題は p71)

$\boxed{y = \pm\sqrt{1-x^2}}$ を微分して、

$\boxed{\dfrac{\mathrm{d}y}{\mathrm{d}x} = \pm\dfrac{1}{2\sqrt{1-x^2}}\times\underbrace{(-2x)}_{(x^2)'} = \mp\dfrac{x}{\sqrt{1-x^2}}}$ となる。

$\boxed{y = \pm\sqrt{1-x^2}}$ を代入して、$\boxed{\dfrac{\mathrm{d}y}{\mathrm{d}x} = -\dfrac{x}{y}}$。

【問い 5-3】の解答 .... (問題は p71)

$\boxed{x^2 - y^2 = 1}$ を微分すると、$\boxed{2x\,\mathrm{d}x - 2y\,\mathrm{d}y = 0}$ より、$\boxed{\dfrac{\mathrm{d}y}{\mathrm{d}x} = \dfrac{x}{y}}$。

【問い 5-4】の解答 .... (問題は p74、ヒントは p190)

ヒントの (C.1) を a で微分すると、
→ p190

$$\begin{aligned}\frac{\mathrm{d}S}{\mathrm{d}a} &= \frac{1}{2}\times(-2)\sqrt{aL - \frac{L^2}{4}} \\ &\quad + \frac{1}{2}(L-2a)\times\frac{L}{2\sqrt{aL-\frac{L^2}{4}}} \\ &= \frac{1}{2}\times\frac{-4\left(aL - \frac{L^2}{4}\right) + (L-2a)L}{2\sqrt{aL-\frac{L^2}{4}}}\end{aligned} \quad (C.21)$$

となる。分子が 0 になるところを求めると、

$$\begin{aligned}-4\left(aL - \frac{L^2}{4}\right) + (L-2a)L &= 0 \\ -6aL + 2L^2 &= 0\end{aligned} \quad (C.22)$$

より $\boxed{a = \dfrac{L}{3}}$ のときであり、これが最大の S を与える。つまり答えは正三角形である。

【問い 6-1】の解答 .... (問題は p86、ヒントは p190)

(1) ヒントの $\boxed{\left(\dfrac{\mathrm{d}}{\mathrm{d}x}\right)^n \left(\dfrac{1}{1-x}\right)\bigg|_{x=-1} = n!\left(\dfrac{1}{2}\right)^{n+1}}$ を使って、

$$\frac{1}{1-x} = \sum_{n=0}^{\infty} \left(\frac{1}{2}\right)^{n+1} (x+1)^n$$
$$= \frac{1}{2} + \frac{1}{4}(x+1) + \frac{1}{8}(x+1)^2 + \cdots \quad \text{(C.23)}$$

(2) $a_n = \dfrac{1}{2^{n+1}}$ だから、$\dfrac{a_n}{a_{n+1}} = 2$ であり、極限を取るまでもなく、収束半径は 2 である。

(3) 原点周りのテイラー展開は $-1 < x < 1$ で定義され、$x = -1$ 周りのテイラー展開は $-3 < x < 1$ で定義されている。よって、二つの領域の重なりである $-1 < x < 1$ ではこれらの級数は等しいと言ってもよいが、それ以外の領域では等しくならない。

【問い 6-2】の解答 .... (問題は p88、ヒントは p190)

(1) ヒントで求めた導関数に $x=0$ を代入すると、1 次から順に $1, 0, 2$ となるので、
$$\tan x = x + \frac{1}{3}x^3 + \cdots \quad \text{(C.24)}$$

(2)
$$\left(x + \frac{1}{3}x^3 + \cdots\right) \times \left(1 - \frac{1}{2}x^2 + \cdots\right)$$
$$= x + \frac{1}{3}x^3 - x \times \frac{1}{2}x^2 + \cdots = x - \frac{1}{6}x^3 + \cdots \quad \text{(C.25)}$$

となって、一致する。

【問い 7-1】の解答 .... (問題は p105、ヒントは p190)

$f(x) = e^x$ の定義域は実数全体だが、$f(x) = \log x$ の定義域は $x \neq 0$ である。よって、$\log(e^x)$ は全ての実数の範囲において x に戻るが、$e^{\log x}$ は $x = 0$ に対しては定義されていない。

【問い 7-2】の解答 .... (問題は p105、ヒントは p190)

ヒントのテイラー展開により、
$$\frac{x^{\alpha+1}}{\alpha+1} = \frac{1}{\alpha+1} + \log x + \underbrace{\frac{\alpha+1}{2}(\log x)^2 + \cdots}_{\mathcal{O}(\alpha+1)} \quad \text{(C.26)}$$

となる。先頭の $\dfrac{1}{\alpha+1}$ は x によらないから、積分定数と合わせた $C' + \dfrac{1}{\alpha+1}$ が C という定数だとすれば、

$$\frac{x^{\alpha+1}}{\alpha+1} + C' = \underbrace{C' + \frac{1}{\alpha+1}}_{C} + \log x + \mathcal{O}(\alpha+1) \quad \text{(C.27)}$$

となる。こうしてから $\alpha \to -1$ と極限を取れば、

$$\lim_{\alpha \to -1} \frac{x^{\alpha+1}}{\alpha+1} + C' = \log x + C \quad \text{(C.28)}$$

となる。積分定数 C と C' は $\dfrac{1}{\alpha+1}$ という、$\dfrac{1}{0}$ に対応する ∞ だけずれていることになり気持ち悪いが、そもそも今求めたい $\int dx \, x^\alpha$ (の、$\alpha \to -1$ 極限) というのは、「x で微分したら x^α になる関数」であって x によらない部分については心配しなくてよい。

【問い 7-3】の解答 .... (問題は p106)

$$\frac{1}{1+x} = 1 - x + x^2 - x^3 + \cdots = \sum_{n=0}^{\infty} (-1)^n x^n \quad \text{(C.29)}$$

$$\frac{d}{dx}(\log(1+x)) = \frac{1}{1+x}, \quad \frac{d}{dx}\left(\frac{1}{1+x}\right) = -\frac{1}{(1+x)^2}, \quad \frac{d}{dx}\left(-\frac{1}{(1+x)^2}\right) = \frac{2}{(1+x)^3}, \cdots \quad \text{(C.30)}$$

をまとめると、$n \geq 1$ に対し、

$$\left(\frac{d}{dx}\right)^n (\log(1+x)) = \frac{-(-1)^n (n-1)!}{(1+x)^n} \quad \text{(C.31)}$$

より、$x = 0$ まわりのテイラー展開は、

$$\log(1+x) = x - \frac{1}{2}x^2 + \frac{1}{3}x^3 + \cdots = \sum_{n=1}^{\infty} \frac{-(-1)^n}{n} x^n \quad \text{(C.32)}$$

最後の式を $n \to n+1$ にして和を 0 からに直すと、$\displaystyle\sum_{n=0}^{\infty} \frac{(-1)^n}{n+1} x^{n+1}$ となる。実は、これは $\dfrac{1}{1+x}$ のテイラー展開 $\displaystyle\sum_{n=0}^{\infty} (-1)^n x^n$ の不定積分になっている。

C.2 【問い】の解答

【問い 7-4】の解答 ...... (問題は p106、ヒントは p191)

ヒントにも書いたように、一回目の積分ですでに積分定数は二つ必要。つまり、

$$\int dx\, \frac{1}{x^2} = \begin{cases} -\frac{1}{x} + C_1 & x > 0 \\ -\frac{1}{x} + C_2 & x < 0 \end{cases} \quad \text{(C.33)}$$

である。ゆえに、

$$\int dx\, \left[\int dx\, \frac{1}{x^2}\right] = \int dx\, \begin{cases} -\frac{1}{x} + C_1 & x > 0 \\ -\frac{1}{x} + C_2 & x < 0 \end{cases}$$
$$= \begin{cases} -\log x + C_1 x + D_1 & x > 0 \\ -\log x + C_2 x + D_2 & x < 0 \end{cases} \quad \text{(C.34)}$$

が答えである。

【問い 8-1】の解答 ...... (問題は p110、ヒントは p191)

(1) $\boxed{\int dx\, \left(\frac{d}{dx}(x)\right) \log x}$ として部分積分し、

$$x \log x - \int dx\, x\, \underbrace{\frac{1}{x}}_{(\log x)'} = x \log x - x + C \quad \text{(C.35)}$$

(2) $\boxed{\int dx\, \left(\frac{d}{dx}(x)\right) \arctan x}$ として部分積分し、

$$x \arctan x - \int dx\, x\, \underbrace{\frac{1}{1+x^2}}_{(\arctan x)'}$$
$$= x \arctan x - \frac{1}{2} \log(1+x^2) + C \quad \text{(C.36)}$$

$\int dx\, x \frac{1}{1+x^2}$ の積分では、

$\boxed{\dfrac{d}{dx}(\log f(x)) = \dfrac{f'(x)}{f(x)}}$ の逆の式である

$\boxed{\int dx\, \dfrac{f'(x)}{f(x)} = \log f(x) + C}$ の、$\boxed{f(x) = 1+x^2}$ の場合を使った。被積分関数が $\dfrac{(分母)'}{(分母)}$ の形ならこの式が使える。

(3) $\boxed{\int dx\, \left(\frac{d}{dx}(x)\right) \arccos x}$ として部分積分し、

$$x \arccos x - \int dx\, x \underbrace{\left(-\frac{1}{\sqrt{1-x^2}}\right)}_{(\arccos x)'}$$
$$= x \arccos x - \sqrt{1-x^2} + C \quad \text{(C.37)}$$

(4) $\boxed{\int dx\, \left(\frac{d}{dx}x\right) (\log x)^2}$ として部分積分し、

$$x (\log x)^2 - \int dx\, x \frac{d}{dx}((\log x)^2)$$
$$= x (\log x)^2 - \int dx\, \underbrace{x \times \frac{2}{x}}_{2} \log x \quad \text{(C.38)}$$
$$= x (\log x)^2 - 2x \log x + 2x + C$$

最後で $\boxed{\int dx\, \log x = x \log x - x + C \quad (7.46)}$ を使った（積分定数は変えてある）。

【問い 8-2】の解答 ...... (問題は p111、ヒントは p191)

ヒントで、$\boxed{[x^n e^{-x}]_0^\infty = 0}$ より、

$$\int_0^\infty x^n \frac{d}{dx}(-e^{-x})\, dx = n \int_0^\infty x^{n-1} e^{-x}\, dx \quad \text{(C.39)}$$

がわかる。これを延々繰り返していけば、

$$\int_0^\infty x^n \frac{d}{dx}(-e^{-x})\, dx = n! \underbrace{\int_0^\infty e^{-x}\, dx}_{1} = n! \quad \text{(C.40)}$$

となる。

【問い 8-3】の解答 ...... (問題は p114)

$$\int dx\, \sin x^2$$
$$= \int dx\, \sum_{n=0}^\infty \frac{(-1)^n}{(2n+1)!} x^{4n+2} \quad \text{(C.41)}$$
$$= \sum_{n=0}^\infty \frac{(-1)^n}{(2n+1)!(4n+3)} x^{4n+3} + (積分定数)$$

【問い 8-4】の解答 ...... (問題は p116、ヒントは p191)

$\boxed{x = \sin\theta}$ とおいた場合、$\boxed{\sqrt{1-x^2} = \cos\theta,\, dx = \cos\theta\, d\theta}$ となる。図解すると以下のように積分を行っている。

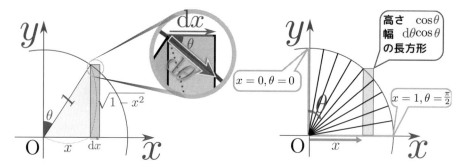

$\mathrm{d}x$ と $\mathrm{d}\theta$ はこの場合同符号であることに注意。結局足している中身は同じである。

【問い 8-5】の解答 .... (問題は p120、ヒントは p191)

$$\cosh\alpha\cosh\beta = \frac{\left(\mathrm{e}^{\alpha}+\mathrm{e}^{-\alpha}\right)\left(\mathrm{e}^{\beta}+\mathrm{e}^{-\beta}\right)}{4}$$
$$= \frac{\mathrm{e}^{\alpha+\beta}+\mathrm{e}^{\alpha-\beta}+\mathrm{e}^{-\alpha+\beta}+\mathrm{e}^{-\alpha-\beta}}{4} \quad (\mathrm{C}.42)$$

と

$$\sinh\alpha\sinh\beta = \frac{\left(\mathrm{e}^{\alpha}-\mathrm{e}^{-\alpha}\right)\left(\mathrm{e}^{\beta}-\mathrm{e}^{-\beta}\right)}{4}$$
$$= \frac{\mathrm{e}^{\alpha+\beta}-\mathrm{e}^{\alpha-\beta}-\mathrm{e}^{-\alpha+\beta}+\mathrm{e}^{-\alpha-\beta}}{4} \quad (\mathrm{C}.43)$$

を足すことで、

$$\cosh\alpha\cosh\beta + \sinh\alpha\sinh\beta = \frac{\mathrm{e}^{\alpha+\beta}+\mathrm{e}^{-\alpha-\beta}}{2}$$
$$= \cosh(\alpha+\beta) \quad (\mathrm{C}.44)$$

である。同様の計算により

$$\cosh\alpha\sinh\beta + \sinh\alpha\cosh\beta = \frac{\mathrm{e}^{\alpha+\beta}-\mathrm{e}^{-\alpha-\beta}}{2}$$
$$= \sinh(\alpha+\beta) \quad (\mathrm{C}.45)$$

となる。

【問い 8-6】の解答 .... (問題は p121、ヒントは p191)

$$\int\sqrt{1+x^2}\,\mathrm{d}x = \int\cosh^2\theta\,\mathrm{d}\theta$$
$$= \int\frac{\mathrm{e}^{2\theta}+2+\mathrm{e}^{-2\theta}}{4}\,\mathrm{d}\theta$$
$$= \frac{\mathrm{e}^{2\theta}}{8}-\frac{\mathrm{e}^{-2\theta}}{8}+\frac{\theta}{2}+C$$
$$= \frac{1}{2}\cosh\theta\sinh\theta+\frac{\theta}{2}+C$$
$$= \frac{1}{2}x\sqrt{x^2+1}+\frac{1}{2}\mathrm{arcsinh}\,x+C \quad (\mathrm{C}.46)$$

となる（arcsinh は sinh の逆関数）。

【問い 8-7】の解答 .... (問題は p121、ヒントは p191)

前問とほぼ同様の計算で、

$$\int\sqrt{x^2-1}\,\mathrm{d}x = \int\sinh^2\theta\,\mathrm{d}\theta$$
$$= \frac{\mathrm{e}^{2\theta}}{8}-\frac{\mathrm{e}^{-2\theta}}{8}-\frac{\theta}{2}+C$$
$$= \frac{1}{2}\cosh\theta\sinh\theta-\frac{\theta}{2}+C$$
$$= \frac{1}{2}x\sqrt{x^2-1}-\frac{1}{2}\mathrm{arccosh}\,x+C \quad (\mathrm{C}.47)$$

となる（arccosh は cosh の逆関数）。

【問い 8-8】の解答 .... (問題は p122、ヒントは p191)

ヒントにあるように、半径 r の球と半径 $r+\mathrm{d}r$ の差にあたる部分の体積を考えると、球の表面を覆っている高さ $\mathrm{d}r$ の薄い皮の体積である。その一部を取り出して考えると、底面と天井の面積はほんのすこし違うものの、だいたい (底面の面積) $\times\,\mathrm{d}r$ がその体積である (これを (天井の面積) $\times\,\mathrm{d}r$ としても、$\mathcal{O}(\mathrm{d}r^2)$ の差しかない)。よって、

$$\boxed{\mathrm{d}r\times(\text{球の表面積})=\mathrm{d}\left(\frac{4\pi r^3}{3}\right)}$$

が成り立つ。つまり、球の表面積が $4\pi r^2$ となる。

【問い 8-9】の解答 .... (問題は p123、ヒントは p191)

ヒントの図における三角形の相似より、$r\,\mathrm{d}\theta:\mathrm{d}x=r:\sqrt{r^2-x^2}$ が言えるので、$\dfrac{r}{\sqrt{r^2-x^2}}\mathrm{d}x=r\,\mathrm{d}\theta$ と置換できることが図からわかる。

【問い 9-1】の解答 .... (問題は p131、ヒントは p191)

ヒントにあるようにして M に関する微分方程式を作ると、$\boxed{\dfrac{\mathrm{d}M}{\mathrm{d}t}=-\dfrac{\log 2}{T}M}$ 。

これの解は $\boxed{M(t)=M(0)\mathrm{e}^{-\frac{\log 2}{T}t}}$ なので、これを $N(t)$ の式にして、

$$N(t)-\frac{T}{\log 2}A = \left(N(0)-\frac{T}{\log 2}A\right)\mathrm{e}^{-\frac{\log 2}{T}t}$$
$$N(t) = \frac{T}{\log 2}A+\left(N(0)-\frac{T}{\log 2}A\right)\mathrm{e}^{-\frac{\log 2}{T}t} \quad (\mathrm{C}.48)$$

となる。補給がない場合は N が 0 に近づいていくのにたいし、補給される場合は $N(\infty)=\dfrac{T}{\log 2}A$ という値に近づいていく。

【問い 9-2】の解答 .... (問題は p132)

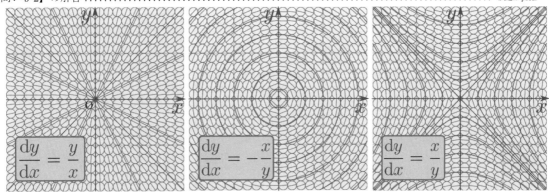

後で具体的に実行するが、この微分方程式を「計算」により解くと、

$$y = Cx, \qquad x^2 + y^2 = C, \qquad x^2 - y^2 = C \tag{C.49}$$

という答が出る。

【問い 9-3】の解答 .... (問題は p135、ヒントは p191)

(1) $\boxed{\dfrac{dy}{dx} = 2Cx}$ より $\boxed{Cx = \dfrac{1}{2}\dfrac{dy}{dx}}$ を元の式に代入して、$\boxed{y = \dfrac{1}{2}\dfrac{dy}{dx}x}$ が微分方程式。

(2) $\boxed{\dfrac{dy}{dx} = 2ax + b, \dfrac{d^2y}{dx^2} = 2a}$ なので、
$\boxed{a = \dfrac{1}{2}\dfrac{d^2y}{dx^2}, b = \dfrac{dy}{dx} - \dfrac{d^2y}{dx^2}x}$ となり、微分方程式は

$$\boxed{\begin{aligned}y &= \dfrac{x^2}{2}\dfrac{d^2y}{dx^2} + \left(\dfrac{dy}{dx} - \dfrac{d^2y}{dx^2}x\right)x \\ &= -\dfrac{x^2}{2}\dfrac{d^2y}{dx^2} + x\dfrac{dy}{dx}\end{aligned}}$$

【問い 9-4】の解答 .... (問題は p139)

(1) $\boxed{AdA - 2BdB = 0}$ になるから、$A^2 - 2B^2$ が一定となる。

(2) $\boxed{A^2 dA = -\alpha AB\,dt, B^2 dB = -\alpha AB\,dt}$ となるから、$\boxed{A^2 dA - B^2 dB = 0}$ となり、$A^3 - B^3$ が一定となる。

【問い 9-5】の解答 .... (問題は p142、ヒントは p191)

ヒントより、$\boxed{\dfrac{dy}{dt} = kA(1-y)}$ とする。
これを解くには変数分離して、$\boxed{\dfrac{dy}{1-y} = kA\,dt}$ となるからこれを積分する。

結果は $\boxed{-\log(1-y) = kAt + C}$ （C は積分定数）となるから整理して、$\boxed{y = 1 - De^{-kAt}}$ （$D = e^{-C}$）が解。

【問い 10-1】の解答 .... (問題は p146、ヒントは p191)

ヒントより、$\boxed{y = \dfrac{1}{x-C}}$ である。積分定数が C_1 である解と C_2 である解の和を取ると

$$\boxed{y_1(x) + y_2(x) = \dfrac{1}{x-C_1} + \dfrac{1}{x-C_2}}$$ で、微分の結果

$$\boxed{\dfrac{d}{dx}(y_1(x) + y_2(x)) = -\dfrac{1}{(x-C_1)^2} - \dfrac{1}{(x-C_2)^2}}$$

は $\boxed{-(y_1(x) + y_2(x))^2 = -\left(\dfrac{1}{x-C_1} + \dfrac{1}{x-C_2}\right)^2}$ とは一致しない。

【問い 10-2】の解答 .... (問題は p152、ヒントは p191)

ヒントの特性方程式を解くと、
(1) $\lambda = 1, 2$　　(2) $\lambda = 3$ で重解
(3) $\lambda = 2, -\dfrac{1}{2}$　　(4) $\lambda = -2$ で三重解。
よって解は、
(1) $Ce^x + De^{2x}$　　(2) $(Cx + D)e^{3x}$
(3) $Ce^{2x} + De^{-\frac{1}{2}x}$　　(4) $(Cx^2 + Dx + E)e^{-2x}$
(C, D, E は積分定数)

【問い 10-3】の解答 .... (問題は p159、ヒントは p191)

ヒントに書いたように運動方程式のうち $m\left(\dfrac{d}{dt}\right)^2 x$ と $-kx$ の部分は自動的に消えるから、特解の候補 $\boxed{x = A\cos\omega_0 t + B\sin\omega_0 t}$ を代入した結果は

$$0 = -K\omega_0(-A\sin\omega_0 t + B\cos\omega_0 t) + F_0\cos\omega_0 t \tag{C.50}$$

であり、これから $A=0, B=\dfrac{F_0}{K\omega_0}$ であり、特解は

$$x_{特}(t) = \dfrac{F_0}{K\omega_0}\sin\omega_0 t$$

である。これに斉次方程式の一般解(10.54),(10.55)(10.56)のどれかを足したものが解となる。
　　　　　→p158　→p158　→p158

【問い10-4】の解答 .... (問題はp159, ヒントはp192)

ヒントより、$C = \dfrac{F_0}{k-m\omega^2}$ となるので、$\omega \neq \omega_0$ ならば特解は

$$x(t) = \dfrac{F_0}{k-m\omega^2}\cos\omega t \tag{C.51}$$

である。$\omega = \omega_0$（このとき $k=m\omega^2$）では分母が0になってしまって解がないので少し一般化して

$$x(t) = C(t)\cos\omega_0 t + D(t)\sin\omega_0 t \tag{C.52}$$

を代入してみる。この $C(t), D(t)$ が定数ならば一般解なので、代入の結果 $C(t), D(t)$ の微分を含まない項はちょうど消えることを使って計算すると、

$$m\left(\left(\dfrac{d}{dt}\right)^2 C(t)\right)\cos\omega_0 t - 2m\omega_0\left(\dfrac{d}{dt}C(t)\right)\sin\omega_0 t$$
$$+ m\left(\left(\dfrac{d}{dt}\right)^2 D(t)\right)\sin\omega_0 t + 2m\omega_0\left(\dfrac{d}{dt}D(t)\right)\cos\omega_0 t$$
$$= F_0\cos\omega_0 t \tag{C.53}$$

という結果が出る。$\cos\omega_0 t$ の係数を取り出すと

$m\left(\dfrac{d}{dt}\right)^2 C(t) + 2m\omega_0 \dfrac{d}{dt}D(t) = F_0$、$\sin\omega_0 t$ の係数を取り出すと $-2m\omega_0\dfrac{d}{dt}C(t) + m\left(\dfrac{d}{dt}\right)^2 D(t) = 0$

となるので、$C(t) = 0, D(t) = \dfrac{F_0}{2m\omega_0}t$ が解。よって特解は

$$x(t) = \dfrac{F_0}{2m\omega_0}t\sin\omega_0 t \tag{C.54}$$

となる。これに一般解を足したものが解。

【問い10-5】の解答 .... (問題はp161)

(1) $p(x) = \dfrac{1}{x}$ だから、$P(x) = \log x$ として、

$e^{-P(x)} = \dfrac{1}{x}$。$f(x) = \dfrac{1}{x}g(x)$ とおいて

$\dfrac{1}{x}\dfrac{d}{dx}g(x) = x^2$ を解いて、$g(x) = \dfrac{x^4}{4} + C$。

解は、$f(x) = \dfrac{x^3}{4} + \dfrac{C}{x}$。

(2) $p(x) = \tan x$ より $P(x) = -\log(\cos x)$ として $e^{-P(x)} = \cos x$。よって、$f(x) = \cos x\, g(x)$ とおいて、

$\cos x\,\dfrac{d}{dx}g(x) = \sin x$ を解いて、

$g(x) = -\log\cos x + C$ となり、

解は $f(x) = -\cos x\log\cos x + C\cos x$。

【問い10-6】の解答 .... (問題はp162)

(1) まず $\dfrac{d}{dx}y + 2y = 0$ を解くと、$y = Ce^{-2x}$。
C を $C(x)$ に置き換えて

$$\dfrac{d}{dx}\left(C(x)e^{-2x}\right) + 2C(x)e^{-2x} = e^{-x}$$
$$\dfrac{d}{dx}C(x) = e^x$$
$$C(x) = e^x + A \tag{C.55}$$

となって（A は積分定数）、$y = e^{-x} + Ae^{-2x}$ が解である。

(2) まず $\dfrac{d}{dx}y = \dfrac{y}{x}$ を解くと、$\log y = \log x + c$ つまり $y = Cx\ (C = e^c)$ となるので、$C \to C(x)$ として、

$$\dfrac{d}{dx}(C(x)x) = \dfrac{C(x)x}{x} + 1$$
$$\dfrac{d}{dx}C(x) = \dfrac{1}{x} \tag{C.56}$$

より $C(x) = \log x + A$ となり、$y = x\log x + Ax$ が解。

(3) まず $\dfrac{d}{dx}y = -y\sin x$ を解くと、変数分離して $\log y = \cos x + c$ より、$y = Ce^{\cos x}\ (C = e^c)$ なので、$C \to C(x)$ と置き換えて、

$$\dfrac{d}{dx}(C(x)e^{\cos x}) = -C(x)e^{\cos x}\sin x + \sin x$$
$$\dfrac{d}{dx}C(x) = e^{-\cos x}\sin x \tag{C.57}$$

より、$C(x) = e^{-\cos x} + A$ で $y = 1 + Ae^{\cos x}$ が解。

【問い10-7】の解答 .... (問題はp162)

まず斉次方程式 $\dfrac{dy}{dx} + 2xy = 0$ を解くと、変数分離

して $\boxed{\dfrac{\mathrm{d}y}{y} = -2x\,\mathrm{d}x}$ より、$\boxed{\log y = -x^2 + C}$ となり、$\boxed{y = D\mathrm{e}^{-x^2}}$。ここで $\boxed{D \to D(x)}$ と換えて非斉次方程式に代入し、

$$\frac{\mathrm{d}}{\mathrm{d}x}\left(D(x)\mathrm{e}^{-x^2}\right) + 2xD(x)\mathrm{e}^{-x^2} = x$$
$$\frac{\mathrm{d}}{\mathrm{d}x}(D(x))\mathrm{e}^{-x^2} - 2D(x)x\mathrm{e}^{-x^2} + 2xD(x)\mathrm{e}^{-x^2} = x$$
$$\frac{\mathrm{d}}{\mathrm{d}x}(D(x))\mathrm{e}^{-x^2} = x \quad \text{(C.58)}$$

と計算し、結果 $\boxed{\dfrac{\mathrm{d}}{\mathrm{d}x}(D(x)) = x\mathrm{e}^{x^2}}$ を積分して $\boxed{D(x) = \dfrac{1}{2}\mathrm{e}^{x^2} + E}$ (E は積分定数) となるので、解は $\boxed{y = \dfrac{1}{2} + E\mathrm{e}^{-x^2}}$ となる。

【問い 11-1】の解答 .... (問題は p166)

(11.12)の右辺の V^2 を無視すれば、$\boxed{\mathrm{d}V = \dfrac{\rho g}{T_0}\mathrm{d}x}$ となるから、積分すると $\boxed{V = \dfrac{\rho g}{T_0}x + C_1}$ となる。

$\boxed{V = \dfrac{\mathrm{d}y}{\mathrm{d}x}}$ を使ってさらに積分すると、

$$y = \frac{\rho g}{2T_0}x^2 + C_1 x + C_2 \quad \text{(C.59)}$$

となる。$\boxed{x=0}$ で $\boxed{y=0, \dfrac{\mathrm{d}y}{\mathrm{d}x}=0}$ とすれば、$\boxed{C_1 = C_2 = 0}$ である。一方、(11.16)に(11.17)を使うと、

$$y = \frac{T_0}{\rho g}\left(\cosh\left(\frac{\rho g}{T_0}x\right) - 1\right)$$
$$= \frac{T_0}{\rho g}\left(\frac{1}{2}\left(\frac{\rho g}{T_0}x\right)^2 + \cdots\right) = \frac{\rho g}{2T_0}x^2 + \cdots \quad \text{(C.60)}$$

となり、一致する。

【問い B-1】の解答 .... (問題は p180、ヒントは p192)

(1) ヒントより、$\boxed{\text{特解 } x\mathrm{e}^x}$ はわかったから、斉次にした式を解くと、その一般解は $C\mathrm{e}^x$ であるから、非斉次方程式の一般解は $\boxed{z = (C-x)\mathrm{e}^x}$ となる。つまり、$\boxed{y = \dfrac{1}{C-x}\mathrm{e}^{-x}}$ が元の方程式の解。

(2) ヒントより、斉次にした方程式の解が $\boxed{z = \dfrac{C}{x^2}}$ というところまでわかったから、定数変化法を使うことにして、$\boxed{z = \dfrac{C(x)}{x^2}}$ を代入すると、

$$-\frac{1}{2}\frac{C'(x)}{x^2} + \frac{C(x)}{x^3} = \frac{C(x)}{x^3} + x$$
$$C'(x) = -2x^3 \quad \text{(C.61)}$$
$$C(x) = -\frac{1}{2}x^4 + D$$

となる (D は積分定数) ので、解は $z = -\dfrac{1}{2}x^2 + \dfrac{D}{x^2}$。元の方程式の解は $\boxed{y = \pm\dfrac{1}{\sqrt{-\frac{1}{2}x^2 + \frac{D}{x^2}}}}$ となる。

(3) 特解はわかったので、斉次にした方程式 $\boxed{\dfrac{1}{3}\dfrac{\mathrm{d}z}{\mathrm{d}x} + 2x^2 z}$ を変数分離すると $\boxed{\dfrac{\mathrm{d}z}{z} = -6x^2\mathrm{d}x}$、これを解いて $\boxed{z = C\mathrm{e}^{-2x^3}}$ となり特解と合わせて $\boxed{z = \dfrac{3}{2} + C\mathrm{e}^{-2x^3}}$。元の方程式の解は $\boxed{y = \left(\dfrac{3}{2} + C\mathrm{e}^{-2x^3}\right)^{\frac{1}{3}}}$。

【問い B-2】の解答 .... (問題は p183)

与えられた式より、$\boxed{\dfrac{f_1'(x)}{f_1(x)} = \dfrac{f_2'(x)}{f_2(x)}}$。積分して $\boxed{\log f_1(x) = \log f_2(x) + C}$ すなわち $\boxed{f_1(x) = (\text{定数}) \times f_2(x)}$。

【問い B-3】の解答 .... (問題は p185、ヒントは p192)

(1) $\boxed{\mathrm{d}(\mathrm{e}^{x^2} + y) = 0}$ より、$\boxed{\mathrm{e}^{x^2} + y = \text{一定}}$。

(2) $\boxed{\mathrm{d}(y\log x) = 0}$ より、$\boxed{y\log x = \text{一定}}$。

(3) $\boxed{\mathrm{d}(y\cos x) = 0}$ より、$\boxed{y\cos x = \text{一定}}$。

【問い B-4】の解答 .... (問題は p186、ヒントは p192)

ヒントの(C.10)の微分の順序を入れ替えると、

$$\left(\frac{\partial}{\partial x}\left(\frac{\partial f(x,y)}{\partial y}\right)_x\right)_y = \lim_{\substack{\Delta x \to 0 \\ \Delta y \to 0}} \frac{f(x+\Delta x, y+\Delta y) - f(x+\Delta x, y) - f(x, y+\Delta y) + f(x,y)}{\Delta x \Delta y} \quad \text{(C.62)}$$

を得る。(C.62)と(C.10)は(引算の順番が入れ替わっているが)同じ式である。

【問い B-5】の解答 .... (問題は p187、ヒントは p192)

ヒントの(C.12)に積分可能条件を使うと、
→ p192

$$\left(\frac{\partial U(x,y)}{\partial y}\right)_x = \int_{x_0}^{x} dt \overbrace{\left(\frac{\partial Q(t,y)}{\partial t}\right)_y}^{\left(\frac{\partial P(t,y)}{\partial y}\right)_t} + Q(x_0, y)$$
$$\underbrace{\phantom{\int_{x_0}^{x} dt \left(\frac{\partial Q(t,y)}{\partial t}\right)_y}}_{Q(x,y)-Q(x_0,y)}$$
$$= Q(x,y) \quad (C.63)$$

となって示された。

【問い B-6】の解答 .... (問題は p187、ヒントは p192)

(1) 両辺に y を掛けて $\boxed{y^2 dx + 2xy\, dy = 0}$、これを積分して $\boxed{xy^2 = 一定}$。

(2) 両辺に $\sqrt{y}$ を掛けて $\boxed{\sqrt{y}\, dx + \frac{1}{2\sqrt{y}} x\, dy = 0}$、これを積分して $\boxed{x\sqrt{y} = 一定}$。

(3) λ が x のみの関数と仮定し $\boxed{\frac{d\lambda}{dx} \tan x = -\lambda \tan^2 x}$、変数分離すると $\boxed{\frac{d\lambda}{\lambda} = -\tan x\, dx}$ で、積分結果は $\boxed{\log \lambda = \log \cos x + C}$、よって $\boxed{\lambda = e^C \cos x}$ を掛けると、

$$e^C (\cos xy\, dx + \sin x\, dy) = 0 \quad (C.64)$$
$$d(y \sin x) = 0$$

となって、$\boxed{y \sin x = 一定}$ が解。

(4) λ が x のみの関数と仮定し、$\boxed{\frac{d\lambda}{dx} x \log x = -\lambda \log x}$ で、変数分離して $\boxed{\frac{d\lambda}{\lambda} = -\frac{dx}{x}}$ より、$\boxed{\lambda = \frac{C}{x}}$ を掛けて、

$$\frac{Cy}{x} dx + C \log x\, dy = 0 \quad (C.65)$$
$$d(y \log x) = 0$$

となって、$\boxed{y \log x = 一定}$ が解。

【問い B-7】の解答 .... (問題は p188)

【演習問題9-5】の微分方程式は $\frac{dy}{dx} = \sqrt{y}$ なので、
→ p143
原点において傾きが無限大。【演習問題9-6】の微
→ p143
分方程式は $\frac{dy}{dx}$ の2次方程式だと思って解けば

$\boxed{\frac{dy}{dx} = \frac{-x \pm \sqrt{x^2 - 4y}}{2}}$。これも根号を含むので、

$\boxed{x^2 - 4y = 0}$ を満たす点で傾きが無限大になっている。このリプシッツ条件が破れる点をつなげたものが特異解になっている。

C.3　章末演習問題のヒント

★【演習問題 1-1】のヒント .... (問題は p19、解答は p205)

平行移動すると、$y = a(x-x_0)^3 + b(x-x_0)^2 + c(x-x_0) + d + y_0$ となる。これを整理して、各次の係数を見よう。

★【演習問題 1-3】のヒント .... (問題は p19、解答は p206)

正しくないのはすぐわかる。1次関数には「傾き (a)」という形を表すパラメータが一つあるのだから。では、平行移動の二つのパラメータはなぜ a を変えないのか、と考えてみよう。

★【演習問題 2-1】のヒント .... (問題は p30、解答は p206)

底が違うとまとめようがないので、

$\boxed{\log_b B = \frac{\log_a B}{\log_a b}}$ を使って底を同じにする。

★【演習問題 2-2】のヒント .... (問題は p30、解答は p206)

$\boxed{y = \log(\log x)}$ の両辺を exp に乗せて、$\boxed{e^y = \log x}$。

★【演習問題 2-3】のヒント .... (問題は p30、解答は p206)

c を任意の正の数として、$\boxed{\log_a b = \frac{\log_c b}{\log_c a}}$ を使う。

あるいは、$\boxed{x = \log_a b}$ とすると $\boxed{a^x = b}$ である。この式から a を b, x で表す。

★【演習問題 3-1】のヒント .... (問題は p55、解答は p207)

どの問題も、$\boxed{f'(0) = \lim_{\Delta x \to 0} \frac{f(\Delta x) - f(0)}{\Delta x}}$ を計算してみれば、答えが確定しないことがわかる。

(3) についてだけ注意しておく。定義通りに計算すると、Δx が正か負かで答が違う、という結果になる。Δx の正負は確定してないので、答が一つに決まらないという意味で定義されてない。

★【演習問題 3-2】のヒント .... (問題は p55、解答は p207)

(1) ときどき「$\boxed{1 = 0}$ は間違っているのでこの文は間違いです」と答える人がいるのだが、そんなこと

C.3 章末演習問題のヒント

はわかりきったことで、大事なのは「なぜそういう間違いに到達したのか？」、つまり「前提や流れのどこに間違いがあったのか」ということである。

(2) 試してみよう。

(3) $x=1$ を境に左と右で関数が違う。それぞれの微分を計算してみると？

★【演習問題 3-5】のヒント........ (問題は p55、解答は p207)

(1) $n=1$ で正しいのは $(x)'=1$ から言える。数学的帰納法を使えば一般の n に対して示せる。

(2) $y=\dfrac{1}{x^n}$ を $x^n y=1$ に直し、両辺を x で微分。

★【演習問題 4-2】のヒント........ (問題は p66、解答は p207)

(1) これは代入すればよいだけ。

(2) 二項展開の公式 $(A+B)^n = \sum_{j=0}^{n} {}_nC_j A^j B^{n-j}$ を使う $\left({}_nC_j = \dfrac{n!}{j!(n-j)!}\right)$。

(3) $\left(1+\dfrac{x}{N}\right)^N$ を x で微分する。

★【演習問題 5-2】のヒント........ (問題は p78、解答は p209)

水面の高さが h の時の水の体積を V とする。$\dfrac{dV}{dh}$ は比較的簡単に計算することができる。

(1) $\dfrac{dV}{dh} = \pi \left(\dfrac{R}{H}h\right)^2$

(2) $\dfrac{dV}{dh} = \pi \left(R^2 - (R-h)^2\right)$

(3) $\dfrac{dV}{dh} = \pi \left(\sqrt{h}\right)^2$ である。一方、$\dfrac{dV}{dt} = v$ である。

★【演習問題 5-3】のヒント........ (問題は p78、解答は p209)

$x^{\frac{2}{3}} + y^{\frac{2}{3}} = A$ の両辺の微分は
$$\frac{2}{3}x^{-\frac{1}{3}}dx + \frac{2}{3}y^{-\frac{1}{3}}dy = 0 \quad (\text{C.66})$$
となり、$\dfrac{dy}{dx} = -\dfrac{y^{\frac{1}{3}}}{x^{\frac{1}{3}}}$ となる。接点を $x=x_0, y=y_0$ とすれば接線の方程式は以下の通り。
$$y - y_0 = -\frac{(y_0)^{\frac{1}{3}}}{(x_0)^{\frac{1}{3}}}(x - x_0) \quad (\text{C.67})$$

★【演習問題 5-4】のヒント........ (問題は p78、解答は p209)

底面は一辺 $A-2x$ の正方形になる。高さが x であるとして箱の容積を出し、それを x で微分して 0 になるところを探す。

★【演習問題 5-5】のヒント........ (問題は p78、解答は p209)

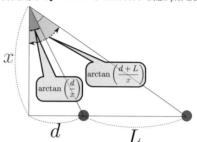

角度は $\arctan\left(\dfrac{d+L}{x}\right) - \arctan\left(\dfrac{d}{x}\right)$ となる。

★【演習問題 5-6】のヒント........ (問題は p78、解答は p210)

x と y の間に $x^2 + y^2 = L^2$ という関係がある。これを微分する。

★【演習問題 5-7】のヒント........ (問題は p78、解答は p210)

半径 r で高さ h の円錐を作ったとすると、体積は $V = \dfrac{1}{3}\pi r^2 h$ であり、必要な紙の面積は
$$S = \pi(h^2 + r^2) \times \frac{r}{\sqrt{h^2 + r^2}} = \pi r \sqrt{h^2 + r^2}$$
。体積を一定にすることから、$h = \dfrac{3V}{\pi r^2}$ とする。

★【演習問題 6-1】のヒント........ (問題は p91、解答は p210)

$\sin x = x - \dfrac{x^3}{3!} + \cdots$ より $x \sin x = x^2 - \dfrac{x^4}{3!} + \cdots$

となることはすぐわかる。$x \sin x$ の微分は、4 階まで計算する必要がある。

★【演習問題 6-3】のヒント........ (問題は p91、解答は p210)

$\dfrac{1}{1-x^{10}}$ を「初項 1、公比 x^{10} の等比数列の和」と考えると、$1 + x^{10} + x^{20} + x^{30} + \cdots$

★【演習問題 6-4】のヒント........ (問題は p91、解答は p210)

n 階微分に関しても二項展開のような式
$$\left(\frac{d}{dx}\right)^n (f(x)g(x)) = \sum_{k=0}^{n} {}_nC_k f^{(n-k)}(x) g^{(k)}(x)$$
が成立する。

★【演習問題 6-5】のヒント... (問題は p91、解答は p211)

$\sin\theta$ の微分は (6.21) のようになるから、
→ p87

$$e^{\Delta\theta \frac{d}{d\theta}} \sin\theta = \sum_{n=0}^{\infty} \frac{1}{n!} \left(\frac{d}{d\theta}\right)^n \sin\theta$$
$$= \sum_{n=0}^{\infty} \frac{1}{(4n)!} \sin\theta \, (\Delta\theta)^{4n} + \sum_{n=0}^{\infty} \frac{1}{(4n+1)!} \cos\theta \, (\Delta\theta)^{4n+1} \quad \text{(C.68)}$$
$$- \sum_{n=0}^{\infty} \frac{1}{(4n+2)!} \sin\theta \, (\Delta\theta)^{4n+2} - \sum_{n=0}^{\infty} \frac{1}{(4n+3)!} \cos\theta \, (\Delta\theta)^{4n+3}$$

となる。

★【演習問題 6-6】のヒント........ (問題は p91、解答は p211)

$$\left(\frac{1}{\sqrt{1+x}}\right)' = -\frac{1}{2(1+x)^{\frac{3}{2}}} \quad \text{(C.69)}$$

$$\left(\frac{1}{\sqrt{1+x}}\right)'' = \frac{3}{4(1+x)^{\frac{5}{2}}} \quad \text{(C.70)}$$

$$\left(\frac{1}{\sqrt{1+x}}\right)''' = -\frac{3\times 5}{8(1+x)^{\frac{7}{2}}} \quad \text{(C.71)}$$

$$\vdots$$

のように微分していくとパターンが読める。

★【演習問題 7-1】のヒント........ (問題は p108、解答は p211)

(1) $\lim_{n\to\infty} \sum_{k=1}^{n} \frac{1}{n} \sqrt{1 - \left(\frac{k}{n}\right)^2}$ として、$\boxed{dx = \frac{1}{n}}$ と置き換える。

(2) 分母分子を n で割ると、$\lim_{n\to\infty} \sum_{k=1}^{n} \frac{\frac{1}{n}}{1+\frac{k}{n}}$ になる。

★【演習問題 7-2】のヒント........ (問題は p108、解答は p211)
「上からの極限」と「下からの極限」が一致しないことを示せばよい。

★【演習問題 8-1】のヒント........ (問題は p125、解答は p211)

$$\left[f'(t)(t-x)\right]_{x_0}^{x} = \underbrace{f'(x)(x-x)}_{0} - f'(x_0)(x_0 - x)$$
$$= f'(x_0)(x - x_0) \quad \text{(C.72)}$$

となり、まずテイラー展開の一階微分の項が出る。次に、$\boxed{(t-x_0) = \frac{d}{dt}\left(\frac{1}{2}(t-x_0)^2\right)}$ を代入する。

★【演習問題 8-2】のヒント........ (問題は p125、解答は p212)
定義により、考えている範囲 $\boxed{x_0 \leq t \leq x}$ において
$\text{Min}(f^{(n)}(t))_{x_0 \leq t \leq x} \leq f^{(n)}(t) \leq \text{Max}(f^{(n)}(t))_{x_0 \leq t \leq x}$
が成り立つ。この両辺に $(x-t)^{n-1}$ を掛けて積分しよう。

★【演習問題 8-3】のヒント........ (問題は p125、解答は p212)
微小部分の長さは
$$\sqrt{dx^2 + dy^2} = dx\sqrt{1 + \left(\frac{dy}{dx}\right)^2} = dx\sqrt{1+4x^2}$$
(C.73)

となるから、これを積分。こういうときの定番は $\boxed{2x = \sinh t}$ と置く。

★【演習問題 8-4】のヒント........ (問題は p125、解答は p212)
微小長さの自乗は
$$dx^2 + dy^2 = (-3d\theta \times a\sin\theta\cos^2\theta)^2$$
$$+ (3d\theta \times a\cos\theta\sin^2\theta)^2 \quad \text{(C.74)}$$

と計算して、$\boxed{\sqrt{dx^2+dy^2} = d\theta \times 3a\sin\theta\cos\theta}$ となる。

★【演習問題 9-3】のヒント........ (問題は p143、解答は p213)
まず両辺を y^6 で割ると、
$$3\frac{x^2}{y^4}\frac{dy}{dx} = \frac{x}{y^3} + \left(\frac{x}{y^3}\right)^2 \quad \text{(C.75)}$$

となる。後は $z = \frac{x}{y^3}$ として書き直す。

★【演習問題 9-4】のヒント........ (問題は p143、解答は p213)
体積 V、表面積 S とすると、$\boxed{\frac{dV}{dt} = -AS}$ という微分方程式が立つ。V, S を半径 r を使って表してみよう。

★【演習問題 9-5】のヒント........ (問題は p143、解答は p213)
変数分離すると $\boxed{\frac{dy}{\sqrt{y}} = dx}$ となり、積分すると、$\boxed{2\sqrt{y} = x+C}$ となる。この解と、$\boxed{y=0}$ という解が「初期条件が同じなのに違う解」になっている。

★【演習問題 9-6】のヒント........ (問題は p143、解答は p213)
まず $\boxed{\frac{d}{dx}y = z}$ と置くことで、$\boxed{y = xz + z^2}$ としたのち、この両辺を x で微分して、
$$z = z + x\frac{d}{dx}z + 2z\frac{d}{dx}z$$
$$0 = x\frac{d}{dx}z + 2z\frac{d}{dx}z \quad \text{(C.76)}$$

となるから、後はこれを解く。

★【演習問題 10-1】のヒント........ (問題は p162、解答は p214)

$\boxed{\left(\frac{d}{dx} - a\right)f(x) = 0}$ の一般解は

$\boxed{f(x) = Ce^{ax}}$、$\boxed{\left(\left(\frac{d}{dx}\right)^2 + a^2\right)f(x) = 0}$ の一般解は $\boxed{f(x) = A\cos ax + B\sin ax}$ である。特解を見つけるには多項式を仮定して代入していくとよい。

★【演習問題 10-2】のヒント ...... (問題は p162、解答は p214)

まず、$f(x) = e^{Bx}g(x)$ と置いて (10.69) に代入して

$$\left(\frac{d}{dx} - A\right)\underbrace{\left(\frac{d}{dx} - B\right)\left(e^{Bx}g(x)\right)}_{e^{Bx}\frac{d}{dx}g(x)} = 0 \quad (C.77)$$

となる。$e^{Bx}\frac{d}{dx}g(x) = e^{Ax}e^{(B-A)x}\frac{d}{dx}g(x)$ と置いて、同様のことを繰り返す。

★【演習問題 10-3】のヒント ...... (問題は p162、解答は p214)

運動方程式は

$$m\left(\frac{d}{dt}\right)^2 x = -K\frac{d}{dt}x - kx + F_0\cos\omega t \quad (C.78)$$

である。とりあえず $x = A\cos\omega t + B\sin\omega t$ と置いてみる。【問い 10-3】の場合と違い、この場合は
$m\left(\frac{d}{dt}\right)^2 x = -kx$ ではないことに注意。

★【演習問題 10-4】のヒント ...... (問題は p162、解答は p215)

$x = e^t$ から $dx = e^t\,dt = x\,dt$。よって、

$$\frac{df}{dx} = \frac{df}{dt}\frac{dt}{dx} = \frac{df}{dt}\frac{1}{x}$$ とする。

二階微分は $\frac{d}{dx}\left(\frac{d}{dx}f(x)\right)$ として計算する。

★【演習問題 10-5】のヒント ...... (問題は p162、解答は p215)

$\frac{d}{dx}g(x) = p(x)g(x)$ に $h(x)$ を掛けたものと、

$\frac{d}{dx}h(x) = p(x)h(x)$ に $g(x)$ を掛けたものの引き算を計算し、その結果である微分方程式を解いて、$g(x) = (定数) \times h(x)$ を示す。

★【演習問題 10-6】のヒント ...... (問題は p162、解答は p215)

$f(x) = a(x)g(x)$ を代入すると、

$$\frac{d}{dx}\left(\frac{d}{dx}(a(x)g(x))\right) + p(x)\frac{d}{dx}(a(x)g(x)) + q(x)f(x) = r(x) \quad (C.79)$$

となるから、この式の中の $g'(x)$ に比例する部分を求めて 0 になるようにする。

★【演習問題 11-1】のヒント ...... (問題は p170、解答は p215)

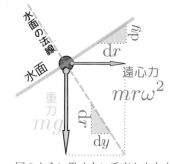

図のように働く力に垂直な方向を考えると、

$\frac{dy}{dr} = \frac{mr\omega^2}{mg} = \frac{\omega^2}{g}r$ が解くべき微分方程式。

★【演習問題 11-2】のヒント ...... (問題は p170、解答は p215)

(1) 二つの比例定数を k, K とすると、この生物の体積の単位時間あたりの変化は、$k \times 4\pi r^2 - K\frac{4\pi r^3}{3}$ と書ける。

(2) 時間微分の項が 0 になる条件を考える。

(3) 微分方程式は整理すると r に関する線形非斉次微分方程式となる。(2) の解が特解になるということを使えばよい。

★【演習問題 11-3】のヒント ...... (問題は p170、解答は p215)

$A(t+\Delta t) - A(t) = I\Delta t - H\Delta t + BA(t)\Delta t - DA(t)\Delta t$

★【演習問題 11-4】のヒント ...... (問題は p170、解答は p215)

まず $\frac{d}{dt}x = V$ と置くと、

$$m\frac{d}{dt}V = -KV^2 \quad (C.80)$$

C.4 章末演習問題の解答

★【演習問題 1-1】の解答 .... (問題は p19、ヒントは p202)

平行移動の結果を整理すると、

$$y = ax^3 + (b - 3ax_0)x^2 \\ + (3a(x_0)^2 - 2bx_0 + c)x \\ + d - a(x_0)^3 + b(x_0)^2 - cx_0 + y_0 \quad (C.81)$$

となる。3 次の係数は変化しないからもちろん消せない。2 次の係数 $b - 3ax_0$ は $x_0 = \frac{b}{3a}$ とすることで常に消せる。1 次の係数 $3a(x_0)^2 - 2bx_0 + c$ は $= 0$ とし

た2次方程式が実数解を持てば消すことができる。

★【演習問題1-2】の解答 .... (問題はp19)

(1) たとえば自乗すると4になる数は2, −2の二つあるので「一つ決まる」を満たしてないから関数ではない。

(2) $\boxed{\arcsin(\sin x) = x}$ は正しくない。

というのは $\boxed{x \to x + 2\pi}$ と置き換えても $\boxed{\sin(x + 2\pi) = \sin x}$ と $\sin$ の値は変わらない。つまり $\boxed{\arcsin(\sin(x + 2\pi)) = x}$ となる場合がある。

★【演習問題1-3】の解答 .... (問題はp19、ヒントはp202)

$\boxed{y = ax + b}$ を平行移動させてみよう。

$\boxed{y - y_0 = a(x - x_0) + b}$ となり、これはまとめ直すと $\boxed{y = ax - ax_0 + y_0 + b}$ である。つまりどちらの平行移動も、b の部分を $-ax_0 + y_0$ だけ変化させる。これからわかることは、x 方向に1平行移動するのと、y 方向に $-a$ 平行移動するのは同じ効果を持つということだ。二つの平行移動が $-a$ 倍という違いはあれど本質的に同じ移動なので、平行移動のパラメータは二つあるように見えて、実は一つしか無いと考えれば、形のパラメータが一個残ることに納得できる。

★【演習問題1-4】の解答 .... (問題はp19)

(1) 図に描いた角度を θ とすれば、

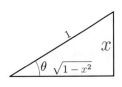

$\sin \theta = x,$
$\cos \theta = \sqrt{1 - x^2},$
$\tan \theta = \dfrac{x}{\sqrt{1 - x^2}}$

である。よって、

$\boxed{\arcsin x = \arccos \sqrt{1 - x^2} = \arctan \dfrac{x}{\sqrt{1 - x^2}}}$

が成立する。ただしこうなるのは $\boxed{0 \leq x \leq 1}$ の範囲のみである。

(2) $\boxed{-1 \leq x < 0}$ でも $\boxed{\theta = \arcsin x}$ が成立するが、この角度 θ は負の角度である。

よって $\arccos \sqrt{1 - x^2}$ と θ は一致せず、$\boxed{\theta = -\arccos \sqrt{1 - x^2}}$ となる。

$\arctan \dfrac{x}{\sqrt{1 - x^2}}$ は負の角度になる。よって、

$\boxed{\arcsin x = -\arccos \sqrt{1 - x^2} = \arctan \dfrac{x}{\sqrt{1 - x^2}}}$

が成り立つ。

★【演習問題2-1】の解答 .... (問題はp30、ヒントはp202)

ヒントより、

$\log_a A + \log_b B = \log_a A + \dfrac{\log_a B}{\log_a b} = \log_a A + \log_a B^{\frac{1}{\log_a b}}$

となるので、$\log_a AB^{\frac{1}{\log_a b}}$ とまとまる。

★【演習問題2-2】の解答 .... (問題はp30、ヒントはp202)

$\boxed{e^y = \log x}$ の両辺を $\exp$ に乗せて、$\boxed{e^{e^y} = x}$。

$\boxed{y = \log(\log x)}$ の逆関数は $\boxed{e^{(e^y)} = x}$。

実数の範囲で考えるなら $\log$ の真数は正でなくてはいけないから、$\boxed{\log x > 0}$ でないといけない。これは $\boxed{x > 1}$ を意味する。よって、$\boxed{y = \log(\log x)}$ の定義域は $\boxed{x > 1}$ であり、値域は実数全体である。逆関数 $\boxed{e^{(e^y)} = x}$ は定義域は実数全体、値域は $\boxed{x > 1}$ となる。

★【演習問題2-3】の解答 .... (問題はp30、ヒントはp202)

ヒントより、$\boxed{\log_a b = \dfrac{\log_c b}{\log_c a}}$ と $\boxed{\log_b a = \dfrac{\log_c a}{\log_c b}}$ から、$\boxed{\log_a b = \dfrac{1}{\log_b a}}$。または、$\boxed{a^x = b}$ から $\boxed{a = b^{\frac{1}{x}}}$

となるので、$\boxed{\log_b a = \dfrac{1}{x}}$ である。

★【演習問題2-4】の解答 .... (問題はp30)

$\boxed{x = 10^7 (1 - 10^{-7})^y}$ の両辺の $\log$ を取ると

$$\begin{aligned}\log x &= \log\left(10^7 (1 - 10^{-7})^y\right) \\ &= 7 \log 10 + y \log\left(1 - 10^{-7}\right)\end{aligned} \quad (C.82)$$

となり、$\boxed{y = \dfrac{\log x - 7 \log 10}{\log(1 - 10^{-7})}}$ であったことがわかる。

つまり、定数を引いて定数で割るという操作をしただけで、ネイピアの関数は $\log x$ と本質的には同じである。

★【演習問題 3-1】の解答......... (問題は p55、ヒントは p202)

(1) $\boxed{f'(0) = \lim_{\Delta x \to 0} \frac{\frac{1}{\Delta x} - \frac{1}{0}}{\Delta x}}$ となり、この極限は $\frac{1}{0}$ となり計算できない。

(2) $\boxed{f'(0) = \lim_{\Delta x \to 0} \frac{\sqrt{\Delta x} - 0}{\Delta x} = \lim_{\Delta x \to 0} \frac{1}{\sqrt{\Delta x}}}$ で、この極限は $\frac{1}{0}$ で定義されていない(あえて書くなら $\infty^{\dagger 1}$)。

(3) $\boxed{f'(0) = \lim_{\Delta x \to 0} \frac{|\Delta x| - |0|}{\Delta x} = \lim_{\Delta x \to 0} \frac{|\Delta x|}{\Delta x}}$ だが、これは $\boxed{\Delta x > 0}$ なら 1、$\boxed{\Delta x < 0}$ なら -1 となる量で、極限は定義されない。

★【演習問題 3-2】の解答............... (問題は p55)

(1) $\boxed{x = 1}$ は左辺は変数、右辺は定数になっている。つまり恒等式ではなく「x が 1 になるというある瞬間にのみ成り立つ式」である。微分とは変数の変化を考えるものだから「ある瞬間のみ成り立つ式」の微分は意味がない計算である。

(2) $\boxed{\alpha = 0}$ の場合は、$\frac{\mathrm{d}}{\mathrm{d}x}(1) = 0$ となって成立。

(3) 微分してみると、$\boxed{f'(x) = \begin{cases} 2x & x \leq 1 \\ 2 & x > 1 \end{cases}}$ となる。これは $\boxed{x=1}$ のところでどちらも同じ値(2)を持つから、微分は不可能ではない。

★【演習問題 3-3】の解答............... (問題は p55)

(1)
$$f'(x) = (x+a)'(x+b) + (x+a)(x+b)'$$
$$= (x+b) + (x+a) = 2x + a + b \tag{C.83}$$

(2)
$$f'(x) = \left(x^2 + (a+b)x + ab\right)' = 2x + a + b \tag{C.84}$$

となって一致する。

★【演習問題 3-4】の解答............... (問題は p55)

(1)
$$f'(x) = \frac{(ax+b)'}{cx+d} + (ax+b) \times \left(\frac{1}{cx+d}\right)'$$
$$= \frac{a}{cx+d} - (ax+b)\left(\frac{c}{(cx+d)^2}\right)$$
$$= \frac{a(cx+d) - c(ax+b)}{(cx+d)^2} = \frac{ad-bc}{(cx+d)^2} \tag{C.85}$$

(2)
$$f'(x) = \left(\frac{a}{c} + \frac{b - \frac{ad}{c}}{cx+d}\right)'$$
$$= \frac{\left(b - \frac{ad}{c}\right) \times (-c)}{(cx+d)^2} = \frac{ad-bc}{(cx+d)^2} \tag{C.86}$$

となって一致する。

★【演習問題 3-5】の解答......... (問題は p55、ヒントは p203)

(1) ある自然数 k に対し $\boxed{(x^k)' = kx^{k-1}}$ が成り立つとして $\boxed{(x^{k+1})' = (x^k \times x)'}$ にライプニッツ則を使うと、

$$\overbrace{(x^k)'x + x^k(x)'}^{(x^{k+1})'} = kx^{k-1}x + x^k = (k+1)x^k$$

となり、自然数 $k+1$ に対しても成り立つ。$\boxed{n=1}$ で成り立つことは確認しているから、全ての自然数でこの式は成立する。

(2) $\boxed{x^n y = 1}$ の両辺を x で微分すると、

$$nx^{n-1}y + x^n y' = 0$$

で、これを整理すると $\boxed{y' = -n\frac{y}{x} = -n\frac{1}{x^{n+1}}}$ となる。

★【演習問題 4-1】の解答............... (問題は p66)

(1) $\boxed{\cos\theta \sec\theta = 1}$ の両辺を微分し、

$$\overbrace{-\sin\theta}^{(\cos\theta)'} \sec\theta + \cos\theta(\sec\theta)' = 0$$

これから $\boxed{(\sec\theta)' = \frac{\sin\theta \sec\theta}{\cos\theta} = \frac{\sin\theta}{\cos^2\theta}}$。

(2) $\boxed{1 + \tan^2\theta = \frac{1}{\cos^2\theta}}$ の両辺を微分し、

$$2\tan\theta(\tan\theta)' = -2\frac{(\cos\theta)'}{\cos^3\theta} = 2\frac{\sin\theta}{\cos^3\theta}$$

整理して $\boxed{(\tan\theta)' = \frac{1}{\cos^2\theta}}$ を得る。

★【演習問題 4-2】の解答......... (問題は p66、ヒントは p203)

(1) $\left(1 + \frac{a}{N}\right)$ に $\boxed{a = 0}$ を代入すると 1 だから、これを N 個掛けても 1。

---

†1 $\sqrt{x}$ は $\boxed{x \geq 0}$ でしか定義されていない関数なので、$\frac{1}{\sqrt{\Delta x}}$ は正で、いくらでも大きくなる量である。

(2) $\boxed{\mathrm{e}^x = \lim_{N\to\infty}\left(1+\dfrac{x}{N}\right)^N}$ を使うと、

$$\mathrm{e}^x\mathrm{e}^y = \lim_{N\to\infty}\left(1+\dfrac{x}{N}\right)^N \lim_{M\to\infty}\left(1+\dfrac{y}{M}\right)^M$$

となる。ヒントに書いた二項展開を使うと、

$$\boxed{\left(1+\dfrac{x}{N}\right)^N = \sum_{j=0}^{N} {}_NC_j\left(\dfrac{x}{N}\right)^j}$$ と展開できる

が、ここに現れる ${}_NC_j\left(\dfrac{x}{N}\right)^j$ は

$$\begin{aligned}
{}_NC_j\left(\dfrac{x}{N}\right)^j &= \dfrac{N!}{(N-j)!j!}\left(\dfrac{x}{N}\right)^j \\
&= \dfrac{\overbrace{N(N-1)(N-2)\cdots(N-j+1)}^{j\text{ 個ある}}}{j!}\left(\dfrac{x}{N}\right)^j \\
&= \dfrac{\left(1-\dfrac{1}{N}\right)\left(1-\dfrac{2}{N}\right)\cdots\left(1-\dfrac{j-1}{N}\right)}{j!}x^j
\end{aligned}$$

と書き直した後、$\boxed{N\to\infty}$ を考えれば、$\dfrac{1}{j!}x^j$ となる。よって、

$$\mathrm{e}^x\mathrm{e}^y = \sum_{j=0}^{\infty}\dfrac{1}{j!}x^j \sum_{k=0}^{\infty}\dfrac{1}{k!}y^k$$

となる。ここで和の取り方を変える。$n = j+k$ という新しい量を定義すると、k を 0 から n まで足し上げ、次に n を 0 から ∞ まで足し上げれば $\left(\sum_{n=0}^{\infty}\sum_{k=0}^{n}\right)$、上の和 $\left(\sum_{j=0}^{\infty}\sum_{k=0}^{\infty}\right)$ と同じになる。

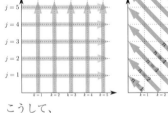

こうして、

$$\mathrm{e}^x\mathrm{e}^y = \sum_{n=0}^{\infty}\sum_{k=0}^{n}\dfrac{1}{(n-k)!k!}x^{n-k}y^k$$

と書き直して、再び二項展開の式から

$$\boxed{(x+y)^n = \sum_{k=0}^{n}{}_nC_k x^k y^{n-k}}$$ となることを使え

ば、

$$\mathrm{e}^x\mathrm{e}^y = \sum_{n=0}^{\infty}\dfrac{1}{n!}(x+y)^n$$

とまとめられる。これはつまり、e^{x+y} である。

 途中で出てきた $\mathrm{e}^x = \sum_{j=0}^{\infty}\dfrac{1}{j!}x^j$ もまた、指数関数の表現の一つであり、(4.29)と一致する。後で出てくるテイラー展開の式(6.17)そのものである。
→ p63
→ p86

 $\dfrac{x}{N} = \dfrac{y}{M}$ になるように調整しつつ、二つの極限をいっきに取る、という方法もある。すなわち、$N = xP, M = yP$ と書き換えて、

$$\begin{aligned}
\mathrm{e}^x\mathrm{e}^y &= \lim_{P\to\infty}\left(1+\dfrac{1}{P}\right)^{xP}\left(1+\dfrac{1}{P}\right)^{yP} \\
&= \lim_{P\to\infty}\left(1+\dfrac{1}{P}\right)^{(x+y)P}
\end{aligned}$$

とする。ただしこの方法は x と y の符号が一致しないと使えないので、厳密には場合分けが必要になる。

(3) $\boxed{\dfrac{\mathrm{d}}{\mathrm{d}x}\left(1+\dfrac{x}{N}\right)^N = N\times\dfrac{1}{N}\left(1+\dfrac{x}{N}\right)^{N-1}}$ となり、結果は $\left(1+\dfrac{x}{N}\right)^{N-1}$ である。つまり元の関数の $\left(1+\dfrac{x}{N}\right)^{-1}$ 倍になったが、$\boxed{N\to\infty}$ と考えると、これは1倍になるということで、元に戻る。すなわち、$\boxed{\dfrac{\mathrm{d}}{\mathrm{d}x}\mathrm{e}^x = \mathrm{e}^x}$。

★【演習問題4-3】の解答 .... (問題は p66)
微分を実行すると、

$$\underbrace{2\cos 2\theta}_{(\sin 2\theta)'} = \underbrace{-2\sin^2\theta + 2\cos^2\theta}_{(2\cos\theta\sin\theta)'} \tag{C.87}$$

$$\underbrace{-2\sin 2\theta}_{(\cos 2\theta)'} = \underbrace{-2\cos\theta\sin\theta - 2\cos\theta\sin\theta}_{(\cos^2\theta-\sin^2\theta)'} \tag{C.88}$$

となる。これらはそれぞれ $\boxed{\cos 2\theta = \cos^2\theta - \sin^2\theta}$ と $\boxed{\sin 2\theta = 2\cos\theta\sin\theta}$ となるから、成立している。

★【演習問題4-4】の解答 .... (問題は p66)

(1) $\boxed{\theta = \dfrac{x}{\sqrt{1-x^2}}}$ として、$\boxed{y = \arctan\theta}$ とする。

$$\underbrace{\underbrace{\frac{1}{\theta^2+1}}_{\frac{\mathrm{d}y}{\mathrm{d}\theta}} \times \underbrace{\left(\frac{1}{\sqrt{1-x^2}} + \frac{1}{2} \times \frac{2x^2}{(1-x^2)^{\frac{3}{2}}}\right)}_{\frac{\mathrm{d}\theta}{\mathrm{d}x}}}_{\frac{\mathrm{d}y}{\mathrm{d}x}}$$

$$= \frac{1}{\left(\frac{x}{\sqrt{1-x^2}}\right)^2+1} \times \left(\frac{1-x^2}{(1-x^2)^{\frac{3}{2}}} + \frac{x^2}{(1-x^2)^{\frac{3}{2}}}\right)$$

$$= \frac{1-x^2}{x^2+1-x^2} \times \frac{1}{(1-x^2)^{\frac{3}{2}}} = \frac{1}{\sqrt{1-x^2}}$$
(C.89)

(2)
$$\tan y = \frac{x}{\sqrt{1-x^2}} \quad \text{(微分)}$$

$$\frac{\mathrm{d}y}{\cos^2 y} = \left(\frac{1}{\sqrt{1-x^2}} + \frac{2x^2}{2(1-x^2)^{\frac{3}{2}}}\right)\mathrm{d}x$$

$$(1+\underbrace{\tan^2 y}_{\frac{x^2}{1-x^2}})\,\mathrm{d}y = \left(\frac{1-x^2}{(1-x^2)^{\frac{3}{2}}} + \frac{x^2}{(1-x^2)^{\frac{3}{2}}}\right)\mathrm{d}x$$

$$\frac{1}{1-x^2}\,\mathrm{d}y = \left(\frac{1}{(1-x^2)^{\frac{3}{2}}}\right)\mathrm{d}x$$

$$\frac{\mathrm{d}y}{\mathrm{d}x} = \frac{1}{\sqrt{1-x^2}}$$
(C.90)

(3) 図で表現すると となる。つまり、$\boxed{x = \sin y}$ だから、$\boxed{\mathrm{d}x = \cos y\,\mathrm{d}y}$ となり、$\boxed{\dfrac{\mathrm{d}y}{\mathrm{d}x} = \dfrac{1}{\cos y} = \dfrac{1}{\sqrt{1-\sin^2 y}} = \dfrac{1}{\sqrt{1-x^2}}}$ となる。

★【演習問題 5-1】の解答 .... (問題は p78)

$$\begin{aligned}(f(x)g(x))'' &= (f'(x)g(x) + f(x)g'(x))' \\ &= f''(x)g(x) + f'(x)g'(x) \\ &\quad + f'(x)g'(x) + f(x)g''(x) \\ &= f''(x)g(x) + 2f'(x)g'(x) + f(x)g''(x)\end{aligned}$$
(C.91)

★【演習問題 5-2】の解答 .... (問題は p78、ヒントは p203)

$\boxed{\dfrac{\mathrm{d}V}{\mathrm{d}h}\dfrac{\mathrm{d}h}{\mathrm{d}t} = \dfrac{\mathrm{d}V}{\mathrm{d}t} = v}$ から $\boxed{\dfrac{\mathrm{d}h}{\mathrm{d}t} = \dfrac{v}{\dfrac{\mathrm{d}V}{\mathrm{d}h}}}$ にヒントの結果を代入して、

(1) $\dfrac{\mathrm{d}h}{\mathrm{d}t} = \dfrac{vH^2}{\pi R^2 h^2}$

(2) $\dfrac{\mathrm{d}h}{\mathrm{d}t} = \dfrac{v}{\pi\left(R^2 - (R-h)^2\right)}$

(3) $\dfrac{\mathrm{d}h}{\mathrm{d}t} = \dfrac{v}{\pi h}$

⚠ (3) の答えの $\dfrac{\mathrm{d}h}{\mathrm{d}t} = \dfrac{v}{\pi h}$ を見て「次元が合わない」と心配する人がいるかもしれないが、それはこの式を出す時に $y = x^2$ という次元の合わない式を使っているからで、こういう場合は次元解析をすることをあきらめるか、式をとりあえず $ay = x^2$（a は長さの次元を持つ定数）と変えて次元が合うようにしてから計算し最後になって $a = 1$ とする。

★【演習問題 5-3】の解答 .... (問題は p78、ヒントは p203)

ヒントの接線の方程式(C.67)から、x 切片は
→ p203

$$\frac{(x_0)^{\frac{1}{3}}}{(y_0)^{\frac{1}{3}}}y_0 + x_0 = (x_0)^{\frac{1}{3}}(y_0)^{\frac{2}{3}} + x_0 = (x_0)^{\frac{1}{3}}\underbrace{\left((y_0)^{\frac{2}{3}} + (x_0)^{\frac{2}{3}}\right)}_{A}$$
(C.92)

となり、y 切片は同様に $(y_0)^{\frac{1}{3}}A$ となるから 2 点間の距離の自乗を計算すると、

$$\left((x_0)^{\frac{1}{3}}A\right)^2 + \left((y_0)^{\frac{1}{3}}A\right)^2 = A^2\left((x_0)^{\frac{2}{3}} + (y_0)^{\frac{2}{3}}\right) = A^3$$
(C.93)

となって一定となる。

★【演習問題 5-4】の解答 .... (問題は p78、ヒントは p203)

この箱の容積は $V = x(A - 2x)^2$ である。微分すると、$\dfrac{\mathrm{d}V}{\mathrm{d}x} = (A-2x)^2 + 2x(A-2x) \times (-2) = (A-2x)(A-2x-4x) = (A-2x)(A-6x)$ となる。V の微分が 0 になるのは $x = \dfrac{A}{2}$ と $\dfrac{A}{6}$ である。$x = \dfrac{A}{2}$ では体積が 0 になってしまうから、最大値になるのは $x = \dfrac{A}{6}$ である。

★【演習問題 5-5】の解答 .... (問題は p78、ヒントは p203)

ヒントにある角度を x で微分する。

$$\frac{\mathrm{d}}{\mathrm{d}x}\left(\arctan\left(\frac{d+L}{x}\right) - \arctan\left(\frac{d}{x}\right)\right)$$
$$= \frac{1}{1+\left(\frac{d+L}{x}\right)^2} \times \left(-\frac{d+L}{x^2}\right) - \frac{1}{1+\left(\frac{d}{x}\right)^2} \times \left(-\frac{d}{x^2}\right)$$
(C.94)

これを整理すると、

$$\frac{L(-x^2 + d^2 + dL)}{x^4\left(1+\left(\frac{d+L}{x}\right)^2\right)\left(1+\left(\frac{d}{x}\right)^2\right)}$$
(C.95)

となるから、極大もしくは極小となるのは $x^2 = d^2 + dL$ になるとき。x は正だから、$x = \sqrt{d^2 + dL}$ を考える。微分 (C.95) は $x < \sqrt{d^2+dL}$ では正、$x > \sqrt{d^2+dL}$ では負だから、$x = \sqrt{d^2+dL}$ のとき最大値となる。

★ 【演習問題 5-6】の解答 .... (問題は p78、ヒントは p203)

$\boxed{2x\dfrac{dx}{dt} + 2y\dfrac{dy}{dt} = 0}$ という式が出るから、

$\boxed{v_y = -\dfrac{x}{y}\dfrac{dx}{dt} = -\dfrac{x}{\sqrt{L^2-x^2}}v_x}$ という式が出る。

これを見ると、$\boxed{x=L}$ のとき v_y が $-\infty$ になってしまい、その状況は起こり得ない。つまり、一定の速度 v_x で下端を動かすことはできない。

★ 【演習問題 5-7】の解答 .... (問題は p78、ヒントは p203)

ヒントより $\boxed{S = \pi r\sqrt{\dfrac{9V^2}{\pi^2 r^4} + r^2}}$ となるので、これを r で微分して 0 とおいて、

$$\pi\sqrt{\frac{9V^2}{\pi^2 r^4} + r^2} + \pi r \frac{\frac{-36V^2}{\pi^2 r^5} + 2r}{2\sqrt{\frac{9V^2}{\pi^2 r^4} + r^2}} = 0$$

$$\left(\frac{9V^2}{\pi^2 r^4} + r^2\right) + \frac{r}{2}\left(\frac{-36V^2}{\pi^2 r^5} + 2r\right) = 0$$

$$\frac{9V^2}{\pi^2 r^4} + r^2 + \frac{-18V^2}{\pi^2 r^4} + r^2 = 0$$

$$\frac{-9V^2}{\pi^2 r^4} + 2r^2 = 0$$

$$9V^2 = 2\pi^2 r^6 \tag{C.96}$$

以上より、$\boxed{\dfrac{dS}{dr} = 0}$ になるのは、$\boxed{V = \dfrac{\sqrt{2}\pi r^3}{3}}$ のとき、すなわち $\boxed{r = \left(\dfrac{3V}{\sqrt{2}\pi}\right)^{\frac{1}{3}}}$ のときである。

★ 【演習問題 6-1】の解答 .... (問題は p91、ヒントは p203)

$$\frac{d}{dx}(x\sin x) = \sin x + x\cos x,$$

$$\left(\frac{d}{dx}\right)^2 (x\sin x) = \cos x + \cos x - x\sin x$$
$$= 2\cos x - x\sin x$$

$$\left(\frac{d}{dx}\right)^3 (x\sin x) = -2\sin x - \sin x - x\cos x$$
$$= -3\sin x - x\cos x,$$

$$\left(\frac{d}{dx}\right)^4 (x\sin x) = -3\cos x - \cos x + x\sin x$$
$$= -4\cos x + x\sin x \tag{C.97}$$

となるから、$\boxed{x=0}$ での値は上から順に $0, 2, 0, -4$ である。テイラー展開の式に代入すると、

$$x\sin x = \frac{1}{2!} \times 2 \times x^2 + \frac{1}{4!}\times(-4)\times x^4 + \cdots$$
$$= x^2 - \frac{x^4}{3!} + \cdots \tag{C.98}$$

となって、x^4 のオーダーまでは等しい。

★ 【演習問題 6-2】の解答 .... (問題は p91)

(1) $e^{2x} = \displaystyle\sum_{n=0}^{\infty} \dfrac{1}{n!}(2x)^n$

(2) $e^{-x} = \displaystyle\sum_{n=0}^{\infty} \dfrac{1}{n!}(-x)^n$

(3) $(e^x)^2$ を 3 次のオーダーまで計算する。
$\left(1 + x + \dfrac{x^2}{2} + \dfrac{x^3}{6} + \cdots\right) \times \left(1 + x + \dfrac{x^2}{2} + \dfrac{x^3}{6} + \cdots\right)$
の中にある $\mathcal{O}(1)$ は 1。

次に $\mathcal{O}(x)$ は、$1\times x$ が二つで $2x$。$\mathcal{O}(x^2)$ は $1\times\dfrac{x^2}{2}$ が二つと $x\times x$ が一つで、合わせて $\boxed{2x^2 = \dfrac{(2x)^2}{2}}$。

最後に $\mathcal{O}(x^3)$ は、$x\times\dfrac{x^2}{2}$ が二つで x^3 と、$1\times\dfrac{x^3}{6}$ が二つで $\dfrac{x^3}{3}$ で、合わせて $\boxed{\dfrac{4x^3}{3} = \dfrac{(2x)^3}{6}}$ となり、e^{2x} のテイラー展開に一致する。

(4) $\left(1 + x + \dfrac{x^2}{2} + \dfrac{x^3}{6} + \cdots\right) \times \left(1 - x + \dfrac{x^2}{2} - \dfrac{x^3}{6} + \cdots\right)$
を計算する。$\mathcal{O}(1)$ は 1。$\mathcal{O}(x)$ は x と $-x$ で 0。$\mathcal{O}(x^2)$ は $\dfrac{x^2}{2}\times 1$ が二つで x^2 と、$\boxed{x\times(-x) = -x^2}$ で、足して 0。最後に $\mathcal{O}(x^3)$ は、$x\times\dfrac{x^2}{2}$ と $\dfrac{x^2}{2}\times(-x)$ が消しあい、$\dfrac{x^3}{6}\times 1$ と $1\times\left(-\dfrac{x^3}{6}\right)$ が消し合う。ここまでで、1 しか残らない。

★ 【演習問題 6-3】の解答 .... (問題は p91、ヒントは p203)

ヒントの式より、$\dfrac{1}{1-x^{10}}$ は定数の次は x^{10} のオーダーだから、五階微分してもまだ x^5 のオーダーであり、$\boxed{x=0}$ を代入すると 0 になる。

★ 【演習問題 6-4】の解答 .... (問題は p91、ヒントは p203)

$$\sum_{n=0}^{\infty} \frac{1}{n!}\left(\left(\frac{d}{dx}\right)^n (f(x)g(x))\right)\bigg|_{x=0} x^n$$
$$= \sum_{n=0}^{\infty} \frac{1}{n!}\left(\sum_{k=0}^{n} \overbrace{{}_nC_k}^{\frac{n!}{k!(n-k)!}} f^{(n-k)}(0)g^{(k)}(0)\right) x^n$$
$$= \sum_{n=0}^{\infty}\sum_{k=0}^{n} \frac{1}{(n-k)!}f^{(n-k)}(0)x^{n-k} \times \frac{1}{k!}g^{(k)}(0)x^k$$

この和 $\left(\displaystyle\sum_{n=0}^{\infty}\sum_{k=0}^{n}\right)$ は、【演習問題 4-2】の答えで行った
$\quad\quad\quad\quad\to\text{p66}\quad\quad\quad\quad\to\text{p207}$
のと同様の置き換えにより、

$$\sum_{j=0}^{\infty} \frac{1}{j!}f^{(j)}(0)x^j \times \sum_{k=0}^{\infty}\frac{1}{k!}g^{(k)}(0)x^k$$

と置き換えられるから、二つの式は一致する。

C.4 章末演習問題の解答

★【演習問題6-5】の解答 .... (問題は p91、ヒントは p203)

ヒントの式から、$e^{\Delta\theta \frac{d}{d\theta}} \sin\theta$ が

$$\underbrace{\left(\sum_{n=0}^{\infty} \frac{1}{(4n)!}(\Delta\theta)^{4n} - \sum_{n=0}^{\infty} \frac{1}{(4n+2)!}(\Delta\theta)^{4n+2}\right)}_{\cos\Delta\theta}\sin\theta + \underbrace{\left(\sum_{n=0}^{\infty} \frac{1}{(4n+1)!}(\Delta\theta)^{4n+1} - \sum_{n=0}^{\infty} \frac{1}{(4n+3)!}(\Delta\theta)^{4n+3}\right)}_{\sin\Delta\theta}\cos\theta \quad (C.99)$$

となる。これから、$\sin(\theta+\Delta\theta) = \cos\Delta\theta\sin\theta + \sin\Delta\theta\cos\theta$ が示せた。$\cos$ の加法定理も同様。

★【演習問題6-6】の解答 .... (問題は p91、ヒントは p204)

ヒントより、一般式が

$$\left(\frac{1}{\sqrt{1+x}}\right)^{(n)} = (-1)^n \frac{(2n-1)!!}{2^n(1+x)^{\frac{1}{2}+n}} \quad (C.100)$$

とわかる（記号!!の意味は(8.14)を見よ）ので、
→ p112

$$\frac{1}{\sqrt{1+x}} = \sum_{n=0}^{\infty} \frac{(-1)^n}{n!}\frac{(2n-1)!!}{2^n}x^n \quad (C.101)$$

★【演習問題7-1】の解答 .... (問題は p108、ヒントは p204)

(1) $\boxed{x = \frac{k}{n}}$, $\boxed{dx = \frac{1}{n}}$ という置き換えを行なって、$\boxed{n \to \infty}$ という極限が $\boxed{dx \to 0}$ の極限と同じと考えると、$\int_0^1 dx\sqrt{1-x^2}$。

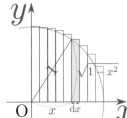

$y = \sqrt{1-x^2}$ という関数の積分と考えると、これは図の $\frac{1}{4}$ 円の面積と同じものになる。答えは $\frac{\pi}{4}$。

(2) $\boxed{x = \frac{k}{n}}$, $\boxed{dx = \frac{1}{n}}$ と置き換えることで、$\int_0^1 \frac{1}{1+x}dx$ という積分になる。この被積分関数は原始関数が $\log(1+x)$ であることがすぐわかるから、$[\log(1+x)]_0^1 = \log 2$ が答え。

★【演習問題7-2】の解答 .... (問題は p108、ヒントは p204)

積分するためにまず微小な区間 Δx を取ったとする。どんな微小な範囲の中にも有理数と無理数は両方存在するので、その区間内で(1.16)の関数の最大値は1、最
→ p19
小値は0である。結果として最大値を使って微小区間の面積を計算すると Δx、最小値を使って微小区間の面積を計算すると0である。有限区間 $a<x<b$ で考えれば、上からの極限 $\sum \Delta x$ は有限の値 $b-a$ となり、下からの極限は0となり、二つの極限が一致しない。すなわちこの関数は積分できない。

★【演習問題7-3】の解答 .... (問題は p108)

一個の三角形の面積は、$\frac{1}{2}\left(\frac{x_0}{N}\right)^2$。これが N 個あるから、総和は

$$\frac{1}{2}\left(\frac{x_0}{N}\right)^2 \times N = \frac{(x_0)^2}{2N}$$

であり、これは $N \to \infty$ で0に収束する量。

★【演習問題8-1】の解答 .... (問題は p125、ヒントは p204)

ヒントの続き。

$$\begin{aligned}
f(x) &= f(x_0) + f'(x_0)(x-x_0) - \frac{1}{2}\int_{x_0}^x f''(t)\frac{d}{dt}\left((t-x)^2\right)dt \\
&= f(x_0) + f'(x_0)(x-x_0) - \left[\frac{1}{2}f''(t)(t-x)^2\right]_{x_0}^x + \frac{1}{2}\int_{x_0}^x f'''(t)(t-x)^2 dt \\
&= f(x_0) + f'(x_0)(x-x_0) + \frac{1}{2}f''(x_0)(x-x_0)^2 + \frac{1}{2}\int_{x_0}^x f'''(t)(t-x)^2 dt
\end{aligned} \quad (C.102)$$

以下繰り返していけば、$\frac{1}{2\times 3}f'''(x_0)(x-x_0)^3$, $\frac{1}{2\times 3\times 4}f''''(x_0)(x-x_0)^4$, … が次々に出てくる。最後に残る、積分が終わってない項は

$$-\int_{x_0}^x f^{(2)}(x_0)(t-x)dt, \quad \frac{1}{2}\int_{x_0}^x f^{(3)}(x_0)(t-x)^2 dt, \quad -\frac{1}{3\times 2}\int_{x_0}^x f^{(4)}(x_0)(t-x)^3 dt, \cdots \quad (C.103)$$

と続くので、まとめると

$$(-1)^{n-1}\frac{1}{(n-1)!}\int_{x_0}^x f^{(n)}(t)(t-x)^{n-1}dt = \frac{1}{(n-1)!}\int_{x_0}^x f^{(n)}(t)(x-t)^{n-1}dt \quad (C.104)$$

となる。これが余剰項。

★ 【演習問題 8-2】の解答 .... (問題は p125、ヒントは p204)

ヒントにあるように、$x_0 \leq t \leq x$ において $\text{Min}(f^{(n)}(t))_{x_0 \leq t \leq x} \leq f^{(n)}(t) \leq \text{Max}(f^{(n)}(t))_{x_0 \leq t \leq x}$ が成り立つ。
$\text{Min}(f^{(n)}(t))_{x_0 \leq t \leq x} = F_1, \text{Max}(f^{(n)}(t))_{x_0 \leq t \leq x} = F_2$ (F_1, F_2 は定数) と置くことにする。

$x_0 \leq t \leq x$ の範囲では $x - t \geq 0$ であるから、$F_1 \leq f^{(n)}(t) \leq F_2$ の全てに $(x-t)^{n-1}$ を掛けても不等号は変化しないから、

$$F_1(x-t)^{n-1} \leq f^{(n)}(t)(x-t)^{n-1} \leq F_2(x-t)^{n-1} \tag{C.105}$$

が言えて、さらにこれを同じ範囲で積分 $\left(\int_{x_0}^x \mathrm{d}t\right)$ すると、

$$\begin{aligned}
\int_{x_0}^x \mathrm{d}t\, F_1(x-t)^{n-1} &\leq \int_{x_0}^x \mathrm{d}t\, f^{(n)}(t)(x-t)^{n-1} \leq \int_{x_0}^x \mathrm{d}t\, F_2(x-t)^{n-1} \\
F_1 \left[-\frac{(x-t)^n}{n}\right]_{x_0}^x &\leq \int_{x_0}^x \mathrm{d}t\, f^{(n)}(t)(x-t)^{n-1} \leq F_2 \left[-\frac{(x-t)^n}{n}\right]_{x_0}^x \\
F_1 \frac{(x-x_0)^n}{n} &\leq \int_{x_0}^x \mathrm{d}t\, f^{(n)}(t)(x-t)^{n-1} \leq F_2 \frac{(x-x_0)^n}{n}
\end{aligned} \tag{C.106}$$

となる。これから以下が言える。

$$\text{Min}(f^{(n)}(t))_{x_0 \leq t \leq x} \frac{(x-x_0)^n}{n!} \leq \frac{1}{(n-1)!}\int_{x_0}^x \mathrm{d}t\, f^{(n)}(t)(x-t)^{n-1} \leq \text{Max}(f^{(n)}(t))_{x_0 \leq t \leq x} \frac{(x-x_0)^n}{n!} \tag{C.107}$$

★ 【演習問題 8-3】の解答 .... (問題は p125、ヒントは p204)

ヒントより、計算すべき積分は $\boxed{\int_0^L \mathrm{d}x\, \sqrt{1+4x^2}}$
だから、$\boxed{x = \frac{1}{2}\sinh t}$ と置いて ($\boxed{\mathrm{d}x = \mathrm{d}t\, \frac{1}{2}\cosh t}$ になる)、

$$\begin{aligned}
\int_0^L \mathrm{d}x\, \sqrt{1+4x^2} &= \int_0^{t_1} \mathrm{d}t\, \frac{1}{2}\cosh t \sqrt{1+\sinh^2 t} \\
&= \frac{1}{2}\int_0^{t_1} \mathrm{d}t\, \cosh^2 t
\end{aligned} \tag{C.108}$$

である。ただし、$\boxed{L = \frac{1}{2}\sinh t_1}$。

ここで、$\boxed{\cosh^2 t = \frac{\cosh 2t + 1}{2}}$ を使って積分を続けると、

$$\begin{aligned}
&= \frac{1}{4}\left[\frac{1}{2}\sinh 2t + t\right]_0^{t_1} = \frac{1}{4}\left(\frac{1}{2}\sinh 2t_1 + t_1\right) \\
&= \frac{1}{4}\cosh t_1 \sinh t_1 + \frac{1}{4}t_1
\end{aligned} \tag{C.109}$$

となる。後は $\boxed{\sinh t_1 = 2L}$、$\boxed{\cosh t_1 = \sqrt{1+(2L)^2}}$、$\boxed{t_1 = \operatorname{arcsinh}(2L)}$ を代入して、

$\boxed{\dfrac{1}{2}L\sqrt{1+4L^2} + \dfrac{1}{4}\operatorname{arcsinh}(2L)}$ という答えが出る (arcsinh は sinh の逆関数)。

★ 【演習問題 8-4】の解答 .... (問題は p125、ヒントは p204)

$$\begin{aligned}
\int_0^{\frac{\pi}{2}} \mathrm{d}\theta\, 3a\sin\theta\cos\theta &= \frac{3a}{2}\int_0^{\frac{\pi}{2}} \mathrm{d}\theta\, \sin 2\theta \\
&= \frac{3a}{2}\left[\frac{-\cos 2\theta}{2}\right]_0^{\frac{\pi}{2}} \\
&= \frac{3a}{4}(1-(-1)) = \frac{3a}{2}
\end{aligned} \tag{C.110}$$

★ 【演習問題 8-5】の解答 .... (問題は p125)

(1) (C.101) の x を $-x^2$ に置き換えて、
→ p211

$$\frac{1}{\sqrt{1-x^2}} = \sum_{n=0}^{\infty} \frac{1}{n!}\frac{(2n-1)!!}{2^n}x^{2n} \tag{C.111}$$

(2) (C.111) の両辺を積分する。

$$\arcsin x + C = \sum_{n=0}^{\infty} \frac{1}{n!}\frac{(2n-1)!!}{2^n(2n+1)}x^{2n+1} \tag{C.112}$$

ここで、$\boxed{x=0}$ のとき $\boxed{\arcsin x = 0}$ から積分定数 C は 0 である。

よって、$\boxed{\arcsin x = \sum_{n=0}^{\infty} \frac{1}{n!}\frac{(2n-1)!!}{2^n(2n+1)}x^{2n+1}}$。

★ 【演習問題 9-1】の解答 .... (問題は p143)

(1) $\boxed{f(x+y)=f(x)f(y)}$ に $\boxed{y=0}$ を代入すると、$\boxed{f(x)=f(x)f(0)}$ となり、$f(x)$ がいたるところで 0 でない限り、$\boxed{f(0)=1}$ である。

(2) まず、$\boxed{f(x+y)=f(x)f(y)}$ を y で微分する。結果 $\boxed{f'(x+y)=f(x)f'(y)}$ に $\boxed{y=0}$ を代入すると $\boxed{f'(x)=f(x)f'(0)}$ となる。

(3) $f'(x) = af(x)$ から $\dfrac{f'(x)}{f(x)} = a$ で両辺を積分して、$\log f(x) = ax + C$、ゆえに $f(x) = e^{ax+C}$。しかし、$f(0) = 1$ でなくてはいけないから、$f(x) = e^{ax}$ となる。

★【演習問題9-2】の解答................. (問題は p143)

まず、$y = 1$ を代入することで $f(1) = 0$ であることがわかる。いったん y で微分して $xf'(xy) = f'(y)$ となり、これに $y = 1$ を代入すると $xf'(x) = f'(1)$ がわかる。

$f'(1) = a$ と置いて $f'(x) = \dfrac{a}{x}$ だからこれを積分して $f(x) = a \log x + C$。しかし、$f(1) = 0$ でなくてはいけないから、$f(x) = a \log x$ である。

★【演習問題9-3】の解答......... (問題は p143、ヒントは p204)

ヒントより、$z = \dfrac{x}{y^3}$ から $dz = \dfrac{dx}{y^3} - 3\dfrac{x}{y^4}dy$ となるのでこれから、
$$dy = \dfrac{y^4}{3x}\left(\dfrac{dx}{y^3} - dz\right) \tag{C.113}$$
となるのでこれを代入すると、
$$x\left(\dfrac{1}{y^3} - \dfrac{dz}{dx}\right) = \dfrac{x}{y^3} + \left(\dfrac{x}{y^3}\right)^2$$
$$-x\dfrac{dz}{dx} = z^2$$
$$\dfrac{dz}{z^2} = -\dfrac{dx}{x} \tag{C.114}$$
$$-\dfrac{1}{z} = -\log x + C$$
$$z = \dfrac{1}{\log x - C}$$

$z = \dfrac{x}{y^3}$ なので整理して、$y = (x(\log x - C))^{\frac{1}{3}}$ が解。

★【演習問題9-4】の解答......... (問題は p143、ヒントは p204)

ヒントで出した微分方程式 $\dfrac{dV}{dt} = -AS$ に $V = \dfrac{4\pi}{3}r^3, S = 4\pi r^2$ を代入する。ただしこの r はもちろん時間の関数である。
$$\dfrac{d\left(\frac{4\pi}{3}r^3\right)}{dt} = -A \times 4\pi r^2$$
$$r^2\dfrac{dr}{dt} = -Ar^2 \tag{C.115}$$
$$\dfrac{dr}{dt} = -A$$

となるので、解は $r = -At + C$ （C は積分定数）であり、時刻 $t = 0$ で $r = R$ だったとすれば、$r = -At + R$ となる。これが 0 になるのは、$t = \dfrac{R}{A}$ のとき。

★【演習問題9-5】の解答......... (問題は p143、ヒントは p204)

ヒントで求めた解は $y = \left(\dfrac{x+C}{2}\right)^2$ となる。つまり $x = -C, y = 0$ を頂点とした放物線である。よって同じ初期条件 $x = x_0$ のとき $y = 0$ に対し、$y = 0$ も $y = \left(\dfrac{x-x_0}{2}\right)^2$ も両方解になっている。

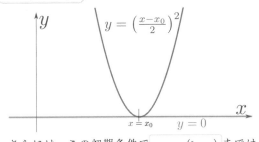

さらには、この初期条件で $x = x_1 (> x_0)$ までは $y = 0$ で、$x > x_1$ では $y = \left(\dfrac{x-x_1}{2}\right)^2$ になるような関数も解である。

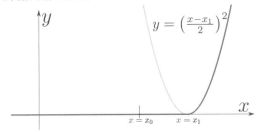

★【演習問題9-6】の解答......... (問題は p143、ヒントは p204)

ヒントの続きで $0 = (x + 2z)\dfrac{d}{dx}z$ と因数分解する。この式は $x + 2\dfrac{d}{dx}y = 0$ または $\dfrac{d}{dx}z = 0$ のとき成立する。$x + 2\dfrac{d}{dx}y = 0$ の解は
$$y = -\dfrac{1}{4}x^2 + C、 \tag{C.116}$$

$\dfrac{d}{dx}z = 0$ の解は
$$z = D \rightarrow y = Dx + E \tag{C.117}$$

となる。元の $y = x\dfrac{\mathrm{d}}{\mathrm{d}x}y + \left(\dfrac{\mathrm{d}}{\mathrm{d}x}y\right)^2$ (9.43) →p143 に $y = -\dfrac{1}{4}x^2 + C$ を代入すると、

$$-\dfrac{1}{4}x^2 + C = x \times \left(-\dfrac{1}{2}x\right) + \left(-\dfrac{1}{2}x\right)^2 \quad \text{(C.118)}$$

となるから $C = 0$ でなくてはいけない。一方 $y = Dx + E$ を代入すると、

$$Dx + E = x \times D + D^2 \quad \text{(C.119)}$$

となるから $E = D^2$ でなくてはならない。

まとめると解は 特異解 $y = -\dfrac{1}{4}x^2$ と未定のパラメータを含む 解 $y = Dx + D^2$ となる。
グラフは以下のようになる。

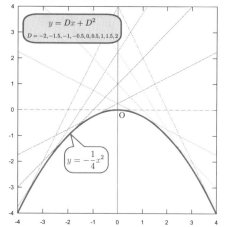

特異解は、一般解の「包絡線」になっている。逆に言えば、特異解に引くことができる接線の一本一本が一般解である。なお、放物線の下にあたる領域（つまり、$y < -\dfrac{1}{4}x^2$ になる領域）では解がない。この場合、(9.43)で $\dfrac{\mathrm{d}}{\mathrm{d}x}y$ が複素数になってしまうからである。
→p143

★【演習問題10-1】の解答 ……… (問題はp162、ヒントはp204)

(1) 特解は、$f(x) = -\dfrac{5}{3}$。一般解は $f(x) = Ce^{3x} - \dfrac{5}{3}$。

(2) 特解は $f(x) = \dfrac{1}{2}x - \dfrac{1}{4}$ なので一般解は
$f(x) = Ce^{-2x} + \dfrac{1}{2}x - \dfrac{1}{4}$。

(3) 特解は $f(x) = \dfrac{1}{4}x$ なので一般解は
$f(x) = A\cos 2x + B\sin 2x + \dfrac{1}{4}x$。

(4) 特解は $f(x) = x^2 - 2$ なので一般解は
$f(x) = A\cos x + B\sin x + x^2 - 2$。

★【演習問題10-2】の解答 ……… (問題はp162、ヒントはp205)

ヒントの $\left(\dfrac{\mathrm{d}}{\mathrm{d}x} - A\right)\left(e^{Ax}e^{(B-A)x}g(x)\right) = 0$ から、e^{Ax} を微分演算子の前に出し、

$$e^{Ax}\dfrac{\mathrm{d}}{\mathrm{d}x}\left(e^{(B-A)x}\dfrac{\mathrm{d}}{\mathrm{d}x}g(x)\right) = 0 \quad \text{(C.120)}$$

とする。両辺を e^{Ax} で割ってから

$$\dfrac{\mathrm{d}}{\mathrm{d}x}\left(e^{(B-A)x}\dfrac{\mathrm{d}}{\mathrm{d}x}g(x)\right) = 0$$
$$e^{(B-A)x}\dfrac{\mathrm{d}}{\mathrm{d}x}g(x) = C \quad \text{(C.121)}$$
$$\dfrac{\mathrm{d}}{\mathrm{d}x}g(x) = Ce^{(A-B)x}$$

と積分し（C は積分定数）、更に積分すると $A \neq B$ なら $g(x) = \dfrac{C}{A-B}e^{(A-B)x} + D$、$A = B$ なら $g(x) = Cx + D$ となる（D は2個めの積分定数）。

$g(x) = e^{-Bx}f(x)$ を代入して整理することで、

$$f(x) = \begin{cases} \dfrac{C}{A-B}e^{Ax} + De^{Bx} & A \neq B \text{ のとき} \\ (Cx + D)e^{Bx} & A = B \text{ のとき} \end{cases} \quad \text{(C.122)}$$

が微分方程式(10.69)の解であることがわかる。
→p162

★【演習問題10-3】の解答 ……… (問題はp162、ヒントはp205)

運動方程式に特解の候補 $x = A\cos\omega t + B\sin\omega t$ を代入すると、

$$\begin{aligned}&m\omega^2(-A\cos\omega t - B\sin\omega t) \\ &= -K\omega(-A\sin\omega t + B\cos\omega t) \\ &\quad - k(A\cos\omega t + B\sin\omega t) + F_0\cos\omega t\end{aligned} \quad \text{(C.123)}$$

この式の $\cos\omega t$ の係数を取り出すと

$$-m\omega^2 A = -K\omega B - kA + F_0 \quad \text{(C.124)}$$

となり、$\sin\omega t$ の係数を取り出すと

$$-m\omega^2 B = K\omega A - kB \quad \text{(C.125)}$$

となるので、この二つを連立させて解くと、

$$\begin{aligned}A &= \dfrac{k - m\omega^2}{(k - m\omega^2)^2 + K^2\omega^2}F_0 \\ B &= \dfrac{K\omega}{(k - m\omega^2)^2 + K^2\omega^2}F_0\end{aligned} \quad \text{(C.126)}$$

を得る。これで特解

$$\begin{aligned}x(t) &= \dfrac{k - m\omega^2}{(k - m\omega^2)^2 + K^2\omega^2}F_0\cos\omega t \\ &\quad + \dfrac{K\omega}{(k - m\omega^2)^2 + K^2\omega^2}F_0\sin\omega t\end{aligned} \quad \text{(C.127)}$$

が求められたので、これに斉次方程式の一般解を足したものが解である。

★【演習問題 10-4】の解答 ......(問題は p162、ヒントは p205)

ヒントより $\boxed{\dfrac{\mathrm{d}}{\mathrm{d}x}f(x) = \dfrac{1}{x}\dfrac{\mathrm{d}}{\mathrm{d}t}\tilde{f}(t)\ (\tilde{f}(t) = f(x(t)))}$

なので、二階微分も同様に、

$$\begin{aligned}
&\dfrac{\mathrm{d}}{\mathrm{d}x}\left(\dfrac{1}{x}\dfrac{\mathrm{d}}{\mathrm{d}t}\tilde{f}(t)\right) \\
&= -\dfrac{1}{x^2}\dfrac{\mathrm{d}}{\mathrm{d}t}\tilde{f}(t) + \dfrac{1}{x}\times\dfrac{1}{x}\dfrac{\mathrm{d}}{\mathrm{d}t}\left(\dfrac{\mathrm{d}}{\mathrm{d}t}\tilde{f}(t)\right) \\
&= \dfrac{1}{x^2}\left(\left(\dfrac{\mathrm{d}}{\mathrm{d}t}\right)^2\tilde{f}(t) - \dfrac{\mathrm{d}}{\mathrm{d}t}\tilde{f}(t)\right)
\end{aligned} \quad (C.128)$$

よって微分方程式は

$$\left(\left(\dfrac{\mathrm{d}}{\mathrm{d}t}\right)^2 + (a-1)\dfrac{\mathrm{d}}{\mathrm{d}t} + b\right)\tilde{f}(t) = \tilde{p}(t) \quad (C.129)$$

となる（$\tilde{p}(t) = p(x(t))$）。

★【演習問題 10-5】の解答 ......(問題は p162、ヒントは p205)

ヒントの通りの計算をすると

$$\begin{aligned}
&g(x)\dfrac{\mathrm{d}}{\mathrm{d}x}h(x) - h(x)\dfrac{\mathrm{d}}{\mathrm{d}x}g(x) \\
&= \underbrace{g(x)\times p(x)h(x) - h(x)p(x)g(x)}_{0}
\end{aligned} \quad (C.130)$$

となる。これを計算して、

$$\begin{aligned}
g(x)\dfrac{\mathrm{d}}{\mathrm{d}x}h(x) &= h(x)\dfrac{\mathrm{d}}{\mathrm{d}x}g(x) \\
\dfrac{\dfrac{\mathrm{d}}{\mathrm{d}x}h(x)}{h(x)} &= \dfrac{\dfrac{\mathrm{d}}{\mathrm{d}x}g(x)}{g(x)} \\
\log h(x) &= \log g(x) + C
\end{aligned} \quad (C.131)$$

となる。これは $\boxed{g(x) = (\text{定数})\times h(x)}$ ということ。

★【演習問題 10-6】の解答 ......(問題は p162、ヒントは p205)

ヒントに書いた式から $g'(x)$ に比例する項を取り出すと、$2a'(x)g'(x) + p(x)a(x)g'(x)$ となるから、これを 0 にするには、以下の微分方程式を解けばよい。

$$2a'(x) + p(x)a(x) = 0 \quad (C.132)$$

解は $\boxed{a(x) = Ce^{-\frac{1}{2}P(x)}}$ （$P(x)$ は $p(x)$ の原始関数）。

★【演習問題 11-1】の解答 ......(問題は p170、ヒントは p205)

$\boxed{\dfrac{\mathrm{d}y}{\mathrm{d}r} = \dfrac{\omega^2}{g}r}$ を解いて、$\boxed{y = \dfrac{\omega^2}{2g}r^2 + C}$ （C は積分定数）。つまり、放物線が解。

★【演習問題 11-2】の解答 ......(問題は p170、ヒントは p205)

(1) $\dfrac{\mathrm{d}}{\mathrm{d}t}\left(\dfrac{4\pi}{3}r^3\right) = 4\pi kr^2 - \dfrac{4\pi K}{3}r^3$

(2) $\boxed{\text{右辺} = 0}$ として、$\boxed{4\pi kr^2 = \dfrac{4\pi K}{3}r^3}$ から $\boxed{r = \dfrac{3k}{K}}$。

(3) (1) の微分方程式を整理すると、

$$\begin{aligned}
\dfrac{4\pi}{3}\times 3r^2\dfrac{\mathrm{d}r}{\mathrm{d}t} &= 4\pi kr^2 - \dfrac{4\pi K}{3}r^3 \\
\dfrac{\mathrm{d}r}{\mathrm{d}t} &= k - \dfrac{K}{3}r
\end{aligned}$$

となる。
これは非斉次線形微分方程式なので、斉次にした $\boxed{\dfrac{\mathrm{d}r}{\mathrm{d}t} = -\dfrac{K}{3}r}$ をまず解くと、この解は $\boxed{r = Ce^{-\frac{K}{3}t}}$ である。

特解は (2) で求めた $\boxed{r = \dfrac{3k}{K}}$ だからこれを足して、

$\boxed{r = \dfrac{3k}{K} + Ce^{-\frac{K}{3}t}}$ が解である。

★【演習問題 11-3】の解答 ......(問題は p170、ヒントは p205)

ヒントより、$\Delta t \to 0$ の極限を取ると

$$\dfrac{\mathrm{d}}{\mathrm{d}t}A(t) = I - H + (B-D)A(t) \quad (C.133)$$

という微分方程式になる。

この式を斉次に変えた $\boxed{\dfrac{\mathrm{d}}{\mathrm{d}t}A(t) = (B-D)A(t)}$ の一般解は $\boxed{A(t) = Ce^{(B-D)t}}$ だから、これに特解 $\boxed{A(t) = -\dfrac{I-H}{B-D}\ (\text{定数解})}$ を足して、元の方程式の一般解は

$$A(t) = -\dfrac{I-H}{B-D} + Ce^{(B-D)t} \quad (C.134)$$

初期条件から、$\boxed{A_0 = -\dfrac{I-H}{B-D} + C}$ となり、

$$A(t) = A_0 + \left(A_0 + \dfrac{I-H}{B-D}\right)\left(e^{(B-D)t} - 1\right) \quad (C.135)$$

が解である。

★【演習問題 11-4】の解答 ......(問題は p170、ヒントは p205)

まずヒントの (C.80) を変数分離して $\boxed{\dfrac{\mathrm{d}V}{V^2} = -\dfrac{K}{m}\mathrm{d}t}$
$\to$ p205
にして積分し、$-\dfrac{1}{V} = -\dfrac{K}{m}t + C$ となる。

$\boxed{V = \dfrac{1}{\frac{K}{m}t - C}}$ となるから、初期条件 $\boxed{V(0) = v_0}$ を満たすようにすると、$\boxed{V = \dfrac{1}{\frac{K}{m}t + \frac{1}{v_0}} = \dfrac{v_0}{1 + \frac{Kv_0}{m}t}}$ となり、次にこれを積分して、

$$x(t) = \dfrac{m}{K}\log\left(1 + \dfrac{Kv_0}{m}t\right) + C' \quad (C.136)$$

となる。初期条件 $x(0) = 0$ より $C' = 0$ である。

索　引

■A
analytic（解析的） 82

■B
base（底） 20
boundary condition（境界条件） 130

■C
chain rule（連鎖律） 51
common logarithm（常用対数） 27
complex conjugate（複素共役） 175
constant of integration（積分定数） .. 104

■D
definite integral（定積分） 96
dependent variable（従属変数） 1
derivative（導関数） 38
differential coefficient（微係数） ... 40
differential equation（微分方程式） .. 126
differential operator（微分演算子） .. 43
domain of definition（定義域） 3

■E
exact differential（全微分） 185
exponent（指数） 20

■F
Fermat's principle（フェルマーの原理） 74
function（関数） 1

■G
general solution（一般解） 130

■H
homogeneous（斉次） 127
hyperbola（双曲線） 4

■I
implicit function（陰関数） 71
indefinite integral（不定積分） 103
independent variable（独立変数） 1
inhomogeneous（非斉次） 127

■
initial condition（初期条件） 130
integrability condition（積分可能条件） 186
integrand（被積分関数） 97
integrating factor（積分因子） 187

■L
Leibniz rule（ライプニッツ則） 50
linear approximation（線形近似） 80
linear combination（線形結合） 144
linearly independent（線形独立） 144

■M
mapping（写像） 1
maximal（極大） 72
minimal（極小） 72
monomial（単項式） 6

■N
Napier's constant（ネイピア数） 24
natural logarithm（自然対数） 27
non-polynomial（非多項式） 6

■O
operator（演算子） 43

■P
parabola（放物線） 6
partial derivative（偏導関数） 185
particular solution（特解） 130
polynomial（多項式） 6
power law（冪乗則） 5
primitive function（原始関数） 102

■R
rad 9
range of values（値域） 3

■S
singular solution（特異解） 142
source term（ソースターム） 146
surface term（表面項） 111

■T
Taylor expansion（テイラー展開）............ 81
total differential 185

■V
variable（変数）.............................. 1

■ア行
一般解 (general solution) 130
陰関数 (implicit function) 71
演算子 (operator) 43
オイラーの関係式 89

■カ行
カージオイド 123
解析的 (analytic) 82
重ねあわせの原理 145
関数 (function) 1
完全微分 (exact differential) 185
完全微分形 185
逆関数 16
境界条件 (boundary condition) 130
極小 (minimal) 72
極大 (maximal) 72
原始関数 (primitive function) 102
懸垂線 166
高次の微小量 45
合成関数 15

■サ行
指数 (exponent) 20
指数関数 21
自然対数 (natural logarithm) 27
写像 (mapping) 1
収束半径 85
従属変数 (dependent variable) 1
常用対数 (common logarithm) 27
初期条件 (initial condition) 130
斉次 (homogeneous) 127
積分因子 (integrating factor) 187
積分可能条件 (integrability condition) 186
積分定数 (constant of integration) 104
積分変数 97
線形近似 (linear approximation) 80
線形結合 (linear combination) 144
線形性 50
線形斉次微分方程式 127
線形独立 (linearly independent) 144
全微分 (exact differential) 185

双曲線 (hyperbola) 4
ソースターム (source term) 146

■タ行
対数関数 26
多項式 (polynomial) 6
単項式 (monomial) 6
値域 (range of values) 3
置換積分 112
底 (base) 20
定義域 (domain of definition) 3
定積分 (definite integral) 96
テイラー展開 (Taylor expansion) 81
導関数 (derivative) 38
特異解 (singular solution) 142
特性方程式 149
独立変数 (independent variable) 1
特解 (particular solution) 130

■ナ行
ネイピア数 (Napier's constant) 24

■ハ行
微係数 (differential coefficient) 40
非斉次 (inhomogeneous) 127
被積分関数 (integrand) 97
非多項式 (non-polynomial) 6
微分演算子 (differential operator) 43
微分方程式 (differential equation) 126
表面項 (surface term) 111
フェルマーの原理 (Fermat's principle) 74
複素共役 (complex conjugate) 175
複素平面 175
不定積分 (indefinite integral) 103
部分積分 109
冪乗則 (power law) 5
変数 (variable) 1
偏導関数 (partial derivative) 185
放物線 (parabola) 6, 164

■マ行
マクローリン展開 81

■ラ行
ライプニッツ則 (Leibniz rule) 50
ラジアン 9
ランダウの記号 39
リプシッツ条件 188
連鎖律 (chain rule) 51
ロトカ・ヴォルテラの方程式 167

著者紹介

前野 昌弘
まえの まさひろ

1985年 神戸大学理学部物理学科卒業
1990年 大阪大学大学院理学研究科博士後期課程修了
1995年より琉球大学理学部教員
現　在 琉球大学理学部物質地球科学科准教授
著　書 『よくわかる電磁気学』
　　　　『よくわかる量子力学』
　　　　『よくわかる初等力学』
　　　　『よくわかる解析力学』
　　　　『よくわかる熱力学』
　　　　『ヴィジュアルガイド 物理数学 多変数関数と偏微分』（以上6冊は東京図書）
　　　　『今度こそ納得する物理・数学再入門』（技術評論社）
　　　　『量子力学入門』（丸善出版）

ネット上のハンドル名は「いろもの物理学者」
ホームページは http://www.phys.u-ryukyu.ac.jp/~maeno/
twitter は http://twitter.com/irobutsu
本書のサポートページは http://irobutsu.a.la9.jp/mybook/vgmath/

ヴィジュアルガイド 物理数学
——1変数の微積分と常微分方程式——

Printed in Japan

2016年6月25日 第1刷発行
2022年5月25日 第4刷発行

©Masahiro Maeno 2016

著者 前野 昌弘
発行所 東京図書株式会社
〒102-0072 東京都千代田区飯田橋 3-11-19
振替 00140-4-13803 電話 03(3288)9461
http://www.tokyo-tosho.co.jp

ISBN 978-4-489-02240-1